Ina Knobloch
Baumhaus mit Faultier

Ina Knobloch

Baumhaus mit Faultier

Wie ich mir meinen Lebenstraum in Costa Rica erfüllte

ullstein extra

Ullstein extra ist ein Verlag der Ullstein Buchverlage GmbH
www.ullstein-extra.de

ISBN 978-3-86493-062-1

Gesetzt aus der Albertina MT Pro
Satz: L42 AG, Berlin
Druck und Bindung: CPI books GmbH, Leck
Printed in Germany

Inhalt

Vorwort

*»Erst wenn der letzte Baum gerodet,
der letzte Fluss vergiftet, der letzte Fisch gefangen ist,
werdet ihr merken, dass man Geld nicht essen kann.«*
Weissagung der Cree

E in poetischer Satz mit der Wucht eines Orkans, der die Realität längst in Form der Klimaerwärmung eingeholt hat.

Nichts und niemand kann das Treibhausgas Kohlendioxid besser aus der Luft filtern und für eine Ewigkeit einlagern als Bäume. Ein einzelner Baum kann mehr als fünf Tonnen Kohlendioxid speichern, und ein wachsender Wald holt im Durchschnitt zehn Tonnen Kohlendioxid aus der Atmosphäre. Darüber hinaus binden Wälder Wasser, filtern Schadstoffe aus der Erde, beeinflussen die Wolkenbildung und brechen Stürme. Das alles ist schon lange bekannt, trotzdem werden die verbliebenen Urwälder der Erde in einem noch nie da gewesenen Ausmaß zerstört. Dabei kann keine Technologie der Welt dieses Wunder der Natur ersetzen.

Und Bäume sind noch viel mehr als Klimaretter: Sie liefern

über ihre Früchte Nahrung, spenden mit ihrem Holz, ihren faserigen Samen und dem Kork Baumaterial, beschenken uns durch ihre Blüten mit Düften, Aromen und Parfümrohstoffen und versorgen uns über alle Pflanzenteile, von der Wurzel bis zur Krone, mit Medizin. In allen Kulturen sind und waren Bäume heilig, nur der wachstumsorientierten Weltwirtschaft scheint nichts heilig zu sein.

Die Weissagung der Cree war das Mantra meiner Schul- und Studienzeit und ist es bis heute. Meine Motivation, Biologie zu studieren, war daher keine geringe, als die Welt zu retten. Fatalerweise erlag ich als junge Studentin den Fake News einer damals brandneuen Technologie: der Gentechnik mit den vermeintlichen Wundern, die sie vollbringen sollte.

Es war damals eine Frage der Verantwortung, an der »Grünen Gentechnik« mitzuarbeiten und die Forschung voranzutreiben. Als Studienobjekt wählte ich eine tropische Nutzpflanze, die mich in den Dschungel nach Costa Rica führte und mir den rechten Weg zum Schutz der Schatzkammer Regenwald wies.

Die Urwälder der Erde sind die grüne Lunge unseres Planeten, einzigartig und voll unbezahlbaren Reichtums. Vor allem die entlegenen Wipfel der tropischen Wälder sind so vielfältig wie kaum ein anderer Lebensraum und weniger erforscht als die Tiefsee. Das alles habe ich in Costa Rica gelernt.

Die Sehnsucht nach einem Baumhaus im Urwald hatte ich schon als Kind. Ich weiß nicht, ob es Tarzan, Jane oder Mowgli war, der oder die mich mit dem Dschungelfieber infiziert hat, ich muss jedenfalls noch sehr jung gewesen sein, als das Fieber ausbrach. Ansonsten eher die Prinzessin auf der Erbse, kletterte ich wie ein Affe – mangels Lianen – an allen Turnstangen und -seilen hoch, bezwang Bäume wie eine Katze und vermisste schon als kleines Kind einen Urwald.

Gestillt wurde meine Sehnsucht ein wenig durch unsere Ausflüge zur Rheininsel Kühkopf. Eine Insel, die erst durch die Rheinbegradigung im 19. Jahrhundert zur Insel geworden war und deren Auwälder am Rande des regelmäßig über die Ufer tretenden Auwaldes sich wild entfalten konnten. Meine Kindheit fiel in eine Zeit, in der es in Deutschland noch keinen einzigen Nationalpark gab und die Wälder überdimensionierten, ausgetriebenen Spargelfeldern glichen: aufgeräumt und gleichförmig, im Fachjargon »Monokulturen«, angepflanzt zur Holzernte.

Die Galeriewälder am Altrhein waren anders: Umgestürzte morsche Bäume blieben liegen und wurden von neuem Leben erobert. Pilze und Käfer fraßen sich durchs Holz, bereiteten den Boden für junge Pflanzen. Am Rande der Felder blühten Heckenrosen in enger Umarmung mit wildem Hopfen, der sich an die dornigen Zweige klammerte. Wilder Wein, Efeu und andere Ranken kletterten Bäume empor und pendelten als Lianen die Äste herab. Im Sommer schwärmten so viele Moskitos aus, wie ich es mir im tropischen Regenwald vorstellte – tatsächlich waren es weniger, als ich dort jemals gesehen habe –, doch auch das konnte mich nicht abschrecken. Ich sehnte mich nach dem Dschungel.

Jahre später kehrte ich als Studentin auf die Rheininsel zurück. An einem strahlenden Samstagnachmittag im Mai durchstreifte ich mit ein paar Kommilitoninnen und Kommilitonen den Auwald und hielt Ausschau nach seltenen Pflanzen, Vögeln, Käfern und Lurchen. Die Frühlingssonne war schon so stark, dass sie den feuchten Waldboden schier zum Dampfen brachte. Der typisch modrige, erdige Waldgeruch stieg euphorisierend in unsere Nasen und gab mir einen Vorgeschmack auf das Odeur des tropischen Regenwaldes.

Ein seltenes Tier hatte uns tief in die Hartholzaue gelockt, um uns dann doch mitten im Wald alleine zu lassen. Doch es gab für uns Biologinnen und Biologen so viel zu entdecken, dass uns der Irrweg wenig irritierte – zunächst jedenfalls. Als die Sonne den Zenit längst überschritten hatte und nur noch wenige rötliche Strahlen den Weg durchs Dickicht zu uns fanden, beschlossen wir, den Rückweg auf der an und für sich sehr kleinen Insel anzutreten. Doch die Richtung war plötzlich nicht mehr so klar. Die Sonne als Orientierungspunkt war längst aus unserem Gesichtsfeld verschwunden, und wir irrten bis tief in die Nacht durch den dunklen Auenwald. Stunden später, so kam es uns jedenfalls vor, hörten wir ein lautes Rauschen: Es war der Neurhein, von dessen Ufer entlang ein breiter Weg zurückführte.

Ich erlebte damals ein Abenteuer, das mich, wie viele andere heimische Waldexkursionen auch, gut auf meine späteren Dschungelexpeditionen vorbereitete. Niemand sollte die Regenwälder der Welt erkunden, ohne die Schönheiten und Besonderheiten der heimischen Wälder zu kennen und auf die Gefahren der Wildnis vorbereitet zu sein.

Der Kühkopf mit seinem Auenwald ist sicher ein Garten Eden, aber im Vergleich zu tropischen Regenwäldern höchstens ein kleiner Vorgarten, während der Dschungel einem Schlossgarten gleicht. Und in diesen majestätischen Garten wollte ich nach drei Jahrzehnten voller Abenteuer endlich einziehen, in ein Nest in der obersten Etage. Meine Vision begann, als ich 1987 in Costa Rica die Baumsamen in die Erde brachte, deren Holz ich nun ernten konnte. In Demut vor der Natur und ihren wundervollen Wäldern entschied ich, mein Leben nicht zu träumen, sondern meinen Traum zu leben und dem Glück die Tür zu öffnen. Es war ein langer, manchmal sehr steiniger, aber vor allem abenteuerlicher, lehrreicher und wundervoller Weg zu meinem Baumhaus im Dschungeldach von Costa Rica.

1. Kapitel

Der Ruf des Dschungels

M it schamlos lautem Geschepper und Gedröhne quälte sich der uralte Jeep meines Architekten Olivier den Dschungelhügel hinauf und übertönte brutal die harmonischen Urwaldgeräusche. Der Weg zu meinem Waldgrundstück, wo später einmal mein Baumhaus stehen sollte, führt über den sogenannten »Krokodilsrücken«: Lagarta. Genau genommen heißt Lagarta übersetzt »das Biest«, steht aber auch für Kaimane, Krokodile, Leguane und Echsen. Ob der Name für den urwaldbewachsenen Felsrücken an der costa-ricanischen Pazifikküste darauf zurückzuführen ist, dass er sich wie ein überdimensioniertes Krokodil in die Landschaft schmiegt, oder dass sich in den Mangrovensümpfen am Fuß der Felsspitze tatsächlich Kaimane tummeln, weiß niemand mehr genau. Vielleicht waren es auch die vielen riesigen Schwarzleguane, die hier überall in den Bäumen sitzen und wie Wackeldackel ihre Köpfe ständig auf und ab bewegen, die zu diesem Namen geführt haben. Auf jeden Fall ein Name für einen Platz am Ende der Welt, der für mich über Jahrzehnte zu einem Sehnsuchtsort geworden ist, zu einem magischen Ort, wo meine Baumhausträume und -pläne nach so vielen Jahren endlich konkret wurden. Der Hügel war zwar nicht mehr einsam, und der wenige Kilometer entfernte Ort Nosara, nach dem die Region benannt wurde, ist auch kein Geheimtipp mehr, aber die Magie, die ich schon bei meinem ersten Besuch gespürt habe, ist geblieben.

Es war Ende der Achtzigerjahre, als ich das erste Mal dorthin kam. Damals schien die Spitze des Hügels tatsächlich am Ende der Welt zu liegen. Einsam und nur von Dschungel umgeben, tauchte, nach gefühlt stundenlanger Fahrt durch dichten Urwald, das Haus meiner Freunde am verlassenen Ende der Schotterpiste auf: Lagarta – sie hatten es einfach nach dem magischen Hügel benannt. Obwohl das Haus irgendwann verkauft und ein kleines Hotel daraus wurde, änderte sich über Jahrzehnte nichts an meinem Gefühl: Lagarta blieb mein Sehnsuchtsort, mit dem ich noch heute viele wundervolle Erinnerungen verbinde, obwohl kein Stein mehr davon übrig ist. Doch davon ahnte ich noch nichts, als ich mein Dschungelbaumhaus vor wenigen Jahren in unmittelbarer Nachbarschaft plante. Noch stand das alte Lagarta-Gebäude, benannt nach dem Urwaldhügel, auf dem es thronte. Das Haus im Kolonialstil mit ausladender Terrasse fügte sich organisch in den Urwald und bot einen atemberaubenden Blick auf den Dschungel, die Flussmündung mit den Mangrovensümpfen und die sensationellen Sonnenuntergänge über dem Pazifik.

Als wir in dem rostigen Jeep geräuschvoll die Straße hinaufkrochen, war daher meine Vorfreude auf Lagarta mindestens so groß wie auf mein eigenes Dschungelgrundstück, wo bald mein Baumhaus stehen sollte. Wobei »Straße« noch immer nicht der richtige Ausdruck für die mit Schlaglöchern gespickte Schotterpiste war. Doch der mühsame, abenteuerliche Weg war für mich keine Zumutung, sondern der Zugang zu einer anderen, archaischen, erd- und naturverbundenen Welt, die die Zivilisation weit hinter sich lässt. Einzig unser dröhnendes Gefährt störte die Idylle der Wildnis. Kein Wunder, dass sich die Brüllaffen lautstark beschwerten. Trotz unseres enormen Motorengeräuschs konnte ich sie hören, die lauten, raubtierhaften Rufe der größten Affen, die die Neue Welt zu bieten hat – wobei die Kopf-Rumpf-Länge der Tiere keinen Meter misst. Dennoch sind sie die heimlichen Herrscher des Dschungels. Gewaltig und kilometerweit durchdringen ihre Rufe den Urwald und stehen dem Gebrüll von Löwen in nichts nach.

Und wie bei den Königen der afrikanischen Savanne sind es vor allem die Männchen, deren Rufe lautstark durch die Wildnis schallen. Damit verständigen sie sich innerhalb des Rudels und vertreiben konkurrierende Gruppen, Feinde oder Störenfriede. Je tiefer die Stimme der Affen, desto beeindruckender ist ihr Gebrüll. Forschende der Universität Cambridge haben jetzt herausgefunden, dass ausgerechnet die außergewöhnlich männlich klingenden Exemplare besonders kleine Hoden haben. Über die Gründe für diese seltsame Korrelation gibt es bislang nur verschiedene noch nicht bewiesene Theorien. Vielleicht, vermuten die Wissenschaftlerinnen und Wissenschaftler, haben die Tiere mit weniger imposantem Brüllorgan es nicht nötig, ihre Männlichkeit lautstark unter Beweis zu stellen. Sozusagen: Der mit der »dicken Hose« braucht keine tiefe Stimme, oder: Der, der gut brüllt, hat auch ohne »dicke Hose« Autorität.

Aber so gefährlich das Gebrüll der Affen in manchen Ohren auch klingen mag – diese Primaten sind völlig harmlos. Für mich ist das charakteristische Urwaldgeräusch längst zu einem Lockruf des Dschungels geworden, wie ein Willkommensgruß, sobald ich aus dem Großstadtdschungel in meine Wildnis zurückkehre. Wenn ich morgens im Urwald aufwache oder wenn mich die Brüllaffen in der Dämmerung wecken, klingt ihr Gebrüll für mich wie Musik in den Ohren.

Doch jetzt, mitten am Tag, unter der sengenden tropischen Mittagshitze hörte es sich wie ein wütendes Wehklagen an, was es zweifelsohne auch war. Normalerweise dösen die Tiere um diese Zeit lieber im Blätterwerk und sind in den Wipfeln des Dschungels schwer zu entdecken. Morgens und abends dagegen ziehen sie in großen Familienclans durch das Dschungeldach, springen von Wipfel zu Wipfel auf der Suche nach den süßesten Früchten und den zartesten Blättern. Die Rudelführer rufen dann lautstark ihre Familie zusammen oder zetern, wenn ihnen eine andere Gruppe zu nahekommt. Aber um die Mittagszeit werden sie nur aktiv, wenn irgendetwas nicht in Ordnung ist, und das schien jetzt der Fall zu sein.

Fast schämte ich mich für die zu laute Rostlaube meines Architekten, die den Affen ihren Mittagsschlaf raubte. Mit einer lässigen Handbewegung versuchte Olivier meine Bedenken, die er überhaupt nicht teilte, wegzuwischen: »Die Affen stören sich nicht an meiner röhrenden Schüssel, das wüsste ich.«

Meinem Gesichtsausdruck war wohl anzusehen, dass mir diese Erklärung kaum die Schuldgefühle gegenüber den Affen und den übrigen Dschungelbewohnern nahm. Dabei musste Olivier es wissen, er lebte jetzt schon über zwei Jahrzehnte in dem Urwalddorf Nosara, zu dem auch dieser Hügel gehört, und war oft mit der alten Schrottkiste unterwegs, auch hier oben. Längst ist Lagarta kein einsamer Hügel mehr mit einem einzelnen Haus im Urwald. Inzwischen stehen überall kleine und größere Häuser, meist gut versteckt im Dschungel, manche aber auch ganz offensichtlich und demonstrativ am Straßenrand. Einige davon hat Olivier entworfen und stets darauf geachtet, dass sie sich gut in die Natur integrieren und die Wanderrouten der Tiere nicht stören. Aber das Gebrüll der Affen hätte eindeutiger nicht sein können. Olivier sah mich ungläubig an: »Hörst und siehst du es denn nicht?«

»Was?«

»Den Bagger, den Presslufthammer?«

Kaum hatte es Olivier ausgesprochen, sah und hörte ich es auch ganz deutlich. Wir hatten Lagarta und damit auch mein Grundstück, auf dem ich endlich mein Baumhaus bauen wollte, fast erreicht. Der Lärm dröhnte jetzt fast schmerzhaft in meinen Ohren. Unaufhörlich schlug der Bagger in »mein« Zimmer ein: das Gästezimmer, in dem ich meine erste Nacht im Dschungel verbracht hatte. Die Zacken an der Schaufel fraßen sich wie die Zähne eines Ungeheuers in das Gemäuer, das mir über Jahrzehnte eine zweite Heimat gewesen war. Lagarta war schon seit vielen Jahren ein kleines Hotel, und mein einstiges Zimmer war zu einem Teil davon geworden. Das romantische Gebäude und all meine Erinnerungen daran waren überhaupt der Grund, weshalb ich unbedingt auf dem direkt benachbarten Urwaldgrundstück mein Baumhaus hatte bauen wollen.

Mit quietschenden Bremsen kam Oliviers Fahrzeug endlich zum Stehen. Jetzt war nur noch der dröhnende Lärm des Baggers und des Presslufthammers zu hören, gegen die das scheinbar immer wütender werdende Gebrüll der Affen kaum ankam. Fassungslos stand ich vor der Ruine meiner zweiten Heimat. Die Besitzer hatten mir zwar erzählt, dass sie wegen Renovierungsarbeiten geschlossen hätten und ich ausnahmsweise »mein« Zimmer nicht haben könne – aber damit hatte ich nicht gerechnet. Das waren keine Renovierungsarbeiten. Die Gästezimmer wurden in Schutt und Asche gelegt – und dabei sollte es nicht bleiben.

Noch bevor ich meine Empörung zum Ausdruck bringen

konnte, kam die damalige Managerin angerannt, in der einen Hand eine Kachel und in der anderen einen geschnitzten Holzbalken: Reliquien aus »meinem« Zimmer, Erinnerungen an drei Jahrzehnte Lagarta. Es fiel mir schwer, die Tränen zurückzuhalten. Zum einen war ich sehr gerührt, dass sie daran gedacht hatte, mir Erinnerungsstücke aufzubewahren, aber vor allem der unerwartete Verlust meines lieb gewonnenen Heims überwältigte mich. Dabei war ich doch selbst gerade im Begriff, dieser zweiten Heimat untreu zu werden, indem ich mein eigenes Haus zwischen die Baumwipfel bauen wollte und künftig ohnehin nicht mehr in dem Gästezimmer gewohnt hätte.

Es war aber auch die Erinnerung, die mich in dem Moment übermannte, als ich die Reliquien in der Hand hielt – die Erinnerung an meine allerersten Stunden in Costa Rica, auf Lagarta und in »meinem« Bungalow. Es war im Herbst 1987 gewesen, als ich das erste Mal dem Ruf des Dschungels gefolgt war. Nie zuvor war ich in den Tropen gewesen und sehnte mich nach diesem Paradies, über das ich so viel gelesen hatte. Costa Rica war keine zufällige Wahl. Schicksalhaft trat damals Roland Lelin in mein Leben, ein alter Familienfreund, den ich und der mich schon ganz vergessen hatte –, bis ich ihn bei meinem Onkel wiedertraf.

Frühe Sehnsucht nach dem Dschungelabenteuer

Die schwüle Sommerhitze hing im Sommer 1986 schwer über der Rhein-Main-Ebene und fühlte sich fast tropisch an, zumindest so, wie ich mir tropische Hitze vorstellte. Als ich mit meiner kleinen »Knutschkugel«, meinem leuchtend feuerroten, aber leider sehr rostigen Fiat 500, nach Dreieich zu meinem Onkel Walter tuckerte, war ich froh, wenigstens das Stoffdach nach hinten rollen zu können, sodass ein laues Lüftchen durch das kleine Auto wehte. Trotzdem standen mir Schweißperlen auf der Stirn, als ich bei meinem Onkel vor der Tür stand. Verschmitzt begrüßte er mich mit den Worten: »Fühl dich ganz wie in Costa Rica.«

Verwirrt sah ich ihn an und folgte ihm ins Esszimmer. Walter hatte mich zum Dinner eingeladen und einen alten Freund angekündigt, aber nicht verraten, wer das war. Als ich das Esszimmer betrat, traute ich meinen Augen kaum: Roland, der Auswanderer, den ich schon eine Ewigkeit nicht mehr gesehen, der sich aber kaum verändert hatte, saß wie ein Guru im Yogasitz wild gestikulierend auf dem Tisch und schilderte in hellsten Tönen die Aussicht von seiner Terrasse im Dschungel von Costa Rica auf den Sonnenuntergang. Er bemerkte gar nicht, dass ich mich leise dazugesellt hatte, um seinen Abenteuern zu lauschen. Er schwärmte gerade von dem einzigartigen Blick auf die Mangroven, die Sümpfe und das Meer, unberührt und wild, als er plötzlich zur illegalen Abholzung abschweifte: Raubbau im geschützten Mangrovenwald, den er zunächst nicht hatte stoppen können. Zum einen hatte er die Behörden nicht anrufen können, da sein Telefon noch nicht installiert war, und zum anderen mahlen die Mühlen der Behörden dort auch heute noch sehr langsam. Selbst wenn er zur Umweltbehörde durchgedrungen wäre, hätte es einige Zeit gedauert, bis die Polizei im entlegenen Mangrovenwald von Nosara angerückt wäre, um die Holzfäller im Schutzgebiet zu stoppen.

Nicht nur Roland war verzweifelt, auch die Einheimischen seien es gewesen, denn die Holzfäller waren bewaffnet und ließen sich nicht einfach vertreiben. Dass ich später auch noch solchen Verbrechern begegnen würde, hatte ich damals gewiss nicht gedacht, als ich Rolands Räuberpistolen aus dem Dschungel lauschte.

»Also, was habe ich gemacht?«, grinste Roland in die Runde, bevor er fortfuhr: »Ich habe jedem, den ich getroffen habe, erzählt, dass denen jemand nachts Zucker in den Tank schütten müsste ... Ihr glaubt nicht, wie schnell die Motoren stillstanden. Wer den Zucker in den Tank gefüllt hat, habe ich nie rausbekommen und will es auch gar nicht wissen – hat auf jeden Fall super geklappt. Aber wer hinter den Holzfällern steckt, weiß ich: der Jeckel!«

»Etwa *der* Jeckel?«, fragte mein Onkel erstaunt zurück. Roland nickte vielsagend. Ich hatte keine Ahnung, von wem sie sprachen, erfuhr aber kurz darauf, dass es sich um einen Anlagebetrüger handelte, der deswegen in Deutschland schon im Gefängnis gesessen hatte und jetzt für seine dubiosen Costa-Rica-Geschäfte Investoren suchte.

Immer wieder nutzen Betrüger das grüne und gute Image von Costa Rica aus und werben damit Anleger an, die sie mit einem Schneeballsystem um ihr Geld prellen. Auch jetzt sitzt gerade wieder so ein Bauernfänger aus Frankfurt im Gefängnis, der mit seiner Firma und angeblichen Baumplantagen in Costa Rica ein Vermögen veruntreut hat, was für die vielen ehrlichen ökologischen Projekte in Costa Rica ebenfalls einen großen Imageschaden bedeutet.

Die Achtzigerjahre waren ein Wendepunkt in der Geschichte von Costa Rica, weg von der traditionellen Landwirtschaft, hin zu ökologischem Anbau, weg vom Raubbau der Regenwälder, hin zu Schutzgebieten und Aufforstung. Fast ein Viertel der gesamten Landesfläche waren bereits damals unter den strengen Schutz eines Nationalparks gestellt worden.

Die Urwaldflächen dort sind zwar nicht vergleichbar mit dem Amazonas, da Costa Rica insgesamt kaum größer ist als die Schweiz. Trotzdem wird ein enormer Beitrag zum Klima- und Artenschutz geleistet. – In ganz Deutschland gab es damals gerade einmal vier Nationalparks, ganz am Rande der damaligen Bundesrepublik. In der Ausdehnung erstreckten sie sich noch nicht einmal über ein Prozent der gesamtdeutschen Landesfläche. – Maßgeblich beteiligt an dieser Wende in den Achtzigern war der damalige Präsident Óscar Arias Sánchez, der sich erfolgreich für den Frieden in Lateinamerika stark-machte und dafür den Friedensnobelpreis erhielt, genau in dem Jahr, als ich dieses gelobte Land zum ersten Mal betreten sollte: 1987. Ich hatte es Roland fest versprochen.

Kartoffeln an der Leine

Mein Studium der Biologie hatte ich wenige Monate zuvor erfolgreich abgeschlossen und wollte es mit einer Promotion krönen. Sehr bewusst hatte ich dafür eine inhaltsreiche tropi-sche Pflanze als Forschungsobjekt gewählt: die Yamswurz, und zwar nicht irgendeine, sondern eine ganz besondere: *Dioscorea bulbifera*, deren Knollen nicht in der Erde, sondern an den Blatt-achseln der Ranken wachsen und tatsächlich ein bisschen aus-sehen wie Kartoffeln an einer Wäscheleine. In ihren Knollen und Blättern produziert die Pflanze sogenannte Diosgenine, dem Progesteron ähnliche Hormone, die schon die Urvölker zur Verhütung nutzten und die später zur Entwicklung der Antibabypille führten. Für die Herstellung der menschlichen Hormonpräparate wurden die Pflanzenhormone aus der Yamswurz nur minimal chemisch verändert.

Die tropische Pflanze schürte meine Sehnsucht nach den feuchtheißen Tropen, dem Dschungeldach und einem großen Abenteuer, nach einem Haus in den Wipfeln des Urwaldes, zwischen all den Wundern der Natur. Mit großem Elan stürzte ich mich in die Vorbereitungen, verschlang Bücher über tropische Pflanzen und verbrachte jede freie Minute in den Gewächshäusern des Frankfurter Palmengartens.

Schon als Kind war ich Dauergast in diesen Tropenhäusern und fasziniert vom Dschungel gewesen und hatte davon geträumt, im richtigen Dschungel einmal große Abenteuer zu erleben. In den Tropicarien des Frankfurter Palmengartens hatte ich wahrscheinlich mehr Zeit verbracht als auf Spielplätzen. Der Duft des Dschungels, den ich in den Gewächshäusern inhalierte, hatte stets eine unglaubliche Sehnsucht in mir entfacht.

Da der Palmengarten in direkter Nachbarschaft zu meiner Universität lag, konnte ich selbst in der Mittagspause den Atem des Dschungels einsaugen und die unglaubliche Artenvielfalt studieren. Bevor ich einen Fuß auf echte tropische Erde gesetzt hatte, war ich Expertin für Tropenökologie und führte als Werksstudentin die verschiedensten Gruppen durch diese Gewächshäuser: Volkshochschulgruppen, Schulklassen, Kegelklubs und viele andere Interessenverbände, aber ganz besonders geprägt haben mich die Führungen von Blinden.

Bevor ich die erste Blindengruppe durch die Gewächshäuser navigierte, war ich ziemlich panisch. Alle meine Erklärungen des komplizierten Zusammenlebens von Pflanzen und Tieren im Regenwald hatten sich im Wesentlichen auf Formen und Farben bezogen. Auch meine Erklärungen über Inhaltsstoffe, Gifte und Heilmittel bezogen sich stets auf eine visuell erfassbare Pflanze. Ich überlegte fieberhaft, wie ich den Dschungel blind begreifbar machen konnte und stakste mit geschlossenen Augen durch die Gewächshäuser. Natürlich: Es waren die Düfte des Dschungels, die Blinde viel besser wahrnehmen als sehende Menschen. Zum ersten Mal ordnete ich den wunderbaren, lieblichen Duft der Frangipani, *Plumeria alba*, zu, das fruchtige Odeur der Mango, *Mangifera indica*, den frischen Geruch den Kaffeeblüten, *Coffea arabica*, und vieles mehr. Ich inhalierte nicht mehr nur das Gesamtbouquet des Tropenwaldes, sondern versuchte, jede einzelne Pflanze »zu erschnüffeln«.

Seither betört und inspiriert mich der Duft der Frangipani. Dass später mein Baumhaus von duftenden, wilden Bäumen dieser Art umgeben sein würde, hätte ich damals in meinen kühnsten Träumen nicht zu hoffen gewagt.

Neben den Düften habe ich versucht, die Formen haptisch zu ergründen und verbal, zum Nachfühlen, wiederzugeben. Die Resonanz war so überwältigend, dass ich manche »blinde« Erlebnisse auch auf andere Gruppen übertrug. Als eine französische Austauschklasse zu einer Führung kam und ich trotz meiner mangelnden Französischkenntnisse weitgehend auf die Übersetzungen der Lehrerin verzichten wollte, versuchte ich mit wenigen Worten die Schulklasse auf Riechen und Fühlen einzustimmen. Damit hatte ich anscheinend das Herz der Lehrerin erobert.

Das war kurz vor meinem Forschungsaufenthalt in Paris. Ich hatte zu dieser Zeit zwar das Stipendium in der Tasche, aber noch kein Zimmer in Aussicht. Doch schon am selben Abend brauchte ich mir darüber keine Sorgen mehr zu machen: Jene Lehrerin der französischen Austauschklasse hatte mir eine Bleibe in ihrer Nachbarschaft vermittelt. Wir sind noch heute befreundet. Meine tropische Schlingpflanze schien mir auf eine unergründliche Weise einen Weg weisen zu wollen.

Wundheilung im Pflanzenreich

Die Monate in Paris gingen wie im Flug vorüber und waren nicht nur ein persönliches Abenteuer: Ich konnte tatsächlich auch erstmals im Detail wissenschaftlich nachweisen, wie sich die Zellen der Yamswurzknollen nach einer Verletzung verändern, die Wundfläche verschließen und Abwehrzellen bilden.

Wie ein gesunder Mensch entwickelt auch eine gesunde Pflanze nach einer Verletzung in Sekundenschnelle Abwehrstoffe und ebenfalls eine Wundschicht. Vergleichbar mit dem Schorf bei Menschen und Tieren bilden Pflanzen einen sogenannten Wundkallus, um sich vor Bakterien und Pilzen zu schützen und das Austreten von Körpersäften zu verhindern.

Anders als bei Tieren und Menschen können sich die Zellen der meisten Pflanzen sogar wieder komplett in den Urzustand versetzen und sich zu den unterschiedlichsten Organen entwickeln. Aus einer einzelnen Wurzelzelle kann ein Blatt wachsen, aus einer Knollenzelle eine ganze Pflanze, aus jeder Zelle kann wieder alles werden – als würde aus einer Haut- oder Blutzelle wieder ein ganzer Mensch wachsen können.

Dieser pflanzlichen Eigenschaft ist es zu verdanken, dass bereits die Gärtner der Antike wahre Wunder vollbrachten. Ohne dieses botanische Wunder wären Rosenzucht und üppiger Obstanbau fast unmöglich. Beispielsweise auf wilde, gegen Kälte und Schädlinge resistente Rosen werden gewünschte Sorten gepfropft und bestimmte Eigenschaften – Farbe, Duft, gefüllte Blüten – gezielt gefördert.

Die Ableger einer Pflanze sind schlicht Klone, eine einzelne Pflanze kann mit ihnen zahlreich vermehrt werden und alle enthalten den gleichen genetischen Code. Klonen muss nichts mit Genmanipulation oder Gentransfer zu tun haben, es ist ein uraltes Handwerk, das jeder Gärtner beherrscht und Kinder schon mit Begeisterung ausprobieren.

»Meine« Yamswurz gehört allerdings zu einer Pflanzengruppe, bei der dies normalerweise nicht so einfach gelingt, weshalb die Ergebnisse meiner Forschungen umso interessanter waren. Die Yamswurz sieht zwar aus wie eine Kartoffel, sie gehört aber eher zu den Lilien- und Zwiebelgewächsen, die sich nicht über Stecklinge vermehren lassen und ganz anders aufgebaut sind.

Eine spannende wissenschaftliche Herausforderung, aber für mich zählte vor allem, dass diese Pflanze meine Eintrittskarte in die echte tropische Wildnis war, denn meine Forschungsergebnisse aus Paris führten zu weiteren Förderungen und in die Welt. Nach Rolands schillernden, abenteuerlichen Erzählungen wollte ich allerdings nicht mehr irgendwo im Dschungel forschen, sondern unbedingt in Costa Rica.

Es gab am Frankfurter Botanischen Institut nicht viele Wissenschaftler, die mit tropischen Pflanzen arbeiteten. Wir kannten uns untereinander, und ich fragte nun jeden, ob er Verbindungen zu einem Forschungsinstitut in Costa Rica habe. Dass ich schon beim ersten Kollegen ins Schwarze treffen sollte, hatte ich nicht zu träumen gewagt.

Wenig später hatte ich ein Stipendium in der Tasche, und es dauerte auch nicht lange, bis das Ticket nach Costa Rica bei mir im Briefkasten landete. Nur mit dem Zimmer in Universitätsnähe war es genauso schwierig wie in Paris. Aber darüber machte ich mir keine Gedanken mehr, schließlich hatte sich mithilfe der Yamswurz immer etwas gefunden. Inzwischen hatte ich auch einige Wochen an der Universität Basel geforscht und am Max-Planck-Institut in Köln und jedes Mal einen Unterschlupf im letzten Moment gefunden.

Der Start ins Abenteuer

Viel mehr Gedanken machte ich mir darüber, was ich alles mitnehmen sollte. In meinem weitläufigen Verwandten- und Freundeskreis hatten sich doch noch einige gefunden, die irgendeine Beziehung zu Costa Rica hatten, und wenn es um drei Ecken war. Die Aussagen darüber, was ich für einen mehrmonatigen Forschungsaufenthalt dort bräuchte, hätten allerdings unterschiedlicher nicht sein können. Eben mal schnell im Internet nachschauen war auch keine Option, denn das war noch nicht einmal erfunden, zumindest nicht das World Wide Web. Aber auch Reisebüros und Literatur waren wenig hilfreich, es gab auch keine Reiseführer. In diversen Reisebüros bekam ich meist umgehend Informationen über die Karibikinsel Puerto Rico. Es blieb mir also nichts anderes übrig, als mich darauf zu verlassen, was mir die stille Post zugeflüstert hatte, und ich beherzigte die meist gut gemeinten Tipps.

Da es keine Direktflüge gab, startete ich zunächst mit ziemlich viel Gepäck nach Florida. Als sich die automatische Tür am Flughafen Miami öffnete, schlug mir die heiße Luft entgegen wie eine Druckwelle oder ein gigantischer Fön. Als hätte die tropische Sonne nur darauf gewartet, mir zum Willkommensgruß ihre feuchtwarme, schweißige Hand entgegenzustrecken. Dabei war ich noch ein gutes Stück von den Tropen entfernt, als ich bei der Zwischenlandung das gut klimatisierte Flughafengebäude verließ, um ein wenig frische Luft zu schnappen. Die

Hitze nahm mir schier den Atem, was mich aber nicht dazu veranlasste, postwendend in das angenehm kühle Flughafengebäude zurückzukehren. In Deutschland war der Oktober alles andere als golden gewesen, und nachdem ich mich ein wenig daran gewöhnt hatte, genoss ich die Hitze sogar. Blinzelnd blickte ich in einen strahlend blauen Himmel. Nichts war von der Hurrikansaison zu spüren, die normalerweise um diese Jahreszeit, begleitet von sintflutartigen Regenfällen, durch Florida tobt. Kein noch so kleines Wölkchen war am Himmel zu sehen, und neben der inzwischen wohltuenden Wärme genoss ich vor allem die Farben und das Licht der subtropischen Vorboten meiner Expedition ins Unbekannte.

Dieses kurze Rendezvous mit der guten Laune der Natur kam mir wie ein gutes Omen für meinen bevorstehenden viermonatigen Aufenthalt in Costa Rica vor. Normalerweise bin ich nicht abergläubisch, aber Anfang zwanzig, so ganz auf sich allein gestellt in der weiten Welt, ohne Handy oder Internet als sicheren Draht in die Heimat, galten selbst für mich als Wissenschaftlerin andere Gesetze zwischen Himmel und Erde als die streng naturwissenschaftlichen. Und so nahm ich den strahlend blauen Himmel von Florida als wohlwollenden Fingerzeig des Himmels mit auf meine Weiterreise.

Zuversichtlich stieg ich in die Anschlussmaschine nach Costa Rica, als die gnädige Sonne sich längst mit einem rauschend roten Inferno für den Tag verabschiedet hatte. Keine drei Stunden dauerte es, bis unter mir das Lichtermeer der Hauptstadt San José aufleuchtete. Kein Wölkchen trübte meinen Blick auf das gelobte Land im Glanz der Nacht. Auch hier schien das Schicksal ein Loch in den Wolkenvorhang gerissen zu haben: Die Regenzeit, die normalerweise erst im Januar zu Ende geht, schien sich für mich bereits Mitte Oktober auf leisen Sohlen davongeschlichen zu haben. Es war, als wollte sich das Land bei meiner Ankunft mit allen Mitteln von seiner besten Seite zeigen.

Als ich das Rollfeld betrat, überraschte mich die im Gegensatz zu Miami klare, angenehm kühle Nachtluft und erinnerte mich daran, dass ich mich auf einem Bergplateau in 1200 Metern Höhe befand.

Unsere Maschine war weit und breit das einzige Flugzeug auf dem damals noch winzig kleinen Flughafen. Es schien, als wären alle Flughafenmitarbeiter mit der Ankunft unserer Maschine aus einem Dornröschenschlaf erwacht und sofort in emsiges Treiben verfallen – allerdings fern von jeglicher Hektik. *Mañana* – »morgen«, *tranquilo* – »gelassen« ist das Motto der Costa Ricaner. Worte, die mich bis heute wie ein Mantra verfolgen, wenn ich in allzu hektische Situationen gerate.

In entsprechendem Tempo und ohne jegliche Zwischenfälle verlief auch die Passkontrolle. »*Alemán*«, nickte mir der Kontrolleur beim Blick in meinen Pass anerkennend zu, um nach einer kurzen, dramaturgischen Pause mit »*Futbol, muy bien*« fortzufahren. Meinem Gesichtsausdruck war wohl zu entnehmen, dass ich keine Ahnung hatte, wovon er sprach. Dass mit *futbol* Fußball gemeint war, entging mir zwar trotz meiner mangelnden Spanischkenntnisse nicht, nur der Zusammenhang erschloss sich mir nicht so recht.

Ich hatte damals weder eine Ahnung davon, welche zentrale Bedeutung dieser Sport für das kleine mittelamerikanische Land hatte, noch daran gedacht, dass die Deutschen im Jahr zuvor den WM-Titel mit einem 0:2 für Frankreich nur knapp verpasst hatten, was zu dem anerkennenden Nicken des Zollbeamten geführt hatte. Davon, dass die Costa Ricaner fieberhaft daran arbeiteten, sich für die darauffolgende WM zu qualifizieren und dies auch schaffen sollte, hatte ich ebenfalls keine Ahnung. Aber mir dämmerte, dass außer mir wohl nicht viele Deutsche hier unterwegs waren.

Die Bemerkung quittierte ich mit einem entsprechend freundlichen »Gracias«. »Danke« war so ziemlich das einzige Wort, das ich auf Spanisch gelernt hatte. Da ich die darauffolgende Frage »Hablas español?« nur mit einem bedauernden »No« beantworten konnte, stempelte der freundliche Beamte endlich meinen Pass und ließ mich weiterziehen. Von Ungeduld in der wartenden Schlange hinter mir war nichts zu spüren, statt europäischer Hektik lateinamerikanische Gelassenheit – pura vida. Das ist ein nicht zu übersetzender Ausdruck costa-ricanischer Lebensfreude und passt eigentlich immer.

Diese Gelassenheit verschaffte dem Bodenpersonal genug Zeit, die für die wenigen Passagiere unverhältnismäßig vielen und teilweise sehr unförmigen Gepäckstücke in die Halle zu bugsieren. Was weniger an meinem etwas zu umfangreich geratenen Gepäck lag, sondern vielmehr an dem Usus gut situierter costa-ricanischer Familien, in Miami shoppen zu gehen. Entsprechend waren überdimensionale Pappkartons, verschweißte Fahrräder oder Kinderwagen kein unübliches Gut, das das Flughafenpersonal neben zahlreichen Koffern unterschiedlichster Größen und Farben nun hereinschleppte. – Förderbänder waren in den Achtzigerjahren am Flughafen in San José noch Zukunftsmusik. Mit meinen zwei riesigen Koffern und dem Seesack sah ich daher eher dazugehörig aus denn fremd.

Als mich Roland und seine Frau Monika vor dem einzigen Ausgang des damals einzigen internationalen Flughafens des Landes erwarteten, war ich noch der festen Überzeugung, den Inhalt meines schweren Gepäcks dringend zu benötigen. Mit leicht hochgezogenen Augenbrauen begutachteten die beiden inzwischen in Costa Rica heimisch gewordenen Freunde das Transportgut: Roland hoffnungsfroh, dass ein paar mehr Schuhe für ihn in den Koffern wären als vorgesehen, und Monika leicht belustigt.

Bei der Bemerkung: »Da passen aber viele Schuhe Größe 46 rein«, zuckte ich zusammen. Größe 46? Nicht, dass ich den Auftrag vergessen hatte, für Roland Schuhe zu besorgen – aber hatte er wirklich Größe 46 gesagt? Unbemerkt senkte ich den Blick und schaute auf ein paar ziemlich große Füße in ziemlich durchlöcherten Schuhen. Ich hatte mich schon gewundert, dass es in Costa Rica keine Schuhe in Größe 42 geben sollte.

Die Freude über das Mitbringsel in falscher Größe war damals also dementsprechend getrübt, vor allem weil die heiß ersehnten Quanten bereits für den Abend verplant gewesen waren. Der Tag sollte nämlich mit meiner verspäteten Ankunft um 22 Uhr nach einer achtzehnstündigen Reise keinesfalls zu Ende sein. In Deutschland dämmerte inzwischen schon der nächste Tag, und im Flugzeug hatte ich vor Aufregung nicht schlafen können. Ich war todmüde, aber nicht bereit, irgendetwas zu verpassen. Mir blieb wenigstens Zeit für eine kurze wohltuende Dusche im Hotel, bevor wir wieder aufbrachen, und zwar diesmal zu Fuß. Das Hotelgebäude war eines der wenigen gut erhaltenen Kolonialbauten und lag ziemlich günstig im Zentrum der Hauptstadt San José.

Nach wenigen Metern erreichten wir den Stadtpark Morazán, benannt nach einem frühen costa-ricanischen Präsidenten, der sich bereits Mitte des 19. Jahrhunderts für Demokratie und Rechtsstaatlichkeit in ganz Lateinamerika starkgemacht hatte und dafür bis heute verehrt wird. Allerdings nicht von allen, da er in Costa Rica die allgemeine Wehrpflicht einführen und die Föderation vor allem mit militärischen Mitteln vereinen wollte, woraus eine sehr kurze Amtszeit in Costa Rica resultierte: Im April 1842 wurde José Francisco Morazán zum Präsidenten von Costa Rica gekürt, und im September des gleichen Jahres wegen Amtsmissbrauch in der Hauptstadt hingerichtet. Was die Costa Ricaner nicht davon abhielt, ihm mit diesem wunderschönen tropischen Park ein Denkmal zu setzen.

Zwischen riesigen Gummibäumen und schier endlos langen Palmen wandelten wir auf einem von verschnörkelten Parkbänken gesäumten Weg, der ein wenig aus der Zeit gefallen schien, genau wie der Musiktempel, der mir irgendwie bekannt vorkam. »Versailles mon amour«, beantwortete Roland meine stumme Frage und fügte noch hinzu, dass der Tempel tatsächlich ein exakter Nachbau eines Musiktempels im Versailler Schlosspark sei, aber erst 1920 gebaut wurde. Ein Relikt aus den Zeiten rauschender Feste einer prosperierenden Stadt.

Unser Ziel lag in unmittelbarer Nähe, und die Klänge lateinamerikanischer Tanzmusik drangen bereits gedämpft in den Park und mischten sich melodiös mit dem Gezirpe der Zikaden, das wie von einem Geisterdirigenten inszeniert zu einem Crescendo anschwoll, als wir später den Park verließen. Vor uns lag ein koloniales Prachtgebäude aus dem Ende des 19. Jahrhunderts im viktorianischen Stil, das vor einigen Jahren zum nationalen Monument erklärt wurde. Auf dem über Eck liegenden Eingang prangte in Leuchtschrift der Name: Key Largo. Zielsicher steuerte Roland darauf zu. Ich sollte das Herz von Costa Rica tanzend erobern, und trotz aller Müdigkeit war ich mehr als bereit dazu.

Die lateinamerikanischen Rhythmen weckten meine müden Lebensgeister. Monika und ich schwangen ungelenk die Hüften zu den Salsaklängen, zumindest im Vergleich zu den fließenden Bewegungen einheimischer Tänzerinnen. Unsere Bewegungen wurden aber nach jedem Schluck Piña Colada harmonischer, während Roland mit seinen Hobbitfüßen, die durch meine Schuld nackt und schmutzig über die Tanzfläche huschten, eher einen rituellen Ureinwohnertanz aufführte. Für die Einheimischen boten wir sicherlich einen grotesken, wenngleich auch unterhaltsamen Anblick. Bis in die frühen Morgenstunden hielten uns die heißen Rhythmen in Atem und boten einen perfekten Auftakt für mein bevorstehendes Dschungelabenteuer.

Ich hatte diesen Abend und die ganze exotische Atmosphäre unglaublich genossen und empfahl später jedem, der es hören wollte oder auch nicht, diese Tanzbar zu besuchen – nicht ahnend, dass sich das Key Largo zu einer der verruchtesten Bars, dem Epizentrum der Prostitution und des Drogenumschlags in Costa Rica entwickeln sollte. Ich hatte in dem Etablissement nur ein harmloses Tanzlokal sehen können. Dass der noch immer angesagte Club damals schon bekannt dafür war, dass dort vor allem amerikanische Männer auf der Suche nach jungen Costa Ricanerinnen, vornehmlich Prostituierte, waren, entzog sich meiner Kenntnis, und aufgefallen war mir nichts dergleichen – der Tag war schließlich sehr lang gewesen. Als wir endlich zum Hotel aufbrachen, hatte in Deutschland schon längst der Alltag begonnen. Acht Stunden Zeitunterschied trennen die Länder – und ich war inzwischen weit mehr als vierundzwanzig Stunden unterwegs.

Pura vida – Sitten und Gebräuche

Als das Telefon um sieben Uhr dreißig Ortszeit klingelte, um mich zu wecken, war ich trotzdem schon längst auf den Beinen, obwohl ich nach der langen erschöpfenden Reise höchstens vier Stunden geschlafen hatte. Meine innere Uhr und der enorme Zeitunterschied hatten zu einem leichten Dämmerschlaf in den Morgenstunden geführt, und die strahlende tropische Sonne, die hier das ganze Jahr über pünktlich um sechs Uhr morgens über den Horizont kriecht, hatte mich geweckt. Begleitet wurde das Farbenspiel, das mit einem leuchtenden Orange begonnen hatte, von einem Orchester unterschiedlichster Töne: Krächzend und singend begrüßten die verschiedensten exotischen Vögel den prächtigen Morgen, während hupend und mit knatternden Motorengeräuschen die Pendler ins Zentrum drängten. Aus der Ferne gesellten sich Markt- und Marimbaklänge hinzu. Das Timbre dieses Instruments, das an ein Xylophon erinnert, ist die wunderbare Musik von Lateinamerika und ganz besonders von Costa Rica.

Als ich wenig später den Speisesaal des Hotels betrat, saßen Monika und Roland schon beim Frühstück. Die deftigen Gerüche, die mir in die Nase stiegen, konnte ich normalerweise um diese Uhrzeit nicht ertragen, höchstens den wohltuenden Duft von frisch gebrühtem Kaffee, der im Kaffeeland Costa Rica natürlich auch nicht fehlte und sich mit den anderen Gerüchen verband. Da sich in Deutschland der Tag aber bereits neigte und mein Magen noch heimatlich eingestellt war, störten mich die deftigen Dämpfe jedoch wenig, und ich merkte, wie hungrig ich eigentlich war.

»Möchtest du auch ein Pinto, unser typisches Tico-Frühstück?«, fragte mich Monika gut gelaunt. In Anbetracht meines knurrenden Magens nickte ich nur, ohne zu ahnen, was auf mich zukommen sollte.

Ticos, das hatte ich längst bei meinen Vorbereitungen gelernt, nennen sich die Costa Ricaner selbst, Ticas sind demnach Costa Ricanerinnen. Nachdem die Bestellung aufgegeben war, fragte ich trotzdem nach, denn der eine Begriff war mir völlig fremd: »Und was heißt Pinto?«

»Gesprenkelt, weil ...«, Monika musste ihre Erklärung unterbrechen, da das »Gesprenkelte« gerade serviert wurde. Weitere Erklärungen konnte sie sich dann auch ersparen, das »Gesprenkelte« war mehr als deutlich zu erkennen: Leuchtend rote Bohnen und grüne Kräuter kontrastierten einen blütenweißen Reis.

Im Pinto stecken aber noch ein paar mehr raffinierte Zutaten, und jeder costa-ricanische Koch und fast jede Familie hat ihr eigenes »Pinto-Geheimnis«. Die grünen Kräuter stellten sich als gehackter Koriander heraus. Der eigenwillige Geschmack dieses eigentlich asiatischen Krauts ist nicht jedermanns Sache, aber ich liebte ihn vom ersten Moment an. Zu den Ingredienzen gehören außerdem noch Zwiebeln, ganz fein gehackte rote und grüne Paprika sowie etwas frischer Chili. Als Beilage zum klassischen Pinto reicht man gebratenen Speck, gebratene Kochbananen, Tortillas und Spiegel- oder Rühreier. Aber die Krönung ist die Sauce, die Salsa Lizano. Mit »costa-ricanischem Ketchup« wäre diese Köstlichkeit, die um 1920 in Costa Rica erfunden wurde, zu profan beschrieben. Es ist eine feine Komposition aus Gemüse, Senf, Chili, Kurkuma, fein säuerlich abgerundet mit Tamarinden.

Richtig genießen konnte ich die costa-ricanische Spezialität nicht, denn Roland drängte zur Eile, da er auf jeden Fall vor Sonnenuntergang zu Hause sein und unterwegs noch ein paar

Besorgungen machen wollte. Doch bis dahin waren es noch mehr als acht Stunden. Ich konnte kaum glauben, dass wir für die gut dreihundert Kilometer bis nach Nosara, an der Pazifikküste, fast den ganzen Tag brauchen sollten, aber ich verstand natürlich, dass Roland noch bei Tageslicht ankommen wollte. Noch heute muss man für viele Erledigungen nach San José, die Hauptstadt und einzige richtige Stadt im ganzen Land, fahren. In und um diese Stadt leben schließlich auch die meisten der knapp fünf Millionen Einwohnerinnen und Einwohner von Costa Rica. Da Monika und Roland aber genau wussten, was sie wo kaufen wollten, waren wir mit den Einkäufen bald fertig und fuhren nun gen Nosara auf der Panamericana, der weltberühmten Straße, die am Pazifik entlang von Alaska nach Feuerland führt – also auch durch Costa Rica und nicht nur entlang der Küste.

Der Aufbruch ins Paradies

Da die Pazifikküste von Costa Rica an zwei großen Halbinseln ellenlange Windungen vollführt und dies die Strecke von Nicaragua nach Panama vervielfacht hätte, wurde die Panamericana in Costa Rica durch die Hochebene im Zentrum verlegt, sodass sie sich dort wie eine Schlange durch die Kordilleren die Berge hinauf und hinunter windet. Rolands vollgepackter zebragestreifter Pick-up, der mich sehr an den legendären Serengeti-Fuhrpark des damals gerade verstorbenen Bernhard Grzimek erinnerte, kroch entsprechend langsam die Serpentinen hoch.

Schwer beladene, uralte, schnaufende Laster bremsten den fließenden Verkehr auf der einzigen Nord-Süd-Verbindungsstraße des Landes. Langsam fing ich an zu glauben, dass Roland mit seiner Zeiteinschätzung nicht übertrieben hatte, und war insgeheim sogar dankbar dafür, dass wir nur so langsam vorankamen. Ich hatte dadurch viel mehr Zeit, die atemberaubende Landschaft zu genießen. Endlose Kaffeeplantagen schmiegten sich an die Bergrücken, gespickt mit Schattenbäumen, deren leuchtend orange Blüten hell im Morgenlicht strahlten. Diese Korallenbäume, *Erythrina*, erfüllen jedoch noch eine andere Funktion: In ihren Wurzeln leben stickstofffixierende Bakterien, die den Boden mit natürlichem Dünger anreichern.

Doch schon bald kroch ein dichter Nebelschleier über die Kuppen, waberte gespenstisch über den Asphalt und versperrte den Blick auf die malerische Landschaft. Niemals hätte ich hier fahren wollen. Wie aus dem Nichts tauchten steile Felsvorsprünge direkt neben der Straße auf, und die engen Kurven waren plötzlich kaum mehr zu sehen. Eine extrem steil überhängende Felswand hat sich besonders in mein Gedächtnis gebrannt, vor allem nach dem, was mir ein paar Jahre später genau an dieser Stelle passierte:

Die Erde bebt

Ich hatte 1990 gerade den offiziellen Preis »*Amiga de Costa Rica*« (Freundin von Costa Rica) überreicht bekommen und wurde mit einem Wagen des Tourismusministeriums nach Nosara gefahren. Meine Spanischkenntnisse waren zu dieser Zeit leider immer noch nicht die besten, und ich unterhielt mich radebrechend, so gut es eben ging, mit dem Fahrer über alle möglichen Themen, als wir in einen Stau gerieten und schlingernd zum Stehen kamen.

»*Terremoto*«, kommentierte der Fahrer mit einer wackelnden

Geste am Lenkrad. Ich hatte keine Ahnung, wovon er sprach, und stellte allerlei Vermutungen an, von einer defekten Kupplung bis zum Motorschaden. Da der Fahrer aber keinerlei Anstalten machte, nach dem Motor zu sehen und auch alle anderen Fahrzeuge standen, war mir schnell klar, dass wir keine Panne hatten. Als ich die ersten Fahrer eines Radrennens erblickte, die die Panamericana überquerten, glaubte ich die Lösung des Rätsels gefunden zu haben. Doch als die Radfahrer längst vorbeigefahren waren, der Verkehr immer noch im Schneckentempo voranging und mein Fahrer mir weiter zu erklären versuchte, was *terremoto* bedeutet, wurde mir bewusst, dass auch das Radrennen nicht die richtige Antwort war. Erst als wir eine weitere Kurve passiert hatten und ich die Katastrophe sah, erkannte ich die tragische Bedeutung dieser spanischen Vokabel: Erdbeben.

Wenige Meter vor uns, mitten auf der Panamericana, lag ein riesiger Felsbrocken, der von der Steilwand förmlich heruntergeschüttelt worden war. Daneben stand ein Bus mit einer völlig zerstörten Fahrerkabine, der Busfahrer lebte nicht mehr. Ein schweres Erdbeben der Stärke 7,5 hatte das Land erschüttert, und ich war mittendrin und hatte es nicht bemerkt.

Trotz dieses Anblicks hatte und habe ich nie Angst vor den Kapriolen des pazifischen Feuerrings, der sich auch durch Costa Rica zieht. Die tektonischen Platten entlang des Rings schieben sich immer wieder übereinander und lassen die Erde erzittern. Aber viel mehr Menschen kommen bei Autounfällen ums Leben als bei Erdbeben. Viel gefährlicher sind auch die Strömungen im Pazifik, die einen schnell aufs weite Meer hinausziehen können. Außerdem sind in Costa Rica alle Gebäude erdbebensicher gebaut, denn es gibt keine Baugenehmigungen ohne Erdbebensicherung. Das sollte mir später bei meinen Baumhausplanungen auch noch zu denken geben. Durch die strengen Baugesetze passieren in Costa Rica selbst bei stärksten Beben kaum tödliche Unfälle, viel weniger als bei uns täglich auf der Straße.

Der Wilde Westen von Costa Rica

Dieser besagte Felsvorsprung, der bedrohlich aus dem Nebel auftauchte und über die Straße ragte, war mir schon bei der allerersten Begegnung unheimlich gewesen, und ich war froh, als wir ihn passiert hatten. Aber kaum, dass Roland diese Felswand schwungvoll umrundet hatte, lichtete sich auch schon der Nebel und gab bald einen beeindruckenden Panoramablick auf die Tiefebene und den Pazifik frei. Nach und nach änderte sich die Landschaft: Galeriewälder mit seltsamen Bäumen, die eine grüne oder stachelige Rinde hatten, säumten die Straße und die ausgedehnten Rinderweiden.

Ausgemergelte Zebu-Rinder dösten im Schatten mächtiger Guanacaste-Bäume, *Enterolobium cyclocarpum*, die nach dieser Provinz benannt wurden. Diese dickstämmigen Urwaldbäume mit den feinfiedrigen Blättern ließen erahnen, was für ein beeindruckender Wald hier einst gestanden hatte, bevor er vor allem von Europäern großflächig kahl geschlagen wurde. Nur noch zwei Prozent dieses einzigartigen Trockenwaldes blieben in ganz Mittelamerika übrig – sonst gibt es diesen Urwald nirgendwo auf der Welt.

Ganze vier Monate fällt in dieser Region kein Tropfen Regen. Wie bei uns im Winter stellen sich die Bäume hier auf die Zeit der Dürre ein. Die meisten verlieren ihre Blätter, andere können ähnlich wie Kakteen Wasser in ihren mächtigen Stämmen speichern, das sie während der Trockenzeit nach und nach aufbrauchen. Mit dem Verbrauch des Wassers nimmt auch der Stammumfang erheblich ab und in der darauffolgenden Trockenzeit wieder zu. Eine spannende Tatsache, die meine Baumhausplanung später noch erheblich beeinflussen sollte. Als wir an den ausgedehnten Weidelandschaften mit vereinzelten Schattenbäumen vorbeifuhren, waren meine Gedanken bei den Urwäldern, die einst diese Ebene bedeckten. Damit ein einziges Rind satt werden konnte, musste ein ganzer Hektar dieses einzigartigen Urwaldes abgeholzt werden. So viel Weidefläche brauchen die Wiederkäuer, um bis zur Schlachtreife zu wachsen. In Deutschland ist das eine schon viel länger akzeptierte Tatsache: Romantische Kulturlandschaften mit idyllischen Almwiesen sind nichts anderes als zerstörte heimische Urwaldflächen.

Costa Rica ist das einzige Land, das bei dieser Entwicklung in den Achtzigerjahren des letzten Jahrhunderts bereits »den Rückwärtsgang« eingelegt hat und die Wiederbewaldung von Weideflächen förderte. Seither haben sich auch die natürlichen Waldflächen wieder ausgedehnt, und das Land ist heute grüner und bewaldeter als bei meiner ersten Entdeckungsreise – aber nicht mehr so wild und einsam, vor allem nicht an den Stränden.

Wir fuhren bereits eine gute Stunde durch diese Landschaft, die auch oft der »Wilde Westen« von Costa Rica genannt wird, als wir hinter einer langen Autoschlange stoppten. »Mittagspause«, rief Monika und öffnete die Tür der klimatisierten Fahrerkabine. Ein Schwall heißer Luft schlug mir entgegen. Nachdem wir die Hochebene verlassen hatten und uns inzwischen auf Meeresniveau befanden, war auch die Temperatur drastisch gestiegen. Zudem war es gerade die heißeste Zeit des Tages. Obwohl ich keine Ahnung hatte, warum wir im Stau Mittagspause machten und ausstiegen, folgte ich brav und kroch ebenfalls aus der Kabine heraus, während Roland warten musste, bis es weiterging.

Nach einem kurzen Fußmarsch verstand ich, warum der Verkehr stillstand und wir getrost eine Pause einlegen konnten. »Unsere Fähre!«, kommentierte Monika grinsend und deutete auf eine archaische Plattform, die von einem rostigen kleinen Schiff über die ausladende Flussmündung geschubst wurde. »Wie viele Fähren sind denn schon untergegangen?«, fragte ich daher skeptisch.

»Ach, die letzte gerade vor ein paar Wochen«, feixte Monika und deutete auf eine havarierte Plattform, die wohl ebenfalls mal als Fähre gedient hatte. Aber sie versicherte gleich darauf, dass diese Fähre außer Dienst gestellt worden sei und sie noch nie etwas von einem Unglück gehört habe. Das beruhigte mich ein wenig, obwohl die beiden ja auch erst ein paar Jahre in Costa Rica lebten und vielleicht nicht alles wussten. Aber zumindest in diesen letzten Jahren schien nichts passiert zu sein. Heute sind diese Geschichten ohnehin Anekdoten, längst verbindet eine Brücke die Halbinsel Nicoya mit dem Festland.

Die Überfahrt über das von Mangroven gesäumte, ausgedehnte Flussdelta verlief damals ohne Zwischenfälle. Der Pickup stand zwischen Lastern voller armseliger Rinder, die ich am liebsten in die Freiheit entlassen hätte. Stattdessen stand ich an der Reling und genoss die erste tropische Meeresbrise meines Lebens. Der leicht salzige Dunst streichelte sanft meine Nase, und ich wusste, dass der Pazifik etwas Besonderes für mich sein würde.

Es war schon fast vier Uhr nachmittags, als wir die letzte »Stadt« passiert hatten, die ebenso wie die Halbinsel Nicoya hieß und nicht nur eine sehr alte Kolonialgeschichte hinter sich hat, sondern davor schon von den indigenen Völkern als Zentrum genutzt worden war. Trotzdem ist diese zweitgrößte Stadt der ganzen Provinz eher ein Dorf geblieben und zählt auch heute noch keine fünfzehntausend Einwohner. Für uns war Nicoya dennoch die letzte Bastion der Zivilisation, die wir am bereits fortgeschrittenen Nachmittag hinter uns ließen.

Hier war auch Schluss mit der Asphaltstraße. Mit fast diebischer Freude schoss Roland auf die Schotterpiste: Hier war er der König der Straße mit dem damals wahrscheinlich tauglichsten Fahrzeug der ganzen Region. Roland wusste genau, wie er die Schlaglöcher zu nehmen hatte, und schien auch fast jedes einzelne genau zu kennen. Wir fuhren beinahe schneller als auf der Asphaltstraße und begegneten mehr Pferden, Kühen, Eseln, Schweinen und sonstigem Getier als Autos. Auch der Dschungel wurde immer dichter. Zwar gab es hier noch viele Rinderweiden, aber am Straßenrand zog sich ein dichter, Schatten spendender Galeriewald entlang, und selbst die Weidezäune fingen wieder an zu leben. Holzpfähle schlugen Wurzeln und trotzten dem Stacheldraht, verschlangen ihn förmlich mit aufgerissenen oder geschlossenen Mäulern. Auch ich konnte beim Anblick der grotesken Formen dieser lebenden Pfähle kaum glauben, dass allein die Natur diese Kunstwerke vollbracht hatte, die die Wundheilung der Bäume als ein wahres Wunder erscheinen ließ.

Noch nie zuvor in meinem Leben war ich durch eine so wilde Gegend gefahren. Begeistert erblickte ich zum ersten Mal wilde Affen, Leguane, Ameisenbären, Papageien, Kolibris und einige andere Exoten, die mir später vertraute Nachbarn werden sollten, aber jetzt nur an mir vorbeirauschten, da Roland glaubwürdig versicherte, dass wir keine Sekunde Zeit für eine Pause hätten.

Lagarta

Nachdem wir endlich den letzten Fluss durchquert hatten, begann der Himmel, sich schon leicht rosa zu färben, und Roland drückte noch einmal richtig aufs Gaspedal, was bei der Schotterpiste voller Schlaglöcher eine echte Herausforderung war. Wenige Minuten später wurde der Urwald so dicht, dass Lianen die Windschutzscheibe streiften, was ihn dazu veranlasste, euphorisch kundzutun:»Wir sind gleich da!« Im selben Moment schossen wir auch schon um die Ecke auf den Hügel, der mir später zur zweiten Heimat werden sollte: Lagarta.

Als wir kurz vor Sonnenuntergang ankamen, erwarteten uns bereits Monikas vierjähriger Sohn Christoph, die Nachbarin und die mir ziemlich gefährlich erscheinende Hundemischung, die auf den Namen Mickey hörte. Trotz meiner Vorbehalte gegenüber großen Wachhunden wurden wir noch am selben Abend Freunde und später sogar Verbündete. Nach der stürmischen Begrüßung brach sofort eine unglaubliche und für Costa Rica ganz und gar untypische Hektik aus, die ich erst verstand, als mir Monika einen Drink in die Hand drückte und mich auf die von Roland schon so ausführlich beschriebene Terrasse führte: Die tiefrote Sonne war schon fast im Begriff, den Pazifik zu küssen, und dieses immer wieder einzigartige Schauspiel sollte ich gleich an meinem ersten richtigen Abend in Costa Rica erleben – was im Oktober keine Selbstverständlichkeit ist: Während der Regenzeit lassen die Wolken selten einen freien Blick auf die untergehende Sonne zu, aber an meinem ersten Abend in Lagarta war es so.

Es schien, als seien mir alle guten Geister wohlgesinnt und böten mir ein einzigartiges Naturspektakel. Gebannt und fasziniert starrte ich noch lange, nachdem die Sonne untergegangen war, auf den immer dunkler werdenden Pazifik und den Mangrovenwald, lauschte den Grillen und anderen Urwaldgeräuschen, inhalierte den Atem des Dschungels und war überglücklich, endlich angekommen zu sein.

Doch wie mit einem Lichtschalter ausgeknipst verschwand kurz darauf der letzte Funken Helligkeit und es war stockfinstere Nacht. Nur die glitzernden Sterne und der Mond erhellten die Dunkelheit noch ein wenig. Fast im gleichen Augenblick übermannte mich die unvermeidliche Müdigkeit nach der langen Reise, was meinen Gastgebenden wohl nicht entging.

»Zeig Ina doch mal ihr Zimmer«, bat Monika ihren blondschöpfigen kleinen Sohn und zeigte dabei in die finstere Nacht auf einen vom Dschungel überwucherten Hügel. Mir war vorher gar nicht aufgefallen, dass das Haus nur eine große offene Wohnküche barg und keinerlei weitere Zimmer. Trotzdem war ich mir sicher, dass die beiden mich ein wenig auf den Arm nehmen wollten. Doch noch bevor ich etwas sagen konnte, ergänzte Roland stolz: »Ja, ja, ich habe dir doch erzählt, dass meine beiden Gästezimmer jetzt endlich fertig sind. Da oben hast du ganz deine Ruhe.«

Wortlos starrte ich immer noch in die Richtung, in der ich nichts erkennen konnte außer schemenhaften Umrissen von riesigen Bäumen. Etwas beklommen folgte ich dem kleinen Jungen mit der Taschenlampe in den düsteren Urwald, während Zikaden und andere nächtliche Urwaldtiere ihr Orchester gerade zu einem Crescendo anstimmten. So schien es mir jedenfalls, während ich stumm dem unerschrockenen Vierjährigen den stockfinsteren Urwaldhügel hinauf folgte. Nach gefühlt endlosen Minuten erreichten wir eine Anhöhe, die von zwei kleinen Bungalows gekrönt wurde, die sich organisch zwischen Felsen und Urwaldbäume schmiegten. Auf der zum

Meer gerichteten Seite trennten einzig Fliegengitter in großen hölzernen Rahmen den Schlafraum vom Dschungel.

Behände schob Christoph den Rahmen zur Seite und schlüpfte in das Innere des ersten Bungalows. Mit einer flinken Handbewegung fand er den Schalter und brachte die Deckenlampe zum Leuchten. Der Raum erhellte sich so schnell, wie es zuvor draußen dunkel geworden war. Die tropische Sonne funktioniert wie eine Lampe ohne Dimmer: zack, aus, dunkel. Die Lampe in meinem neuen Zuhause hatte auch keinen Dimmer. Es dauerte einen Moment, bis ich mich an die Helligkeit gewöhnt hatte.

Fast gerührt blickte ich mich daraufhin in dem liebevoll mit Muscheln und Blüten dekorierten Zimmer um: Ein riesiges, gemütliches Bett nahm fast den gesamten oberen Bereich ein, der über ein paar Stufen mit dem etwas tiefer gelegenen, offenen Bad verbunden war. Das war alles – aber damals wahrscheinlich das luxuriöseste Gästezimmer im weiten Umkreis. Noch während ich mich umschaute, war der kleine Junge in der Dunkelheit verschwunden. Wenn ich noch eine Frage gehabt hätte, wäre mir nichts anderes übrig geblieben, als alleine dem dunklen Urwaldpfad zum Haupthaus zu folgen.

Ich beschloss, keine Fragen zu haben, und duschte ausgiebig. Den kleinen Krebs, der durch den Ausguss gekrabbelt kam, bemerkte ich erst, als ich die Duschwanne sauber machen wollte, wobei sich der kleine Krabbler mindestens genauso erschrak wie ich und schnurstracks wieder im Ausguss verschwand. Für einen Moment war ich über die Entfernung zum Haupthaus froh. Meinen spitzen Schrei hatten die nächtlichen Urwaldgeräusche wahrscheinlich verschluckt, zumindest sprach mich am nächsten Morgen keiner darauf an.

Aber plötzlich sah ich sie alle: Meine vielen kleinen Mitbewohner. Hier verschwand eine Spinne hinter dem Spiegel, dort ein Käfer hinter einem Bild und da eine Ameise in einer Ritze. Willkommen im Urwald! Ich beschloss, dass ich die Tiere in Ruhe lassen würde und die Tiere mich. Zumindest redete ich mir das ein, als ich das Laken bis zur Nasenspitze hochgezogen hatte. Aber es half nur so lange, bis ich das Licht gelöscht hatte. Obwohl ich todmüde war, konnte ich nicht einschlafen. Nach einer Weile hatten sich meine Augen an die Dunkelheit gewöhnt, und ich konnte die exakte Form des Sichelmonds und die Konturen des Dschungels erkennen. Sogar einen silbernen Streifen des Pazifiks, dessen Brandung beruhigend kontinuierlich in meine Ohren drang, konnte ich jetzt sehen.

Wenig beruhigend war die Tatsache, dass mich nur ein Holzrahmen mit Moskitonetz von der Wildnis trennte. Den Rahmen konnte wahrscheinlich jedes geschickte Haustier zur Seite schieben, und vielleicht auch das eine oder andere Dschungeltier, bildete ich mir jedenfalls ein. Aber es kam niemand, und so muss ich wohl doch eingeschlafen sein.

Der Ruf des Dschungels

»Uh-uh-uh-uh …« Lautstarkes Gebrüll weckte mich einige Stunden später, als es noch nicht einmal richtig dämmerte. Es muss gegen fünf Uhr morgens gewesen sein. Meine Furcht war wie weggeblasen, und mein Biologinnenherz schlug höher. Ich hörte, was Roland vorhergesagt und ich in den Fachbüchern gelesen hatte: den morgendlichen Ruf der Brüllaffen auf ihrer Route durch die Baumwipfel, um die Gruppe zusammenzuhalten oder mögliche Feinde zu verschrecken. Was sie sonst noch taten, hatte ich vergessen, sollte es aber gleich zu spüren bekommen.

Ich war auf einen Schlag wach, schnappte mir mein Fernglas und eilte nach draußen. Die Affengruppe saß auf einem riesigen Pochote-Baum, *Bombacopsis quinatum*, der gerade seine zartrosa Blüten geöffnet hatte, direkt neben meinem Bungalow. Die Affen hatten mich wahrscheinlich längst gesehen, bevor ich sie entdeckte, und legten noch ein Crescendo ein, um mich zu verscheuchen. Aber ich ließ mich keinesfalls vertreiben, sondern beobachtete fasziniert, wie die Gruppe genüsslich die zarten Blüten verspeiste, während mich der Alte ankeifte. Als er merkte, dass ich mich davon nicht beeindrucken ließ, passierte es: Ein riesiger Platscher landete direkt vor meinen Füßen. Und wäre ich nicht sofort erschrocken einige Schritte zurückgewichen, hätte meine morgendliche Dusche ganz anders ausgesehen als erwartet: mit Affenpisse.

Im Gegensatz zu Kapuzineraffen, die die meisten Kinder kennen, weil einer davon das niedliche Äffchen von Pippi Langstrumpf spielte – die aber keinesfalls so niedlich sind, sondern ganz schön aggressiv werden können –, sind Brüllaffen absolut friedliche Zeitgenossen. Ihre effektive Angewohnheit, Störenfriede auf den Kopf zu pinkeln, sollte man aber besser nicht vergessen. Danach habe ich mich nie wieder unter einen zeternden Affen gestellt.

Der Abriss der Erinnerung

Als ich Jahrzehnte später vor meinem eigenen Grundstück stand und dem Gebrüll der Affen lauschte, musste ich an diese erste Nacht im Dschungel denken, die mein Herz trotz aller Ängste sofort an diesen magischen Hügel gebunden hatte. Noch immer starrte ich fassungslos auf den Bagger, der nach und nach meinen Bungalow Stück für Stück abriss. Von dem riesigen Pochote, auf dem die Affen damals gesessen hatten, war ebenfalls nichts mehr zu sehen – angeblich hatte ein Blitz dort eingeschlagen.

Auf meinem Grundstück, wo bald mein Baumhaus stehen sollte, hatte zum Glück noch kein Blitz eingeschlagen, aber das war definitiv ein Thema, um das ich mich kümmern musste, auch wenn der riesige Pochote vor meinem einstigen Zimmer vielleicht ein ganz anderes Ende genommen hatte. Noch stand ich aber ganz am Anfang meiner Planung, und der Blitzableiter war nur eine Randnotiz in meinem Merkheft für das Baumhaus. Mein Architekt Olivier hatte schon ein paar Ideen und eine Leiter mitgenommen, damit ich mir eine bessere Vorstellung von der Lage meines künftigen Heims machen konnte.

Sanft, aber entschieden, führte er mich von dem Abrissgrundstück weg, hin zu meinem unberührten Waldgrundstück, wo ich mein Baumhaus bauen wollte. Intuitiv suchte ich einen mittelgroßen Baum in der Mitte des Grundstücks für die Leiter aus. Ohne zu zögern, erklomm ich die Leiter und nahm die Affenperspektive ein. Schließlich hatte ich vor, auf Augenhöhe mit den Brüllaffen zu leben und sie zu beobachten, ohne mir den Hals zu verrenken.

Als ich die oberste Sprosse erreicht hatte, konnte ich in der Ferne auf einem anderen Wipfel für den Bruchteil einer Sekunde in ein dunkles Augenpaar schauen, das mich sanft anblinzelte, bevor es verschwand. Von Weitem hörte ich immer noch das charakteristische Brüllen der Affen, die inzwischen weitergezogen waren und nun anscheinend den neugierigen Nachwuchs herbeiriefen. Es war noch ein sehr junger Affe gewesen, der mir zugeblinzelt und sich dann blitzschnell entfernt hatte, um seine Gruppe zu erreichen.

Hallo Nachbar, dachte ich fasziniert, und es breitete sich in mir ein wohliges Gefühl aus, die richtige Entscheidung getroffen zu haben: Zwischen diesen Wipfeln wollte ich wohnen. Ich ignorierte die Baggergeräusche vom Nachbargrundstück und konzentrierte mich auf den Blick in die Baumkronen und den strahlend blauen Streifen Pazifik, den ich von hier oben erhaschen konnte. Hier wollte ich später in meiner Hängematte liegen, auf das Meer, die Affen und sonstige Wipfelbewohner blicken. Aber bis dahin war es noch ein weiter Weg …

Baumhaushürden

Das Projekt war weder für mich noch für den Architekten ein einfaches Unterfangen: In der Gegend gab es damals und gibt es heute immer noch weit und breit kein einziges Baumhaus und damals auch niemanden mit großer Erfahrung mit Baumhäusern. Oliviert war der Einzige, der sich damit zumindest schon eingehend beschäftigt hatte, und seine Einschätzung war nicht sehr motivierend.

»Ich glaube nicht, dass wir dein Haus in die Bäume bauen können«, kommentierte er ernüchternd die Lage, als ich die Leiter wieder heruntergeklettert kam. Gut, es stehen keine Urwaldriesen auf meinem Grundstück, aber die Bäume kamen mir dennoch groß und stark genug für ein Baumhäuschen vor. Olivier schüttelte den Kopf: »Warst du schon einmal im Januar, Februar hier, wenn die Stürme durchfegen? Und zur Hauptregenzeit im September, Oktober, wenn sich hier die schlimmsten Gewitterstürme entladen?«

Ich nickte nachdenklich. Tatsächlich war ich schon zu allen Jahreszeiten in Nosara gewesen, es gab keinen Monat, in dem ich nicht schon einmal hier gewesen war. Dennoch hatte ich nie ein derartiges Unwetter erlebt, von dem alle immer erzählten – das sollte sich jedoch noch während der Bauphase ändern.

»Wir werden dein Baumhaus auf Stelzen bauen, und du wirst dich genauso fühlen wie in einem richtigen Baumhaus«, ergänzte Olivier und riss mich aus meinen Gedanken.

»Wir könnten mehrere Bäume zur Unterstützung nehmen«, versuchte ich es noch einmal.

Olivier schüttelte den Kopf. »Du bist doch die Biologin. Hier auf dem Felsen wachsen keine sehr starken Bäume und dann schwillt der Stamm während der Regenzeit enorm an und schrumpft während der Trockenzeit.«

Ich wusste natürlich genau, dass Olivier recht hatte. Fast wie afrikanische Baobab-Bäume, *Adansonia digitata*, saugen sich hier vor allem Kapok-Bäume, *Ceiba pentandra*, während der Regenzeit mit Wasser voll, das sie in speziellen Zellen speichern. Sie bekommen dann einen regelrechten »Bauch«, den sie in der trockenen Zeit nach und nach verlieren. Es sind die heiligen Bäume der Ureinwohner, die fast alle Teile des Baums nutzten: Blüten und Blätter für Medizin, die faserigen Früchte, um Matratzen zu füllen und Dächer gegen die Hitze zu dämmen, und das Holz für Möbel und zum Bauen – so, wie früher bei uns auch alle Teile von einem Baum genutzt wurden und die Magie der Bäume zum Alltag gehörte.

Stacheln – Die Waffen der Natur

Auch ich wollte mit dem Holz des Kapok-Baums, genauer mit Pochote-Holz, bauen. Aber nicht mit dem von irgendwelchen Bäumen, sondern von solchen, die ich Jahrzehnte zuvor eigenhändig angepflanzt hatte, als ich das erste Mal nach Costa Rica gekommen war. Bereits an meinem ersten Morgen in Lagarta bei Nosara auf der Nicoya-Halbinsel hatte ich den mächtigen Baum vor meinem Bungalow, auf dem sich eine ganze Horde Brüllaffen niedergelassen hatte, bewundert.

Dicht an dicht überziehen Stacheln die Rinde eines solchen Baums, um ihn vor Fressfeinden zu schützen, was die Brüllaffen allerdings nicht davon abhält, dessen Kronen zu erstürmen und sich an Blättern und Blüten gütlich zu tun. Bei älteren Bäumen werden die Stacheln vor allem in den Kronen weniger. Von Wipfel zu Wipfel springend, finden die Affen geschickt stachelfreie Äste und erreichen mühelos Blätter und Blüten. Sehr effektiv hält der Baum mit seinen spitzen Waffen allerdings Tiere fern, die am Urwaldboden leben und gerne an Rinden knabbern oder über den Stamm nach oben klettern. Rehe und Hirsche, von denen auch einige Arten im tropischen Amerika heimisch sind, bevorzugen vor allem Rinde und Blätter ganz junger Bäume. Deswegen hat gerade der Nachwuchs dieser Baumart besonders große Stacheln und schützt sich so sehr effizient vor Fressfeinden.

Hunger und Durst sind bei allen Tieren in der Trockenzeit groß, und nicht nur Pflanzen schützen sich mit Stacheln vor Feinden. Eines Morgens saß Rolands Hund Mickey jaulend auf der Terrasse, mit einem Bart, der jedem Weihnachtsmann hätte Konkurrenz machen können. Er war das Ergebnis eines forschen Angriffs auf ein Stachelschwein – der erste und letzte von Mickey, dem Mischling aus Dobermann und Dogge, der mir die Furcht vor großen Hunden genommen hat. Bei meinen täglichen Strandspaziergängen begleitete und beschützte mich Mickey – auch wenn von nirgendwoher Gefahr drohte. Seine feine Nase führte mich zu manch interessantem Ort, der mir sonst verborgen geblieben wäre.

Erste Hilfe für Dschungelbabys

An diesem ersten Morgen in Lagarta auf dem Weg zum Strand nahm Mickey plötzlich Witterung auf und eilte kläffend davon. Wenige Sekunden später flog laut schimpfend ein Pulk Geier in die Luft. Neugierig folgte ich dem Hund, und an der nächsten Biegung des Dschungelpfads konnte ich sehen, worauf sich die Geier gestürzt hatten: Eine riesige Boa, die noch nicht lange tot sein konnte, lag zusammengerollt unter einem Baum. So ein Exemplar habe ich nie wiedergesehen, obwohl ich diesen Weg noch Hunderte Male gegangen bin und auch sonst auf zahlreichen Dschungelpfaden wandelte. Woran die Schlange gestorben war, konnte ich nicht erkennen. Mickey, die ohnehin nur Interesse daran gehabt hatte, die Geier aufzuscheuchen, war inzwischen weiter an den Strand gelaufen, um dort Möwen, Pelikane, Fregattvögel oder sonstiges Getier zu erschrecken.

Nachdem Mickey verschwunden war, kehrten die Geier nach und nach zurück, um ihr blutiges, aber wichtiges Werk zu vollenden. Sie sind die Müllabfuhr des Dschungels, die Kadaver zerlegen und den unangenehm süßlichen Verwesungsgeruch vertreiben. Als ich genug gesehen hatte und auch weiter zum Strand ging, überlegte ich noch, wie lange es wohl dauern würde, bis sie ihr Werk vollendet hatten. Weit kam ich mit meinen Gedanken nicht, denn eine Horde Affen tobte in Bäumen und Gebüsch um mich herum, und plötzlich kam Mickey wieder angeschossen. Laut kläffend jagte sie die Affen, und vor lauter Schreck muss eine Affenmutter ihr Kind verloren haben, das Mickey nun im Maul hatte. Wie eine Furie raste ich laut schreiend hinter dem Hund her, der mir eigentlich stolz die Beute hat bringen wollen, aber sie dann doch fallen ließ und mit eingezogenem Schwanz verschwand.

Ich hätte damals nicht gewusst, was ich mit dem Affenbaby hätte machen sollen – wahrscheinlich Roland nach dem nächsten Tierarzt oder Arzt fragen. Heute gibt es allein in Nosara zwei Wildtierauffangstationen für verletzte und verwaiste Tiere. Inzwischen sind solche Stationen über das ganze Land verteilt, sie werden von engagierten Tierschützenden aus Costa Rica und der ganzen Welt betrieben.

Rettung für Faultier, Affe & Co.

Besonders berührt und beeindruckt hatte mich eine Station im Osten des Landes, an der Karibikküste, die ich später oft besuchte: das Jaguar-Rescue-Center, gegründet und geleitet von der spanischen Biologin Encar Aviani. Mit einem verletzten Jaguarbaby, das ein Farmer aus der Gegend gefunden hatte, fing alles an. Ihre professionelle Pflege und gleichzeitig emotionale Fürsorge für das Wildkatzenbaby hatte sich in Windeseile herumgesprochen, und so blieb es nicht bei diesem einen Tier.

Sämtliche Tierschützenden der Region brachten fortan verletzte oder verwaiste Tiere zu Encar. Mit Hingabe kümmert sie sich noch heute um jedes Wesen und sammelt Spenden für den weiteren Ausbau der Station, für Medikamente und Nahrung für die Tiere. Vor allem Affen und Faultiere sind inzwischen ihre Schützlinge. Viele Affen erleiden einen Stromschlag, wenn sie über ungeschützte Leitungen klettern, viele Jungtiere, die sich am Rücken des Elterntiers festkrallen, werden dadurch zu hilflosen Waisen. Inzwischen gibt es eine landesweite Initiative zur Isolierung der Stromleitungen, und viele Kilometer sind schon mit Plastik ummantelt. Doch auch Wilderei, Abholzung und der stetig zunehmende Verkehr bedrohen die Tiere. Faultiere, die sich sehr gemächlich von Ast zu Ast hangeln und Unmengen von Blättern für ihren täglichen Bedarf benötigen, müssen oft Straßen überqueren, um die nächste Nahrungsquelle zu erreichen.

Das Affenbaby war mir damals nicht mehr aus dem Kopf gegangen, als ich erschöpft von meinem ersten alleinigen stundenlangen Strandspaziergang, noch mit Jetlag in den Gliedern, unter der sengenden tropischen Sonne endlich den Urwaldpfad auf den Lagarta-Hügel erreicht hatte. Zum Glück war von dem Tierkind und dem ganzen Rudel nichts mehr zu sehen, und ich war sicher, dass es mit einem Schrecken davongekommen war. Ich hatte die Szene vom Hinweg noch genau vor Augen: Kaum hatte Mickey das Affenbaby fallen lassen, eilte die Mutter herbei, hob es vom Boden auf und war in Sekundenschnelle wieder im Geäst. Mit lautem wütenden Gebrüll hatte die ganze Affenfamilie das Geschehen beobachtet, und ich hatte mich sehr für den Hund geschämt, der mir gar nicht gehörte, aber mir doch sehr schnell ans Herz gewachsen war. Mit hängendem Kopf war mir Mickey schuldbewusst an den Strand gefolgt. Ich hatte dem Hund auch nicht lange böse sein können, sondern genoss den Spaziergang an der Bucht, die sich wie ein romantisches Gemälde vor mir ausbreitete.

Es war gerade Ebbe, und der zartrosafarbene Sand zog sich als breites Band um die geschwungene Meereszunge. Die vom Dschungel überzogene kleine Insel am nördlichen Ende der Bucht war jetzt über einen schmalen Felsweg mit dem Festland verbunden. In Ufernähe vollführten die Pelikane ihre Fischfangkünste. Pfeilschnell schossen sie zielsicher ins Wasser und tauchten wenig später würgend wieder auf, um den Fang von ihrem Kehlsack in den Hals zu verfrachten, bevor sie erneut ihr Glück versuchten.

Der schönste Strand der Welt

Mickey hatte bald genug, da sie die Pelikane ohnehin nicht erreichen konnte, und forderte mich auf, weiterzugehen, wozu sie nicht allzu viel Energie aufbringen musste. Die Strände von Nosara wurden schon mehrfach zu den schönsten der Welt gekürt, und ich kann auch heute noch nicht genug davon bekommen, dort entlangzulaufen, zu schwimmen, zu joggen oder zu surfen. Damals war ich ganz allein am Strand, es war ein fast völlig unentdecktes Paradies. Nur am südlichen Ende der Bucht ragte aus dem Dschungel eine Kuppel hervor, die an einen griechischen Tempel erinnerte, unverputzt und unverkennbar eine Baustelle, aber in der Form eindeutig. Noch heute ist dieser »Tempel« eine Baustelle, zwar verputzt und weiß getüncht, gekrönt von einer überdimensionalen zugreifenden Hand, aber stets im Bau oder Umbau – seit Jahrzehnten. Es war damals das einzige Hotel an der ganzen kilometerlangen Küste.

Trotzdem wurde das kuriose Hotel, genau wie Rolands Haus, zu einem unverkennbaren Wahrzeichen von Nosara oder besser den Stränden von Nosara, denn das Hotel liegt genau zwischen den beiden beliebtesten Buchten: Pelada und Guiones. Ein kleiner kurzer Pfad verbindet die beiden Stände. Als ich das allererste Mal dort entlangwandelte, kam ich aus dem Staunen nicht mehr heraus: Auf die malerische, geschwungene Bucht folgt ein kilometerlanger, fast weißer Sandstrand. Drei riesige Kokospalmen markieren den nördlichen

Anfang von Guiones, auf dem damals über die gesamte Länge von zehn Kilometern keine einzige Menschenseele zu sehen war.

Als ich mit Mickey auf dem Rückweg an der einzigen kleinen Fischerhütte am Strand vorbeischlenderte, stand die Sonne bereits tief, und die ersten Fischer stachen für den abendlichen Fang in See. Warm glitzernd reflektierte das Meer die bald untergehende Sonne und verlieh der Bucht einen goldenen Schimmer. Um ja den Sonnenuntergang auf Rolands Terrasse nicht zu verpassen, fing ich an zu laufen.

Ameisen

Am nächsten Morgen fiel mir die Schlange wieder ein, und ich traute meinen Augen kaum, als ich die Stelle auf dem Weg zum Strand erreichte: Fast nur noch das blank polierte Gerippe war von der riesigen Boa übrig geblieben. Das war allerdings nicht allein das Werk der Geier gewesen: Ameisen, überall wuselten Tausende von Ameisen, und es waren große: Militärameisen.

Roland erzählte später, dass er einmal das Haus hatte räumen müssen, als eine breite Straße Militärameisen im Anmarsch war. Kein Krümel, kein Käfer und keine Kakerlake seien anschließend mehr im Haus gewesen. Ameisen sind überhaupt Wunderwesen. Insgesamt leben mehr als dreizehntausend verschiedene Arten auf unserem Planeten, und ständig werden noch neue entdeckt. Die meisten davon leben in den Tropen, die allerkleinsten und die allergrößten sowieso. Wer in seiner Dschungelküche die Vorräte nicht hermetisch abriegelt, hat schneller ein Ameisenproblem, als er es kontrollieren kann. Winzige, keinen Millimeter große Ameisen können jede Öffnung durchdringen, die nicht wasserdicht ist. Ganze Zuckerdosen fangen plötzlich an zu leben, wenn sie nicht luftdicht verschlossen sind.

Nachdem ich die Tiere an dem Schlangengerippe beobachtet hatte, fielen mir die Vorlesungen und Forschungen über Ameisen wieder ein, und ich beobachtete den Dschungel genauer. Wenig später entdeckte ich unzählige Blattstücke, die sich wie auf einer Miniaturautobahn geordnet vorwärtsbewegten. Gegenverkehr gab es auch, allerdings ohne Blattstücke. Ich war auf eine Kolonie von Blattschneiderameisen getroffen, die einen regelrechten Straßenverkehr gebildet hatten. Auf der einen Seite strömten die Insekten mit verhältnismäßig riesigen Blattstücken auf dem Rücken nach vorne und auf der Gegenseite ohne Last in die andere Richtung. Neugierig verfolgte ich zunächst den Strom der lastenfreien Tiere und entdeckte kurze Zeit später einen Baum, auf dem sich die Straße fortsetzte. An einem Ast konnte ich beobachten, wie sich die Tiere große Stücke aus den Blättern schnitten, diese huckepack nahmen und sich in Windeseile wieder auf der Straße in den jetzt blatthaltigen Strom einordneten.

Danach verfolgte ich den Strom in die andere Richtung und landete vor einem kleinen Tunneleingang. Es war nicht das einzige Loch, in das eine Ameisenstraße mit Blättern verschwand. Es dauerte nicht lange, bis ich mich wieder an die faszinierende Vorlesung über Blattschneiderameisen erinnert hatte. Wie alle Ameisen leben sie als Sozialstaat fast schwarmintelligent zusammen. Doch diese betreiben darüber hinaus noch regelrecht Landwirtschaft. Die zahllosen Blattstücke, die sie unermüdlich heranschaffen, benötigen sie als Futter für ihre unterirdische Farm. Dort züchten sie in unzähligen Kammern einen Pilz aus der Gattung der Egerlingsschirmlinge, von dem sie sich ernähren. In einem ausgeklügelten System mit zahlreichen Arbeitsschritten hegen und pflegen sie ihren Pilzgarten und haben dafür streng getrennte Arbeitsgruppen. Die kleinsten Arbeiterinnen übernehmen dabei das Zerkauen der Blätter und die größten das Heranschaffen des Blattmaterials, was mehrere Kilo pro Tag sein können. Mehr als fünfzig Quadratmeter Fläche können die Nester einnehmen und einige Meter Tiefe, mit mehr als tausend Kammern, erreichen. Aber nicht nur die Ameisen sind abhängig vom Pilz, auch der Pilz kann ohne die Insekten nicht leben. Verlässt eine Kolonie ihren Pilz, um an einer anderen Stelle einen neuen anzulegen, stirbt er meist sehr schnell ab und wird von Bakterien durchdrungen. Wahrscheinlich sondern die Ameisen ständig ein antibiotisches Sekret ab, das den Pilz vor diesen Infektionen schützt.

Warum werden diese unglaublichen Eigenschaften der Natur nicht genutzt, um neue Antibiotika, die dringend gebraucht werden, zu isolieren, habe ich mich oft gefragt. Sie liegen hier genauso brach für die Menschheit wie unzählige andere Wirkstoffe, die sich in den Dschungelpflanzen verbergen und noch nicht entdeckt oder zumindest nicht erforscht wurden. Darüber grübelte ich noch lange nach, als ich längst in meinem einsamen Dschungelbungalow lag, den Urwaldgeräuschen lauschte und die Strahlkraft des nicht einmal mehr halbvollen Mondes bewunderte, der mir direkt ins Gesicht schien.

Der Kreißsaal der Meeresschildkröten

»Aufwachen, liebe Ina, es geht gleich los«, drang es gedämpft an mein Ohr. Als mich Monika mit einem dampfenden Kaffee in der Hand weckte, war es noch stockfinster. Der Mond war inzwischen weitergewandert und aus meinem Gesichtsfeld verschwunden. Im ersten Moment wusste ich nicht, wo ich war. Selbst die Brüllaffen, die mir jeden Morgen unmissverständlich klarmachten, wo ich mich befand, waren noch im Tiefschlaf. Langsam drang das charakteristische Zirpen der Zikaden, die bei ihrem nächtlichen Orchester offensichtlich keine Pause einlegten, an meine Ohren, und mir dämmerte nicht nur, wo ich mich befand, sondern auch, warum mich Monika zu nachtschlafender Zeit weckte: wegen der Schildkröten.

Unmittelbar am Fuß des Lagarta-Hügels, nördlich der Flussmündung des Rio Nosara, beginnt einer der weltweit bedeutendsten Strände für Meeresschildkröten der Art *Lepidochelys olivacea*: Ostional. Während der Regenzeit, zwischen Mai und November, kommen jeden Monat Tausende dieser Meeresschildkröten zur Eiablage an diesen kilometerlangen Meeresstrand – aber nur, wenn der Mond in seiner abnehmenden Phase als Halbmond am Himmel steht. Und das tat er jetzt ganz ohne Zweifel, auch wenn ich ihm keine Beachtung schenkte. Als mir Monika und Roland am Vortag den nächtlichen Ausflug angekündigt hatten, war ich so aufgeregt, dass ich keinen Gedanken an die Frage verschwendet hatte, warum die Schildkröten ausgerechnet zu dieser Zeit des Monats den beschwerlichen Weg an den Strand auf sich nehmen.

Und auch als ich schlaftrunken auf den Pick-up kletterte, kam mir der Mond nicht in den Sinn, obwohl er direkt ins Auto schien, beziehungsweise auf die Ladefläche, die Monika und ich bestiegen hatten. Zur besseren Lastenverteilung bei der anstehenden Flussüberquerung standen wir hinter der Fahrerkabine, und der Fahrtwind weckte meine Lebensgeister entschieden besser, als der Kaffee es vermocht hatte.

Direkt an der Mündung, unterhalb von Lagarta, konnten wir den Fluss nicht überqueren, das Wasser dort war zu tief und die Strömung zu stark. Es gab nur eine Stelle, die wir mit dem Fahrzeug passieren konnten, und auch das war in der Regenzeit ein Risiko. Wir sprangen vom Pick-up, krempelten unsere Hosen hoch, zogen die Schuhe aus und wateten Hand in Hand ins Wasser. Als wir nach zehn Metern knietief im Wasser standen, winkte uns Roland zurück und hob den Daumen nach oben. Jetzt konnte er abschätzen, dass der Fluss passierbar war. Das konnte sich täglich ändern, und auch wenn es nicht in Nosara geregnet hatte, sondern nur in den Bergen, war es möglich, dass der Fluss innerhalb von wenigen Stunden meterhoch anschwoll und es völlig unmöglich war, ihn zu durchqueren.

Kurz bevor wir das Ufer erreichten, grinste Monika mich an: »Da haben wir aber noch mal Glück gehabt.« Voll freudiger Erwartung gab ich strahlend zurück: »Ja, wahnsinnig! Ich habe noch nie Meeresschildkröten gesehen und kann es gar nicht abwarten.«

Monika schüttelte immer noch grinsend den Kopf, während sie bereits den Pick-up erklomm: »Nein, ich meine, dass die Krokodile uns nicht gefressen haben.«

Ohne zu antworten sprintete ich los und kehrte mit einem olympiareifen Sprung auf die Ladefläche zurück. Während Roland auf den Fluss zurollte, fragte ich unsicher mit erstarrter Miene: »Das war ein Scherz – oder?«

Monika schüttelte lachend den Kopf: »Vielleicht ein wenig übertrieben, ich habe hier noch keine tödliche Krokodilattacke erlebt, aber was glaubst du, Frau Biologin: Natürlich leben Krokodile und Alligatoren in tropischen Flüssen. Du kannst sie ganz leicht unterscheiden: Der Alligator rennt davon, wenn du näher kommst, und das Krokodil frisst dich.«

Mir war gar nicht nach Lachen zumute. Aber natürlich

hatte Monika recht gehabt, und ich wusste, dass diese Urtiere in Costa Rica leben, und hatte zuvor auch gehofft, diese endlich in freier Natur zu sehen. Jetzt hatte ich doch ein mulmiges Gefühl und suchte von der sicheren Ladefläche aus den im Mondlicht schimmernden Fluss nach Krokodilen ab, konnte aber zu meiner Erleichterung keine erkennen.

Bevor ich etwas erwidern konnte, fuhr Monika munter mit ihren Horrorgeschichten fort: »Aber letztes Jahr hat ein Fischer nach einem Krokodilangriff ein Bein verloren. Der hat aber auch stundenlang und jeden Tag in der Flussmündung im Wasser gestanden. Das Krokodil hatte sich wohl ins Meer verirrt und der Fischer ihm den Rückweg versperrt. Seither schwimmen wir auch nicht mehr durch die Flussmündung, um an den Schildkrötenstrand zu kommen, sondern fahren nur noch mit dem Auto.«

Wie beruhigend, dachte ich.

Die Invasion der Schildkröten

Nach einer guten halben Stunde Fahrtzeit, die uns durch zwei weitere Flüsse auf einer matschigen Straße mit einem gehörigen Umweg zu dem benachbarten Ort Ostional geführt hatte, waren wir die Einzigen, die auf die schmale Sandpiste zum Strand einbogen. Auch sonst waren wir keinem Fahrzeug begegnet, nur ein paar Einheimischen, die sich müde zu Fuß zu ihrer Arbeit auf den Feldern schleppten. Als wir die Küste erreichten, war die schwarze Finsternis der Nacht einem noch dunkelgrauen Morgenschleier gewichen, und die ersten Brüllaffen kündigten die nahende Dämmerung an.

Auf dem fast schwarzen Strand konnte ich inzwischen einige Meter weit sehen und die nahende Brandung beobachten.

Von Schildkröten gab es noch keine Spur, zumindest so weit ich sehen konnte. Zielsicher und wortlos bog Roland nach links, Richtung Nosara ab. Es dauerte nicht lange, bis der erste Lichtstreifen über den Horizont kroch und das ganze Spektakel offenbarte: Hunderte, wenn nicht Tausende kleine Hügel erhoben sich aus dem dunklen Sand. Einige verharrten an der Stelle, andere schleppten sich mühsam das ansteigende Ufer hinauf, andere wieder hinunter und wurden bald von den züngelnden Wellen verschluckt. Das war also eine Arribada – die massenhafte Ankunft der Meeresschildkröten.

Als wir uns der ersten Schildkröte näherten, stand ich andächtig vor dem bestimmt zentnerschweren und knapp einem Meter langen Tier. Mühsam und unter größten Anstrengungen buddelte es mit seinen hinteren Flossen eine tiefe Kuhle in den Sand. Als das Loch eine Tiefe von etwa dreißig Zentimetern erreicht hatte, verschnaufte die Schildkröte laut hörbar und von deutlicher Anstrengung gekennzeichnet. Wenig später ploppten die ersten tischtennisballgroßen Eier in die Senke, und Hunderte weitere folgten. Mittlerweile war die Sonne so weit über den Horizont gekrochen, dass ich ohne Blitzlicht das Naturschauspiel von allen Seiten fotografieren konnte.

Die meisten Tiere reagieren allergisch auf Blitzlichter, doch Schildkröten ganz besonders. Durch das gleißende Licht können sie sogar ihre Orientierung komplett verlieren, weshalb das Blitzen bei solchen Gelegenheiten auch strengstens verboten ist. Heute gibt es trotzdem keine Arribada mehr, bei der nicht irgendwelche rücksichtslosen Touristen den Blitz einsetzen. Das können auch die Nationalparkwächter nicht verhindern, die nicht an allen Stellen gleichzeitig wachen können. Der Touristenansturm überfordert inzwischen die Hütenden der Natur.

Damals gab es nur einen einzelnen Wächter, der Roland den Weg wies, ohne dass er mir überhaupt auffiel. Roland war auch in Ostional kein Unbekannter, und sein Ruf als Naturschützer eilte ihm voraus, weshalb wir ohne Fragen und offizielle Begleitung den Strand betreten durften. Inzwischen müssen so viele Wächter den Strand hüten, dass Eintrittsgeld kassiert wird, damit die Mitarbeiter bezahlt werden können und der Ansturm kanalisiert werden kann. Manchmal ist der Touristenansturm so groß, dass viele Schildkröten sogar ins Meer zurückkehren, bevor sie überhaupt Eier gelegt haben, oder sie robben erst gar nicht an Land. Diese dramatische Entwicklung war bei meiner ersten Schildkrötenexkursion noch unvorstellbar – sie sollte auch nicht die einzige bleiben.

»Siehst du die ›Traktorspuren‹?«, unterbrach Roland mein Fotofieber. Ich folgte seinem Fingerzeig auf den jetzt hell erleuchteten, kilometerlangen dunklen Strand und sah nun auch die mächtigen Abdrücke im Sand. Fast der ganze Strand war gezeichnet von Schildkrötenspuren, die tatsächlich ein wenig an Traktorspuren erinnerten.

»Wir haben Glück, dass es diesmal eine riesige Arribada ist, sonst würden wir jetzt nicht mehr so viele Tiere am Strand sehen. Manchmal sind um diese Uhrzeit schon alle Schildkröten verschwunden. Lass uns mal weitergehen, es kommen noch mehr«, erklärte Roland und lief weiter. Ich folgte beseelt von so viel Glück.

Wie im Rausch fotografierte ich die Schildkröten in allen Lagen, berührt von dem angestrengten Gesichtsausdruck der Tiere, den erstickten Schreien und den Tränen bei der Eiablage, in denen so viel Menschliches lag. Meine Freude hatte jedoch ein jähes Ende, als ich auf einem Tier, das sich mühsam zurück zum Meer schleppte, einen Geier sitzen sah, der der Schildkröte unbarmherzig ins Auge pickte. Ohne zu zögern lief ich schreiend und fuchtelnd auf den Vogel zu, bis er endlich von seiner Beute abließ.

»Können wir die Schildkröte nicht ins Meer tragen?«, fragte ich Monika und Roland bettelnd, denn ich wusste, dass der Geier sofort wieder zuschlagen würde, sobald ich mich entfernte. Monika nickte zuerst: »Das ist zwar der Lauf der Dinge in der Natur, aber ich kann das auch nicht mit ansehen.«

Beherzt griffen wir an beiden Seiten unter den Panzer der Schildkröte, und auch Roland half mit, allerdings ohne von der Rettungsaktion überzeugt zu sein. »Die Schildkröten haben viel bedrohlichere Feinde als die Geier, und die können wir nicht so einfach wegscheuchen«, kommentierte er unsere Mission. Nachdem die Schildkröte – in meinen Augen glücklich – endlich in den Tiefen des Meeres verschwunden war, verriet Roland auch, was er mit seiner Bemerkung gemeint hatte, und deutete auf einen Einheimischen, der mit einem offensichtlich schweren, prall gefüllten Sack auf dem Rücken über den Strand lief: »Die klauen die Schildkröteneier.«

Entsetzt starrte ich dem Mann hinterher: »Warum tun die das?« Mit einer unanständigen Geste griff sich Roland kopfschüttelnd in den Schritt, als er antwortete: »Die verkaufen und essen die Eier, soll gut für die Potenz sein.«

Eierdiebe

»Dürfen die das denn?«, hakte ich nach, während ich meinen Blick auf der Suche nach weiteren Eierdieben über den Strand schweifen ließ. Tatsächlich entdeckte ich auch sofort einen weiteren Mann, der seinen Jutesack gleich direkt unter das Legeorgan der vor Anstrengung keuchenden Schildkröte hielt.

Roland zuckte mit den Schultern, bevor er antwortete: »Das ist nicht ganz klar. Noch ist es ein geduldetes Recht der Einheimischen von Ostional. Künftig soll es entweder komplett verboten oder für die Einwohner mit Auflagen legalisiert werden. Nach einer Theorie zerstören die Schildkröten selbst die Eier anderer Schildkröten, die zuvor am Strand waren. Eine Arribada dauert in der Regel drei Tage. Die letzten zerstören demnach die Nester der ersten und entsprechend soll die ›Eierernte‹ in den ersten sechsunddreißig Stunden der Arribada legalisiert werden.«

»Das klappt doch nie!«, erwiderte ich empört und ergänzte mit biologischen Argumenten meine Abneigung zu den Plänen: »Die Eiablage ist für die Schildkröten ein wahnsinniger Kraft- und Energieaufwand. Wenn das nicht einen biologischen Sinn hätte, dass so viele Schildkröten so viele Eier hintereinander und übereinander legen, dann hätte die Evolution über Jahrtausende hinweg das längst reguliert.«

»Uns brauchst du das nicht zu erklären, versuch das denen mal beizubringen – oder den Biologen, die sich das ausgedacht haben«, entgegnete Roland fast desillusioniert.

»Aber was wäre, wenn die Natur dem Menschen tatsächlich ein Geschenk machen würde und die Menschen nur zugreifen müssten, so wie es die Einheimischen hier tun?«, sinnierte ich im Stillen, wischte den Gedanken aber gleich wieder fort. Stattdessen schlenderte ich wild entschlossen, für die Schildkröten zu kämpfen, weiter über den Strand.

Diesen Kampf hatte ich trotz größter Bemühungen und Anstrengungen schnell verloren, obwohl ich bald nach meiner Rückkehr einen eigenen Verein für Naturschutz in Costa Rica gegründet hatte und mich bei zahlreichen Politikerinnen und

Politikern, Forschenden und Journalistinnen und Journalisten für die Schildkröten einsetzte. Die Haltung, dass das Sammeln der Eier den Tieren eher nützt als schadet und den Einheimischen ein Einkommen sichert, war schnell eine beschlossene Sache. Heute sehen auch viele einstige Befürworter das Projekt eher skeptisch. Denn niemand kontrolliert, ob die Sperrfrist tatsächlich eingehalten wird, und die Rücksichtnahme der Touristen auf die Schildkröten und die Regularien zu deren Schutz nimmt deutlich ab, wenn die Einheimischen säckeweise die Eier ernten.

Noch heute ist die Ankunft der Schildkröten für mich ein unerlässlicher Grund, um von meinem Baumhaus herabzusteigen und nach Ostional zu fahren, obwohl ich genau weiß, dass es nie wieder so sein wird wie damals: wildromantisch einsam und fast unberührt.

Die Sonne stand schon gleißend hoch am Himmel, der letzte Eierdieb und auch die letzten Schildkröten waren längst verschwunden, als wir uns bei sengender Hitze auf den Rückweg machten. Müde schlenderten wir den einsamen Strand entlang, als sich plötzlich vor mir ein wuselnder Hügel auftat, den ein paar Geier zielsicher ansteuerten. Als wir etwas näher kamen, konnte ich das Gewimmel erkennen: Hunderte winziger Schildkröten. Das Nest einer vorherigen Arribada war von der Sonne ausgebrütet worden, und jetzt suchten die winzigen, tapsigen Schildkrötchen den Weg zum Meer. Zielsicher hatten sich die Geier die schwächsten unter ihnen herausgepickt und rissen ihnen genüsslich die Köpfe ab. Ich muss vor Empörung den ganzen Strand zusammengeschrien haben, was wohl auch die Geier beeindruckte, denn sie ließen von den Tieren ab. Doch kaum hatten sich die Schildkrötenbabys auf ihrem mühsamen Weg zum ersehnten Ozean ein wenig voneinander und somit auch von mir entfernt, schlugen die Geier wieder zu. Zu dritt verscheuchten wir nun wild gestikulierend die Angreifer, und die ersten kleinen Schildkröten erreichten endlich das Meer. Doch die Distanz zwischen den Schwachen und den Starken war inzwischen so groß, dass wir nicht mehr alle Geier verscheuchen konnten. Schließlich griff ich zu einer unkonventionellen Maßnahme, steckte die schwächsten Tiere einfach in meine Turnschuhe und entließ sie kurz vor der Brandung, damit sie die letzten Meter selbst finden und sich orientieren konnten. Noch lange schaute ich meinen Schützlingen hinterher und sinnierte darüber, ob ich wohl eine dieser Schildkröten je wiedersehen würde. Erkennen würde ich sie wohl kaum, aber wenn sie überlebten, würden sie ganz sicher wieder an ihren Geburtsort zurückkehren.

Erschöpft, verschwitzt, müde, aber höchst zufrieden erreichten wir den Pick-up, als auf dem Strand wieder vollkommene Ruhe eingekehrt war und selbst die Geier sich verzogen hatten. Ich sehnte mich nur noch nach einer Dusche und meinem Bett im Dschungelbungalow und hatte völlig vergessen, dass wir auch noch auf Rolands Plantage hatten fahren wollen. Entsprechend erleichtert vernahm ich dann seinen Kommentar, als er zuerst zur Sonne und dann auf seine Uhr blickte: »Das wird heute zu spät mit der Finca, aber morgen müssen wir unbedingt hin. Der Mond steht gerade so günstig. Wenn die Schildkröten kommen, wollen auch die Stecklinge in die Erde.«

Ich hatte keine Ahnung, was Roland mit seiner esoterischen Mondbemerkung meinte, kletterte aber erleichtert ins Auto, nickte nur müde und schlief ein. Im Halbschlaf dachte ich noch daran, dass ich selbst bei Vollmond schlecht schlief, meine

Mutter über Kopfschmerzen klagte und alle Ozeane zweimal täglich unter Beweis stellen, wie sehr der Mond die Erde beeinflusst. Die Gravitationskraft des Mondes zerrt regelrecht an der Materie der Erde, und je nach Abstand zwischen Mond und Erde verändert sich die Anziehung, wodurch die Gezeiten entstehen.

2. Kapitel

Mondholz

Viele Pflanzen richten ihr Wachstum nach der Anziehungskraft der Erde aus und können dadurch beispielsweise
auch an einem Hang steil nach oben wachsen oder ihre Wurzeln senkrecht in die Erde versenken. »Warum soll der Mond
nicht auch Einfluss auf das Pflanzenwachstum haben? Was ist
daran esoterisch? Wobei der Begriff auch völlig inflationär und
falsch gebraucht wird: Esoterik bedeutet schlicht ›geheimes
Wissen‹. Vielleicht ist der Einfluss des Mondes einfach noch
nicht richtig erforscht, weil die Wirtschaft gar kein Interesse
an solchen Forschungsergebnissen hat und Forschung um der
Erkenntnis willen kaum mehr gefördert wird«, sinnierte ich, als
ich am Abend auf der Terrasse saß und Mond und Sterne beobachtete.

Wissenschaftliche Erkenntnisse konnte mir Roland auch
nicht nennen, als wir am nächsten Tag seine Finca erreichten,
um Stecklinge auszupflanzen. »Das machen hier alle Einheimischen so, und ihre Vorfahren haben das auch so gemacht. Es
weiß hier jeder, dass in der richtigen Mondphase gepflanzt und
das Holz geerntet werden muss.«

Das Wissen der Alten zu ignorieren oder gar zu verspotten

hat sich schon oft als Fehler erwiesen. Ich nahm mir vor, über das Mondphänomen noch einmal genauer zu recherchieren, musste mich jetzt aber einem ganz weltlichen Problem stellen: Vor mir standen vier ausgewachsene, in meinen Augen sehr stattliche, gesattelte Pferde, die neugierig ihre Köpfe nach mir reckten. Professionelle Reiterinnen hätten das sicher anders eingeschätzt, denn im Allgemeinen gelten die Pferde in Costa Rica als klein, wobei es dort natürlich auch unterschiedliche Rassen gibt.

Cowgirl

Zu welcher Rasse diese Tiere gehörten, interessierte mich in diesem Moment überhaupt nicht. Es waren zwei braune und zwei grauweiße Pferde – Schimmel, würde ich sagen –, mit denen mich Roland mit den Worten:»Such dir eins aus«, allein ließ. Es dauerte einige Minuten, bis ich bemerkte, dass mich Rolands Verwalter Elias amüsiert beobachtete. Als er sah, dass ich seiner Anwesenheit gewahr wurde, kam er lächelnd auf mich zu und fragte:»*¿Que caballo quieres?*«

Wenn er nicht gleichzeitig auf die Pferde gedeutet hätte, hätte ich keine Ahnung gehabt, was er von mir wollte. Meine Spanischkenntnisse tendierten noch immer gegen null, zu *gracias* hatte ich gerade einmal *por favor* – »bitte« – dazugelernt, und aus Elias' Worten und Gesten reimte ich mir zusammen, dass *caballo* »Pferd« heißen musste. Da Elias so wenig Deutsch oder Englisch sprach wie ich Spanisch, versuchte ich mein Glück mit den wenigen Worten, die ich beherrschte und reimte intuitiv noch ein wenig dazu.»*Caballo bravo, por favor*«, gab ich stolz von mir.

»*¿Seguro?*«, fragte Elias ein wenig verwundert zurück, was

ich treffsicher als »Sicher?« interpretierte. Ich nickte eifrig. Um meine Reitkünste stand es nämlich ähnlich schlecht wie um meine Spanischkenntnisse. Eine fatale Kombination, wie sich herausstellen sollte. Damals war ich aber felsenfest davon überzeugt gewesen, dass das Wort »brav«, ein wenig der spanischen Sprache angepasst, schon das Richtige bedeuten würde, und Elias hatte mich ja ganz offensichtlich verstanden, sonst hätte er nicht nachgefragt.

Die Tatsache, dass ich nicht das allererste Mal auf den Rücken eines Pferdes steigen würde und ich schon einmal mit Roland unfallfrei über die Finca geritten war, stärkte ein wenig mein Selbstbewusstsein. Ich erinnerte mich an den braven Schimmel, den ich jetzt leider nicht wiedererkannte – es standen ja zwei vor mir –, den ich mit einem Stöckchen immer mal wieder sanft hatte antreiben müssen, damit er sich überhaupt vom Fleck rührte. Damit ich nicht wieder auf einem Pferd sitzen würde, das keinen Meter vorwärts wollte, suchte ich mir vorsorglich schon einmal ein Stöckchen und marschierte selbstsicher auf meinen Schimmel zu, den Elias inzwischen für mich bereithielt.

Als ich mich, mit dem Stöckchen in der Hand, elegant auf den Rücken des Tieres schwang, dauerte es keine Sekunde, bis es anfing, wild zu buckeln und zu wiehern. Ich kam mir vor wie beim Rodeo und hielt mich auch nur einen winzigen Moment im Sattel, mein rechter Fuß war noch nicht einmal im Steigbügel. Ich beschloss, mich selber abzuwerfen, bevor das Pferd es tat, schwang mein rechtes Bein wieder zurück und sprang auf die Erde. Mit einer Hechtrolle rettete ich mich vor den Hufen des immer noch bockenden Pferdes und richtete mich langsam und zitternd wieder auf, als Monika und Roland gerade von ihren Erledigungen zurückkamen.

Nachdem sich die beiden davon überzeugt hatten, dass mir außer einem Schrecken nichts passiert war, stellte Roland mit einem empört klingenden spanischen Redeschwall Elias zur Rede. Mit Unschuldsmiene schilderte Elias dann den Vorfall ausführlich. Ich verstand kein Wort. Als Elias mit seinen Ausführungen endlich zu Ende war, brachen Monika und Roland in schallendes Gelächter aus, was mich wiederum empörte. Aber die Erklärung war einfach und zugegeben komisch.

Spanisch für Anfänger

Bravo heißt keinesfalls »brav«, sondern genau das Gegenteil: »wild«. Und obwohl Elias wusste, dass ich keine sonderlich gute Figur auf einem Pferd machte, hatte er meinem Insistieren nach einem *caballo bravo* nachgegeben. Er hatte mir den Wunsch nicht abschlagen wollen und natürlich keine Ahnung von meiner Wortkreation und der deutschen Bedeutung. Es war der Moment, in dem ich ernsthaft beschloss, Spanisch zu lernen.

Aber das war nicht mein einziger Fehler gewesen. In der Annahme, dass Elias mich richtig verstanden hatte und ich wieder auf dem gleichen lahmen Schimmel sitzen würde wie bei meinem letzten Ritt, hatte ich das Stöckchen in die Hand genommen. Nicht nur nicht ahnend, dass ich mir ein wildes Pferd ausgesucht hatte, sondern auch, dass ausgerechnet dieses Tier allergisch auf Stöckchen reagierte, hatte ich mich in den Sattel geschwungen. Elias hatte zwar auf mich eingeredet, als ich das Stöckchen in die Hand genommen hatte. Da ich aber ohnehin kein Wort verstanden und mit dem Aufsteigen schon genug beschäftigt war, hatte ich Elias in dem Moment fatalerweise ignoriert.

Nachdem mich Roland über das Missverständnis aufgeklärt hatte, stand ich beschämt und immer noch etwas geschockt auf und schwang mich auf das wirklich brave Pferd, das sich auch tatsächlich keinen Zentimeter bewegte, als ich endlich im richtigen Sattel saß. Mein Stöckchen hatte ich vergessen. Elias musste mir wenig später einen Zweig abbrechen, damit ich überhaupt vorankam, und endlich fühlte ich mich wieder einigermaßen sicher im Sattel.

Ursprünglich hatte ich Roland zu überzeugen versucht, mir seine 320 Hektar große Finca mit Flüssen, Urwäldern, Feldern und ersten Baumplantagen mit dem Pick-up oder zu Fuß zu zeigen, musste dann aber zugeben, dass selbst das geländegängigste Fahrzeug bei den teilweise überfluteten und matschigen Pfaden bald stecken geblieben wäre – und zu Fuß hätten wir wohl drei Tage gebraucht. Jetzt wartete ich auf das Glück, das sich angeblich auf dem Rücken der Pferde ausbreitete, war aber schon ganz zufrieden damit, dass meine Angst nach und nach wich.

Als wir den Fluss durchquert hatten und ich immer noch fest im Sattel saß, konnte ich mich langsam entspannen. Dass ich mich nach dem Ritt zu einer nächtlichen Tour beim kommenden Vollmond hatte überreden lassen, kann ich heute noch kaum glauben. Es hat danach mindestens zwei Wochen gedauert, bis mein Allerwertester nicht mehr schmerzte. Wir hatten mehr als zwölf Stunden, mit nur einer längeren Unterbrechung, im Sattel gesessen. Danach wusste ich, was »wundgesessen« bedeutet. Aber den Mond habe ich nie wieder so intensiv gesehen und gespürt wie damals. Er hat den Urwald fast taghell erleuchtet und uns zielsicher den Weg gewiesen. Normalerweise brauche ich meinen Schönheitsschlaf, aber in jener Nacht war ich wie elektrisiert von dem Mond, der überpräsent am Himmel gestanden hatte.

Und jetzt sollte der gerade mal halb volle Mond dabei helfen, dass die Stecklinge aus der Baumschule auf den ehemaligen Rinderweiden ordentlich Fuß fassten. Einige Tausend hatte Roland schon zur jeweils richtigen Mondphase ausgepflanzt, und wir kontrollierten nun, ob sie richtig angewachsen waren. Einige mussten ersetzt werden, aber die meisten waren ordentlich gewachsen und mussten nur regelmäßig von den vielen verschiedenen Schlingpflanzen befreit werden, die in Windeseile jede Erhebung erobern und andere Jungpflanzen oft abwürgen – vor allem Baumsetzlinge.

Was Roland mit zunehmender Sorge beobachtete, versetzte mich in helle Begeisterung: Unter den zahlreichen verschiedenen Schlingpflanzen hatte ich mindestens eine wilde Yams-Art identifiziert, die ich sofort kultivieren wollte, um sie später als Beipflanzung in der Baumplantage einzusetzen: Ein Forst, der Nahrung und Medizin produziert, war meine Vision und ist es heute noch. Damals haben leider meine sämtlichen außeruniversitären Versuchspflanzen die Leguane gefressen, und zu einem Neustart bin ich bis heute nicht gekommen, habe es aber immer noch vor.

Fasziniert von der Idee, dass die würgenden Schlingpflanzen eventuell noch von Nutzen sein konnten, ließ mich Roland gewähren, drängte aber zur Eile, da wir noch Bäume selektieren mussten. Es sollte die letzte große Pflanzaktion der Saison werden, denn der Regen hatte ungewöhnlich früh nachgelassen. Jetzt war es gerade noch sicher, dass die jungen Bäume genug Wasser bekommen würden, um ordentlich anzuwachsen.

In der Baumschule suchten wir die einjährigen Setzlinge nach Stärke und Wuchsform aus. Bei jedem einzelnen Spross war ich fasziniert von der Größe der Stacheln gegenüber dem winzigen Stammdurchmesser, der keine drei Zentimeter maß, während manche Stacheln fast doppelt so lang waren. Obwohl ich es besser wusste, hatte ich mir nicht vorstellen können, wie aus diesen Winzlingen so mächtige Baumwesen werden sollten wie der Pochote, der vor meinem Dschungelbungalow den Affen einen gedeckten Tisch bot.

Meine Faszination war so groß, dass ich später Roland den Hektar, den wir zuerst bepflanzt hatten, abkaufte, um mir aus den Bäumen, die dort wuchsen, irgendwann ein »Nest« in den Baumkronen zu bauen, ohne zu ahnen, dass ich diesen Traum später tatsächlich verwirklichen würde.

Der erste Baum

Fast dreißig Jahre später war es so weit: Der erste Baum sollte bald fallen, und ich musste schweren Herzens aussuchen, welcher es sein sollte. Nachdem ich mit Olivier meine Ideen für das Baumhaus besprochen hatte und er sich an ein paar erste Entwürfe machen wollte, fuhr ich zu Roland auf die Finca, um mit ihm meine Bäume zu begutachten, die inzwischen zu einem richtigen Wald herangewachsen waren. Über die Jahrzehnte waren sie mir ans Herz gewachsen. Ich hatte sie fast jedes Jahr besucht und mit Ehrfurcht ihr enormes Wachstum bewundert. Fasziniert hatte ich dabei den steten Wandel der Jahreszeiten bei den immer gleichbleibenden Temperaturen beobachtet. Während sich mein kleiner Wald zwischen Mai und Dezember als dichter grüner Dschungel offenbarte, zeigte er mit seinen laubfreien Bäumen in der trockenen Jahreszeit ein ganz anderes Gesicht. Selbst die Farbe der stacheligen Stämme ändert sich dann von einem satten dunklen Braun zu einem fast hellen Grau. In der Übergangszeit zwischen Regen-

und Trockenzeit lockten die zartfiedrigen weißen Blüten mit ihrem dezent blumigen Duft zahlreiche Insekten und Vögel, vor allem Kolibris, an. Aber auch die Brüllaffen verachteten während der kurzen Frühlingszeit die zarten Blüten nicht.

Baumblüten gegen Halsschmerzen

»Vielleicht haben die Tiere Halsschmerzen«, kommentierte Roland meine Beobachtungen. Auf meinen fragenden Blick hin ergänzte er: »Pochote-Blüten sind das beste Mittel gegen Halsschmerzen und Erkältung. Wir essen sie einfach im Ganzen, wenn der Hals kratzt. Die meisten machen sich aber einen Tee daraus und trocknen die Blüten.«

Das war wieder so eine Dschungelweisheit, über die ich in keiner einschlägigen Literatur etwas finden konnte. Früher wurden auch bei uns alle Bäume vielfach genutzt, von der Wurzel bis zur Krone, für Medizin, Parfüms, Aromen, für Ernährung und Kleidung. Selbst Gummi stammt vom Latex tropischer Bäume, und von allen kann auch das Holz genutzt werden. Unsere heutigen Monokulturen zielen stets auf ein Produkt, das möglichst schnell maschinell erschlossen wird, egal, wie viel Gifte dafür zum Einsatz kommen und wie die Artenvielfalt darunter leidet. Der Grund ist eine kurzsichtige Profitgier, für die kommende Generationen büßen müssen, denn schon jetzt sind die Folgen der industriellen Land- und Forstwirtschaft fatal: Erosionen verändern die Landschaft, Dürren breiten sich aus, Gifte dringen ins Grundwasser, Schädlinge werden immer resistenter, und die Abholzung für Landwirtschaftsflächen verstärkt die Klimaerwärmung immens.

Später kamen mir die schrecklichen Verwüstungen der Hurrikane im Spätsommer 2017 vor wie ein mahnender Fingerzeig des Himmels mitten in das Herz des Cowboylandes und der US-amerikanischen Ölproduktion, nachdem der Präsident sich aus den internationalen Klimavereinbarungen zurückgezogen hatte. Was gerade in Brasilien, Afrika und Asien stattfindet, ist in Nordamerika längst Realität: die radikale Zerstörung von Urwäldern zugunsten von gigantischen Monokulturen, ausgetragen auf dem Rücken der Einwohnerinnen und Ureinwohner, der Ärmsten der Armen, zugunsten des Wirtschaftswachstums.

Eine Ahnung von der Wucht eines solchen Monstersturms bekam ich, als ich 2015 bei meiner Baumhausrecherche in einen deutlich schwächeren Hurrikan in Texas geriet. Die Bäume bogen sich fast waagerecht im Sturm, während der Himmel seine Schleusen öffnete und innerhalb von wenigen Minuten Straßen in Flüsse verwandelte. Dank meines vorausschauenden Guides Mary schwammen wir nicht davon, sondern konnten uns auf einen höher gelegenen Highway retten. Ich musste tatenlos mit ansehen, wie zahlreiche Autos unterhalb der Schnellstraße in den Fluten stecken blieben und wie herrenlose Kähne herumtrieben. Mary kannte alle höher gelegenen Straßen, die über Umwege zum Flughafen von San Antonio führten und konnte mich sicher dort absetzen.

Die stundenlange zermürbende Wartezeit und Ungewissheit, ob überhaupt noch eine Maschine an dem Tag den Flughafen verlassen konnte, war nichts im Vergleich zu dem, was die Menschen dort später bei dem Monstersturm Harvey mitmachen mussten. Die sintflutartigen Regenfälle, die ich dort erlebte, waren trotzdem ausreichend, um eine große Ehrfurcht vor der Natur zu bekommen, aber anscheinend nicht genug, damit der Präsident der Vereinigten Staaten Maßnahmen ergriff. Ganz im Gegenteil, wenig später entschied Trump die Wahl für sich und kündigte kurz darauf das Klimaabkommen.

Als ich am Flughafen aus dem Fenster auf die Regenmassen starrte, konnte ich kaum glauben, dass ich zwei Tage zuvor bei strahlendem sommerlichen Sonnenschein auf der Terrasse meines gemieteten Baumhauses gesessen und die mindestens fünfhundert Jahre alte Zypresse bewundert hatte, die das Haus ganz alleine in den Wipfeln hielt. Genauso wenig hatte ich dem Besitzer Will glauben wollen, als er am Abend auf den strahlend hellen Mond deutete und meinte, dass ich Glück hätte und das Wetter nach dem Vollmond umschlagen würde. Womit er allerdings mehr als recht behalten hatte.

Kaum, dass sich der Mond nicht mehr in seiner vollen Pracht zeigte, hatten sich auch schon die ersten Schauer angekündigt, die von böigen Winden durch die Landschaft gejagt wurden.

Der Zwerg

Als ich in Texas gelandet war, hatten Vollmond und Sonne noch um die Wette gestrahlt. Nichts deutete auf die Sintflut hin, die sich wenige Tage später über uns ergoss. Der Mond schien bei der glasklaren Sternennacht sogar so hell, dass ich bei meiner nächtlichen Wanderung über die Hängebrücke zur knapp einen Kilometer entfernten Toilette noch nicht einmal eine Taschenlampe brauchte. Mein Baumhaus *Willow* – der »Zwerg« – schmiegte sich zwar perfekt an die Zypresse und wurde einzig und allein von diesem und dem benachbarten Baum gehalten, beherbergte dafür aber auch nur ein Schlafzimmer. Es hatte etwas von einem luxuriösen Zelt in den Wipfeln und war für einen längeren Aufenthalt doch etwas zu weit von den sanitären Örtlichkeiten entfernt. Aus meinem eigenen Baumhaus wollte ich weder zum Kochen noch zum Duschen noch für sonstige dringende Bedürfnisse hinabsteigen müssen. Aber in jener Nacht hatte ich ohnehin hinuntergehen wollen, denn Will hatte etwas ganz Besonderes mit mir vor: *zip-lining* bei Vollmond. Auf seinen Seilrutschen wollte er mit mir von Baum zu Baum über die Dächer der Baumhäuser schwingen und schließlich in seiner größten Wipfelbehausung landen. Der Mond erhellte den nächtlichen Zypressenwald auf eine magische, ein wenig gespenstische Weise. Die Baumriesen warfen lange Schatten und ragten malerisch in den Nachthimmel.

Zum Glück war die akrobatische Fortbewegungsart an den langen Drahtseilen zwischen den Baumplattformen kein Neuland für mich, denn in der Nacht, auch wenn der Mond sie erhellte, schien mir das Unterfangen doch deutlich abenteuerlicher als bei hellem Sonnenschein. Noch war das Unwetter fern. Von dem drohenden Sturm war noch kein Windhauch zu spüren.

Schon seit meiner ersten Expedition in den Dschungel, als Wipfelpfade und Seilrutschen noch keine Touristen anlockten, sondern nur von Forschern genutzt wurden, habe ich mich auf alle erdenklichen Weisen in den Baumkronen bewegt – jedoch noch nie in der Nacht, was ich immer hatte machen wollen, da viele tierische Wipfelbewohner dann erst aktiv werden. Aber das Abenteuer in den Bäumen ist nie ganz ungefährlich, und die Bedingungen dafür müssen vor allem nachts optimal sein. Keine achtundvierzig Stunden später wäre es auch am Tag unmöglich gewesen, sich hier von Wipfel zu Wipfel zu schwingen, als der Sturm bereits ganz Texas im Griff hatte.

Will wartete schon auf mich, als ich das Badhäuschen verließ und in das sanfte Licht des Mondscheins trat. Die Seilrutschen waren der Anfang des ganzen Baumhausprojekts im Zypressenwald gewesen. Genau wie ich hatten Wills Eltern in Costa Rica die Abenteuertour kennen- und lieben gelernt und später auf ihrer Farm eine eigene Drahtseilkonstruktion installiert. Viele begeisterte Gäste hätten nach der Tour auch gerne auf der Farm übernachtet, und so entstand die Idee für die Baumhäuser.

Als ich zielstrebig auf die erste Plattform zusteuern wollte, dirigierte mich Will flugs zum Ausstattungsraum um. Ich hatte vergessen, wie groß die Anlage war und wie viele Gäste sich hier manchmal von Baum zu Baum schwangen. Mehr als hundert gelbe Bergsteigerhelme hingen wohlsortiert nach Größe in Reih und Glied über den zugehörigen Gurten. Ich hatte das Gefühl, dass gleich ein Expeditionstrupp folgen würde, um den Himalaya zu besteigen. Aber wir blieben allein, und ich stieg brav in die Ausrüstung, die mir Will nach passender Einschätzung meiner Kopf- und Körpergröße hinhielt.

In voller Montur begaben wir uns auf das Dach einer Wassermühle und blickten in den Zypressenwald, der bei Mondschein so ganz anders aussah als bei Tageslicht. Mit einem etwas mulmigen Gefühl hakte ich mich mit Wills Hilfe auf einem Baumstumpf, der als Podest diente, balancierend in die Seilrutsche ein. Mit einem dicken Handschuh hielt ich mich daran fest und die andere, ebenfalls gut geschützte Hand war zum Bremsen bereit.

Nachtflug bei Vollmond

Mit atemberaubender Geschwindigkeit startete ich meinen nächtlichen Flug durch die Wipfel zur ersten Plattform. Irritiert von der Dunkelheit und den Schatten des Mondes, zog ich fast einen Augenblick zu spät an der Bremse, dafür dann aber mit aller Kraft, um nicht mit voller Wucht an den Baumstamm zu knallen, um den die Plattform montiert war, auf der ich eigentlich sanft hatte landen sollen – wobei Will bereits dastand, um mich im Fall der Fälle aufzufangen, was mir allerdings unendlich peinlich gewesen wäre. Ich hatte es gerade so geschafft, halbwegs elegant auf der Plattform zu landen, und stand nun direkt über dem Dach meines Baumhauses *Willow*. Das Zwergendach hatte ich schon von innen bewundert, schmiegte es sich doch wie ein riesiges Blatt um die hölzernen Wände. Wie geschwungene Blattnarben bildeten die abgerundeten Stahlstangen ein Gerippe für den Markisenstoff, der fest darüber gespannt war. »Alles von der Natur inspiriert«, kommentierte Will meinen bewundernden Blick. »Das kannst du gleich noch besser sehen, wenn wir über die Brücke gehen«. Er deutete auf die zahlreichen Balken, die locker nebeneinander baumelten.

»Brücke« war sicher nicht die richtige Bezeichnung für die wankenden Planken, die zur nächsten Plattform führten. Ohne Sicherungsseil hätte ich mich wahrscheinlich nicht getraut, hier hinüberzugehen, und würde heute noch auf der Plattform sitzen. Aber so hatte ich keine Bedenken, das wackelige Konstrukt zu betreten. Und tatsächlich konnte man von der Mitte aus die geschwungene Blattform des Markisendachs noch besser erkennen. Ich nahm mir vor, bei Tageslicht einige Fotos zu schießen, um sie meinem Architekten Olivier für meine eigene Baumhausplanung zu übermitteln – die Idee sollte sich als wesentlich schwieriger herausstellen als gedacht. Aber das spielte jetzt noch keine Rolle. Es galt, über zahlreiche weitere Plattformen Wills großes Baumhaus sicher zu erreichen.

Nachdem ich meine anfänglichen Hemmungen überwunden hatte, geriet ich in einen regelrechten Geschwindigkeitsrausch und vergaß darüber auch völlig, dass ich eigentlich nach nächtlichen Wipfelbewohnern hatte Ausschau halten wollen. Die sind in Texas zwar längst nicht so zahlreich wie in Costa Rica, aber allein Dutzende verschiedene Fledermausarten, Waschbären und verschiedenste Wildkatzen gehören dort zu den nachtaktiven Säugern, die sich bevorzugt in Bäumen aufhalten.

Es dämmerte bereits, als ich schließlich laut johlend – und damit ohnehin jedes Tier vertreibend – vergnügt und zielsicher auf einem bereitstehenden Baumstumpf auf der Terrasse des großen Baumhauses landete. Liebevoll hatte Will sein aus vielen Einheiten bestehendes Wipfelkonstrukt »Das Nest« getauft.

Nachdem ich wie ein Vogel sicher im Nest gelandet war, sah ich mir die Wipfelbehausung genauer an und wunderte mich über das überdimensionale Drahtgitter, das sich halbrund über alle Baumhauselemente wölbte, wie auch über die ganz offensichtlich abgestorbenen Bäume ohne Rinde, die das Baumhaus trugen. Will ahnte ganz offensichtlich, wohin sich meine Gedanken bewegten: »Vor ein paar Jahren hatten wir hier einen fürchterlichen Brand, der in diesem Teil der Farm auch alle Bäume zerstörte. Aber keine Angst, das Stahlgitter ist fest im Boden verankert und sichert die Bäume und das Baumhaus. Irgendwann, wenn die Lianen das ganze Gitter erobert haben, wird es aussehen wie in einem lebendigen Dschungeldach.«

Baumhäuser auf abgestorbenen Bäumen fand ich ziemlich mutig, ich hatte aber vollstes Vertrauen in den Baukünstler und folgte ihm in das verschachtelte Baumhaus, das mit zahlreichen Brücken und Treppen die unterschiedlichen Elemente miteinander verband: Bad, Küche, Schlafzimmer, Aussichtszimmer und Terrasse. Jedes einzelne Element fühlte sich behaglich klein und mit der Natur verbunden an. Das verschachtelte Wohnen war wohl die einzige Möglichkeit, das kuschelige Baumhausgefühl zu bewahren und trotzdem nicht auf Küche, Bad und komfortablen Platz zu verzichten. Selbst die beiden Schlafzimmer waren in getrennten, fast kokonartigen Einheiten untergebracht und ausschließlich aus Holz gebaut. »Wir haben nur recyceltes Holz verwendet oder Zypressenholz von unserer Farm. Vor allem nach dem großen Brand mussten wir einige Bäume zu Holz verarbeiten«, kommentierte Will meine ganz offensichtliche Frage.

Baumwahl

Dass wenig später meine eigenen Bäume Opfer eines Feuers durch Brandstifter werden sollten und ich einige Verluste würde hinnehmen müssen, konnte ich noch nicht ahnen, als ich mit Roland auf einem Quad zu meinen Bäumen fuhr. Noch war die Welt auf der Farm in Ordnung, große Teile der einstigen Rinderweiden waren dicht bewaldet und der Waldboden selbst während der Trockenzeit nicht ausgedorrt. Die bevorstehende Dürre konnte man sich allerdings jetzt, am Ende der Regenzeit, kaum vorstellen. Noch standen die Weiden großflächig unter Wasser, die Wege waren schlammig und die Wälder saftig grün.

Auch mein eigener kleiner Wald stand noch voll im Saft, und Roland benötigte eine Machete, um uns einen Weg durch die Plantage zu bahnen. Bisher stand nur ungefähr fest, wie viele Bäume ich für mein Baumhaus benötigen würde, aber zwanzig würden es mindestens sein. Da die Stämme einige Zeit zum Trocknen benötigen würden, bevor sie zu Brettern und Stützen zersägt werden konnten, wollten wir zeitig damit beginnen. Vor der Auswahl graute es mir ein wenig, war mir doch jeder einzelne Baum ans Herz gewachsen. Ich tröstete mich damit, dass die anderen Bäume dann mehr Platz zum Wachsen haben würden.

Das offene Geländefahrzeug, mit dem wir über die Finca holperten, war für Roland inzwischen zu einer praktischen Alternative zum Pferd geworden. Damit konnte er auch während der Regenzeit mitten durch die Plantage fahren und selbst den letzten Baum erreichen, so wie früher mit dem Pferd, nur in der Regel deutlich schneller, was ihn auch beinahe einmal das Leben gekostet hätte. Fast ein Jahr lang hatte er ans Bett gefesselt in Gips verbracht, um wenig später wieder auf das Quad zu steigen. Wobei er keinen Gedanken daran verschwendete, dass er längst das Rentenalter erreicht hatte.

Ich war mir nicht sicher, ob das stinkende, laute Fahrzeug eine gute Alternative zum Pferd war. Obwohl ich immer noch keine passionierte Reiterin war, schwang ich mich inzwischen gelegentlich aus reinem Vergnügen auf den Rücken eines Pferdes, während ich das bei einem Quad nie tun würde – allein aus ökologischen Motiven. Bei Roland hatte es allerdings definitiv rein praktische Gründe. Mit dem geländegängigen Vehikel konnte er sogar kleinere Baumstämme herausziehen, was er seit seinem Unfall allerdings jüngeren Arbeitern überließ.

Der viele Regen hatte den Weg zu meinem kleinen Wald mal wieder in eine Schlammpiste verwandelt, die mit dem Quad tatsächlich problemlos zu bewältigen war. Dabei hatte ich gar nicht darauf geachtet, dass Roland nicht den direkten Weg zu meinen Bäumen eingeschlagen hatte. Er kommentierte ungefragt den kleinen Umweg: »Ich muss noch nach der *capolina* schauen, heute Mittag kommt noch jemand.«

Auf meinen ratlosen Blick hin und die Frage, ob es sich bei der *capolina* um eine Kuh oder ein Pferd handelte, lachte Roland nur und brachte das Quad zum Stehen. Wir standen vor einem Bach, über den ein glitschiger Baumstamm führte, der unser Weg zur *capolina* sein sollte. Sicherheitshalber warf Roland seine Machete ans andere Ufer, bevor er an einer Liane entlanghangelnd über den Baumstamm balancierte. Die Machete hätte ihn bei einem Sturz wohl aufgespießt, dachte ich mir und balancierte unsicher, aber unfallfrei hinterher. Nachdem wir noch einen kleinen Galeriewald durchquert hatten, erreichten wir die *capolina*: ein kleines Häuschen, ausschließlich aus Rolands Plantagenholz gebaut, bis auf die Dachschindeln.

Meine Vorstellung von einem Baumhaus aus meinem Holz wurde angesichts des sechseckigen, gemütlichen Häuschens ein wenig konkreter. Ich war begeistert, endlich ein Bauwerk aus dem Plantagenholz zu sehen: »Wow – und was für ein schöner Name!«

»Nein, das ist kein Name, so kleine Wochenend- oder Ferienhäuschen heißen hier *capolina*«, erwiderte Roland trocken, bevor er die schwere Holztür öffnete. »Alles von unseren Bäumen«, ergänzte er stolz und zeigte mit einer ausladenden Geste auf Möbel, Boden, Wände und Fensterläden, bevor er etwas verschämt über die verstaubte Tischplatte wischte. »Ich war schon ein paar Wochen nicht mehr hier«, erklärte er den etwas ungepflegten Eindruck.

Häutung

Auch auf dem Boden hatte sich einiges angesammelt – allerdings nicht nur Dreck. Roland hob eines der Objekte hoch, die überall auf dem Boden verstreut lagen: »Das sieht aus wie Teile von einem toten Skorpion.« Roland sah sich fragend um. »Wo ist der Übeltäter?«, murmelte er dabei mehr zu sich selbst als zu mir, während er die Fensterläden öffnete und sich suchend umschaute.

»Haha, hab ich dich«, jubelte er kurz darauf und zog an einem weißlichen Band, das vom Dach hing und im Wind vor dem Fenster baumelte: »Schlange!«

Erschrocken zuckte ich zusammen, während sich Roland wie ein kleines Kind über seinen Fund freute: »Die hat so viel gefressen, dass ihr die Klamotten geplatzt sind«, erklärte er verschmitzt und wenig wissenschaftlich den Fund einer Schlangenhaut. Von Angst keine Spur, Roland kannte die Wildnis seit vielen Jahren und wusste, dass Schlangenangriffe sehr selten und diese Skorpione so harmlos wie Wespen waren. Trotzdem wollte er noch ein wenig an den Abdichtungen der Wände und Fußleisten arbeiten. Schlangen und Skorpione im Haus sind schließlich nicht jedermanns Sache – meine auch nicht.

Sicherheit vor solchem und anderem Getier ist ein weiterer, sehr rationaler Grund, um ein Baumhaus in den Dschungel zu bauen. Früher wurden in Costa Rica die meisten Häuser an den Küstenorten aus Holz und auf Stelzen gebaut. Heute sind fast alle Neubauten aus Beton, die den Boden verdichten und alles andere als nachhaltig sind. Dabei bieten Stelzenhäuser einen viel besseren Schutz vor ungebetenen Dschungelgästen als eine Hütte oder ein Haus auf der Erde. Außerdem entsteht durch die Luftzirkulation von allen Seiten ein deutlich besseres Mikroklima als bei den Bauten am Boden.

»Kannst du mir nicht eine *capolina* als Baumhaus bauen?«, wollte ich daher von Roland wissen. Aber Roland schüttelte den Kopf: »Mit so was habe ich überhaupt keine Erfahrung. Selbst wenn Olivier eine gute Konstruktion entwirft, habe ich niemanden, der das bauen könnte, da brauchst du eine erfahrene Bautruppe.« Ganz so einfach, wie ich mir das ursprünglich vorgestellt hatte, würde der Baumhausbau wohl nicht werden. Als wir weiterfuhren und einen Teakforst durchquerten, war weit und breit kein Tier zu sehen und zu hören. Auf der Erde lagen nur tote, riesige Teakblätter, kaum eine Pflanze spross dazwischen. Obwohl ich hinter Roland auf dem Quad saß und er mich nicht sehen konnte, ahnte er, was ich dachte. »Die Leute wollen das so, ich musste das machen. Alle wollen Teak, weil kaum einer mehr weiß, wie schön Pochote-Holz ist«, kommentierte Roland frustriert die für Costa Rica exotischen Bäume auf seiner Finca.

Die starken Abwehrstoffe, die Teakbäume, *Tectona grandis*, gegen Fressfeinde bilden, sind nicht ungewöhnlich für tropische Gewächse. Im Laufe der Evolution passen sich die anderen Organismen daran an und entwickeln Gegengifte oder Enzyme, die die Wirkstoffe abbauen. Doch in den Neotropen hat dieser Prozess bei dem asiatischen Teakbaum nicht stattgefunden. Selbst die Mikroorganismen tun sich schwer, den für Latein- und Südamerika exotischen Baum zu verdauen, und Affen, Faultiere, Leguane und sonstiges Getier bekommen wahrscheinlich Bauchschmerzen von dem für sie exotischen Gewächs.

Als wir uns meinem kleinen Wald endlich näherten und schon von Ferne zu hören war, wie die Affen uns begrüßten, hatte ich das Gefühl, dass mir die Wildnis dafür dankte, dass ich Bäume gepflanzt hatte, die den Bewohnern des Dschungels Heimat und Nahrung boten. Es war nicht das wütende Gebrüll der Clanchefs, wenn sie ihr Revier verteidigen, sondern eher die laute, scheinbar fröhliche Kommunikation untereinander, die an meine Ohren drang.

Obwohl wir nur Pochote gepflanzt hatten, glich mein Forst-
wald mittlerweile einem dichten Dschungel. Der Unterwuchs
war so hoch und dicht, dass ohne Hilfsmittel kein Durchkom-
men war. Roland hatte nicht vergessen, die Machete wieder
mitzunehmen, und schlug uns eine kleine Schneise in den
Wald.

Ich war überwältigt von meinen Schützlingen. Mindestens
dreißig Meter ragten sie in den Himmel. Vorsichtig strich ich
mit der Hand über die stachelige Rinde eines Baums, der sehr
dicht am nächsten Baum stand. Ihre Äste verhakten sich fast
liebevoll ineinander. In einem natürlichen Wald stehen die
Bäume nie so eng nebeneinander, und es sind unendlich viel
mehr verschiedene Arten. Hunderte Baumarten bilden mit
Tausenden anderen, kleineren Pflanzenarten einen facetten-
reichen Wald voller Tiere. Das kann keine Plantage ersetzen.
Aber für einen auf einer Rinderweide angelegten Forst war
mein Wald schon ziemlich vielfältig. Mehr als ein Dutzend verschiedene Bäume, die auf der Weide gestanden hatten, hatten
wir in die Pflanzung integriert und nach den ersten Jahren den
Wald sich selbst überlassen. Inzwischen hatten sich zahlreiche
Sträucher, Kraut- und Schlingpflanzen dazugesellt.

Die zu enge Pflanzung war Absicht gewesen, denn die Bäume sollten schnell und gerade nach oben wachsen, was sie
auch getan hatten. Jetzt schien es, als würden sie sich in den
oberen Etagen höflich gegenseitig Platz einräumen. Tatsächlich
kommunizieren Bäume über und unter der Erde miteinander:
Sie verströmen Botenstoffe und sind durch ein enges Wurzel-
werk, häufig mit symbiotischen Pilzbeziehungen, miteinander
vernetzt. Jetzt wollte ich diese scheinbare Harmonie mit der
Kettensäge trennen. Es musste sein, aber mir war nicht wohl
dabei.

»Dann mach da mal ein Bändchen drum, und wir suchen die anderen aus«, riss mich Roland ziemlich nüchtern aus meiner Gefühlsduselei. Schritt für Schritt kämpften wir uns durch das Dickicht und hatten einige Zeit später die ersten zwanzig Bäume ausgewählt.

»Fangen wir morgen an?«, fragte ich Roland mit einem etwas mulmigen Gefühl im Magen.

Roland sah mich entrüstet an, bevor er empört antwortete:»Das geht nicht! Hast du den Mond gestern nicht gesehen? Außerdem ist die Regenzeit noch zu heftig, du musst dich noch ein bisschen gedulden.« Irritiert sah ich Roland an und erinnerte mich dunkel daran, dass der Mond in der letzten Nacht ziemlich voll gewesen war, obwohl man ihn nur gelegentlich zwischen den vielen Wolken sehen konnte. Entsprechend zögerlich antwortete ich:»Vollmond?«

»Genau! Da kommen die Schildkröten auch nicht aus dem Meer, um Eier abzulegen. Und ich fälle keine Bäume. Wir warten bis zur richtigen abnehmenden Phase. Wie du weißt, ist das Holz dann viel weniger anfällig für Schädlinge.«

Damit war die Diskussion um das Fällen der ersten Bäume beendet und ich auch etwas erleichtert, konnte ich mich doch noch ein wenig innerlich darauf vorbereiten, meine Schützlinge zu Holz zu verarbeiten.

Roland hatte mir schon viele Jahre zuvor, als wir die Schildkröten besucht und anschließend die Bäumchen nach dem Mondkalender ausgepflanzt hatten, davon erzählt, dass in Costa Rica auch alle vernünftigen Waldarbeiter die Bäume nach der Mondphase ernteten. Ich hatte diesen Weisheiten jahrzehntelang kaum Beachtung geschenkt. Das änderte sich, als ich anfing, das Baumhaus mit meinen eigenen Bäumen zu planen und beschloss, mich nicht nur mit Baumhausarchitektur zu beschäftigen, sondern auch das Phänomen »Mondholz« genauer unter die Lupe zu nehmen.

Zweifelsohne hat der Mond einen Einfluss auf Pflanzen. Allein bei der Wanderung des Mondes um die Erde wird der Globus um bis zu einem halben Meter deformiert. Der Mensch spürt diesen Effekt nicht, aber Baumstämme schon.

Der Mondholzförster

Was der sogenannte moderne Mensch gerne in die esoterische Ecke drängt, gehört zu den Weisheiten aller Urvölker und wird in Costa Rica ganz selbstverständlich praktiziert. Ich war mir nicht sicher, ob mir irgendjemand in Deutschland oder in ganz Europa überhaupt etwas Erhellendes zum Thema Mondholz sagen konnte, aber ich wollte mich zumindest auf die Suche begeben, da ich in den nächsten Wochen ohnehin in Costa Rica nichts tun konnte. Die ersten Bäume sollten erst Anfang der Trockenzeit gefällt werden, und bis dahin waren noch einige Monate Zeit.

Meine Suche hatte wesentlich früher als erwartet Erfolg: Sehr schnell hatte ich den ehemaligen österreichischen Förster Erwin Thoma ausfindig gemacht, was einzig daran lag, dass Thoma inzwischen Häuser aus Mondholz in der ganzen Welt baut. Das war schlicht an mir vorübergegangen. Aber wer sich einmal mit dem Thema beschäftigt, kommt an Thoma nicht vorbei. Aus dem persönlichen Treffen wurde leider nichts, da wir schlicht stets an verschiedenen Ecken der Welt unterwegs waren. Aber seine Tochter Elisabeth, die ebenfalls in dem Familienbetrieb arbeitete und längst eine Fachfrau auf dem Gebiet ist, hatte Zeit für mich.

Wir verabredeten uns in den Tiroler Alpen, genauer auf der Forsthofalm in Leogang, dem ersten Hotel, das nur aus Mondholz gebaut worden war. Das Hotel ist zwar alles andere als ein Baumhaus, aber der Blick von meinem Zimmer auf Wipfel und Gipfel gab mir das charakteristische Baumhausgefühl von oben und zwischen den Kronen. Erstaunlich fand ich vor allem, dass das Hotel eine komplette Holzkonstruktion war und das Naturmaterial nicht nur die Fassade verschönerte, sondern sich dabei auch noch elegant und modern präsentierte.

Die Idee dafür hatten die jetzigen Betreiber Markus und Claudia Widauer, die kurzerhand an die Alm ihrer Eltern das weltweit erste Mondholzhotel mit über fünfzig Zimmern und Suiten gebaut hatten – mit Wipfel-Wellness auf der Dachterrasse. Ziemlich beeindruckt von der Kombination Bio-Mondholz und Design wartete ich in der sogenannten »Baumhaus-« oder »Secret-Forest-Suite« auf Markus Widauer und Elisabeth Thoma und konnte dabei direkt in die wogenden Wipfel der angrenzenden Bäume blicken.

Ich hatte mir die Details in der Suite noch gar nicht richtig angeschaut, als die beiden das Mondholzzimmer betraten. Elisabeth Thoma war so gar keine esoterische Erscheinung, eher stilvoll elegant. Und sie war eine gefragte Geschäftsfrau, mit so viel Beratungsanfragen, dass unser Termin gerade so in ein enges Zeitfenster gepasst hatte. Ohne Geplänkel kam sie gleich zur Sache: »Auch die Wände sind alle aus Holz, das in der richtigen Mondphase im Winter geschlagen wurde. Die Paneele sind ohne Leim und ohne Schrauben miteinander verbunden. Alle Holzflächen werden nur mit Holzdübeln zusammengehalten ...«

Ich unterbrach ihren Redefluss, nicht weil mich die Eigenschaften und technischen Details des Mondholzes nicht interessierten, sondern weil ich zunächst etwas ganz anderes wissen wollte:»Wie ist Ihre Familie eigentlich auf das Thema Mondholz gekommen?«

Holzheilung

Freundlich und ohne eine Spur von Missmut begann sie mit der Familiengeschichte der Mondholzfirma, die sie ganz sicher schon hundertmal hatte erzählen müssen:»Mein Vater war früher Förster. Er hat das Holz intuitiv zum richtigen Zeitpunkt geerntet, sodass es für Käfer und Schädlinge unattraktiver war. Das waren einfach Erfahrungswerte. Als mein älterer Bruder dann krank wurde und kaum mehr Luft bekam, wussten wir erst überhaupt nicht, wo das herkam, sind dann aber draufgekommen, dass er eine Allergie gegen die Bauchemie hatte, die überall im Haus steckte. Mein Vater suchte nach einer Lösung, und es blieb nichts anderes, als diese ganze Chemie aus unserem Haus zu entfernen. Danach hat er sehr viele Holzelemente eingebaut – unverleimt und ohne Chemie. Mein Bruder ist danach tatsächlich sehr schnell wieder gesund geworden. Das war für meinen Vater der ausschlaggebende Punkt, dass er sagte, wir brauchen Häuser, die ohne Gift und ohne Chemie auskommen, in denen Menschen gesund leben können.

Alle Holzelemente sind jetzt mit Holzdübeln und ohne Leim verbunden. Die Wand selber ist aus Fichte, Tanne oder Kiefer – also ausschließlich aus heimischem Holz und zum richtigen Mondzeitpunkt geerntet. Das hilft uns noch zusätzlich, auf Bauchemie zu verzichten. Die Dübel sind alle aus Buche, weil Buchenholz sehr leicht quillt.«

»Wann genau ist denn der richtige Zeitpunkt für die Ernte,

und was ist beim Mondholz dann anders?«, wollte ich jetzt endlich ganz genau wissen.

Elisabeth nickte vielsagend. »Bei abnehmendem Mond oder Neumond ist mehr gebundenes Wasser im Baum vorhanden als freies Wasser. Der Baum zieht sich stärker zusammen. Wir können bei Mondholz eine höhere Dichte von fünf bis sieben Prozent nachweisen, und das über mehrere Tausend Proben verteilt. Eine höhere Dichte bedeutet wiederum, dass das Holz druckfester und damit widerstandsfähiger ist, unattraktiver für Schädlinge und resistenter gegen Feuer. Im Alpenraum wurden ja schon im Mittelalter hölzerne Kamine gebaut, die waren alle aus Mondholz. Wir hatten Glück, ganz unabhängig von uns forschte an der Technischen Hochschule Zürich ein Professor namens Zürcher. Er untersuchte, wie Zeitrhythmen die Pflanzen beeinflussen, und darüber ist er auf das Thema Mondholz gekommen. Er fand heraus, dass Bäume tatsächlich mit den Mondrhythmen pulsieren. Immerhin hatten wir dann wissenschaftliche Beweise, dass das Holz auf den Mond reagiert.«

Zürcher hatte an jungen Fichten Maß genommen, hatte ich später nachgelesen. Dabei hatte er herausgefunden, dass sich ihr Durchmesser je nach Stand des Mondes um ein paar Hundertstel Millimeter verändert und am meisten bei Voll- oder Neumond anschwillt. Zürcher und sein Team nehmen an, dass der Wasserfluss in den Bäumen dabei eine entscheidende Rolle spielt.

Für mich war das zumindest genug Information, um auf Rolands Ratschlag zu hören, meine Bäume zur richtigen Mondphase in der Trockenzeit zu fällen. Als ich Elisabeth Thoma und Markus Widauer von meinen Plänen erzählte, mussten beide lachen und kommentierten fast synchron: »Ja klar, wir hatten auch ein Baumhaus, als wir klein waren«, und Widauer ergänzte: »Also das war genau die eigentliche Idee. Man hat von dieser Suite einen schönen Blick in den Wald, auf die Baumwipfel, in eine Waldlichtung hinein und spürt ein bisserl so eine mystische Waldstimmung. Man fühlt sich in dem Zimmer, als würde man direkt in den Baumkronen wohnen. Deswegen haben wir der Suite auch den Namen ›Secret Forest‹ gegeben. Die Idee war, dass man dort die Verbindung zur Natur, zu den Bäumen herstellt. Als Kind habe ich ein Baumhaus gehabt, und natürlich ist die Sehnsucht immer da, in einem Baumhaus zu wohnen und die Verbindung zur Natur zu haben, die Geräusche des Waldes zu hören und das Rauschen des Windes. In Meran gibt es inzwischen auch ein Mondholz-Baumhaushotel.«

Wipfel-Wellness

Ich wurde hellhörig. Dieses Hotel musste ich mir natürlich auch anschauen. Aber zunächst wollte ich noch die Bauweise auf der Forsthofalm inspizieren. Es bedurfte wenig Überzeugungskraft, mich zu motivieren, auch den Wellnessbereich auszutesten. Ich entschied mich für alpine Kräuter und eine Kopf- und Nackenmassage. Den Kopf freizubekommen und sich zu entspannen gehört ja auch zum Glück in den Wipfeln. Dafür sollte ich ebenfalls eine kleine Ecke in meinem Baumhaus einplanen, dachte ich mir und merkte, wie mir nach und nach die Anspannung aus meinem Körper und meinem Kopf massiert wurde.

Nach einer Yogastunde und drei Saunagängen fiel ich erschöpft in mein chemiefreies Mondholzbett und in einen traumlosen Tiefschlaf. Bei mir wirkte das Mondholz jedenfalls Wunder: So entspannt hatte ich mich lange nicht mehr gefühlt. Voller Energie und Tatendrang setzte ich meine Mondholz-Baumhausreise fort. Nächstes Ziel: Meran.

Bella Italia

Als ich wenige Tage später den altehrwürdigen Ort zwischen den Bozener Bergen erreichte, hatte ich keine Ahnung, wo genau ich meine Suche nach den Mondholz-Baumhäusern beginnen sollte, und beschloss, zunächst den Ortskern anzusteuern. Nachdem ich einige Leute nach dem Baumhaus gefragt hatte, bekam ich einen Hinweis: Am Hotel Irma sollte eines stehen – und das Hotel Irma war immerhin überall ausgeschildert.

Etwas verunsichert betrat ich das mondäne Kurhotel und sprach zufällig die Hoteldirektorin Claudia Meister an, die mich ohne Umschweife in den Garten und enthusiastisch zu ihrem Baumhaus führte. Das für die luxuriöse Hotelanlage ungewöhnliche Domizil thronte versteckt in den Baumkronen zwischen zwei ausladenden Wipfeln auf hohen Stelzen.

Wäre nicht ein vorwitziges Eichhörnchen gerade über das Geländer gehuscht, hätte ich das zwischen Eichenästen versteckte Haus gar nicht gleich entdeckt. Zunächst dachte ich, dass es ein Spielbaumhaus für Kinder wäre, was Claudia Meister ziemlich amüsant fand: »Mein Bruder Alex und ich wollten etwas Neues ausprobieren. Bei einem langen Familienabend kam uns dann die Baumhausidee. Mein Bruder hat dazu ziemlich viel recherchiert, dann haben wir es gebaut und geschaut, wie die Gäste darauf reagieren.«

Ein Spielplatz für Erwachsene

»Und?«, wollte ich wissen, als wir bereits die Terrasse des Baumhauses erklommen hatten und ich durch die Fenster sehen konnte, dass das Innenleben des Baumhauses alles andere als eine Spielwiese für Kinder war, vielmehr ein Luxusdomizil für Erwachsene.

»Sie lieben es«, war die prompte Antwort von Claudia Meister, während sie die Tür zur Wipfeloase öffnete. »Es ist ein richtiges Baumhaus geworden, musste aber trotzdem zu unserer Klientel passen. Und unsere Kunden sind schon einen gewissen Standard gewohnt«, fuhr die Hoteldirektorin bescheiden fort, während ich das komfortable, aber gemütliche Innere des Baumhauses bewunderte, wofür allerdings nicht sehr viel Zeit war, denn die nächsten Baumhausgäste wurden bereits erwartet.

Während des Abstiegs in den blühenden und duftenden Hotelgarten erfuhr ich ganz nebenbei, dass das Baumhaus die Gäste nicht nur begeisterte, sondern wie eine Bombe eingeschlagen hatte und es eine lange Warteliste gab.

»Warum haben Sie nicht noch mehr Baumhäuser in den Garten gebaut? Platz genug wäre doch. Und wie sind Sie auf das Mondholz gekommen?«, wollte ich neugierig wissen.

»Weil wir lieber gleich ein ganzes Baumhaushotel gebaut haben, nicht weit von hier. Und dieses Baumhaus ist nicht aus Mondholz gebaut worden.«

Claudia Meister muss die Enttäuschung in meinem Gesicht gesehen haben, obwohl sie vor mir lief, denn im gleichen Augenblick drehte sie sich um und fuhr fort: »Aber mein Bruder Alex hat das neue Baumhaushotel ganz aus Mondholz gebaut. Dazu befragen Sie ihn am besten selbst, die Anlage ist nur ein paar Kilometer von hier entfernt auf dem Haflinger Plateau.«

»Haflinger, wie die Haflinger Pferde?«, fragte ich noch, als ich mich strahlend mit einer Wegbeschreibung unter dem Arm auf den Weg zum San Luis, dem gesuchten Ziel, machte.

»Ja, wie die Pferde, die wurden nämlich in Haflingen gezüchtet. Es ist ein magischer Ort, den die Kelten schon aufgesucht hatten. Sie werden es spüren – und grüßen Sie mir meinen Bruder.«

Damit verabschiedete sich Claudia Meister, und ich war auf der richtigen Spur zu dem Baumhaushotel San Luis auf dem magischen Haflinger Hügel vor den Toren Merans. Der Ort war so magisch, dass ich trotz Navi dreimal daran vorbeigefahren war; und als ich dann endlich mitten im Wald auf einem kleinen Forstweg vor einem großen Metalltor stand, öffnete es sich wie von Zauberhand. Diese Magie lag allerdings in der elektronischen Überwachung. Aber mit solchen desillusionierenden Nebensächlichkeiten wollte ich mich nicht beschäftigen.

Altes und Neues verbinden

Hinter dem Tor öffnete sich der Wald und gab den Blick frei auf saftige Almwiesen, umrahmt von riesigen Fichtenwäldern. Ich ließ das Fenster herunter und inhalierte den frischen, reinen Duft der Berge. Viel mehr konnte ich zunächst nicht sehen und riechen, denn der Wald- und Wiesenweg führte sehr schnell direkt in eine Höhle: eine hochmoderne unterirdische Tiefgarage. Die Beschilderung, der ich folgte, führte zweifellos zur Rezeption der Hotelanlage, vor der ich wenig später staunend stand: eine mächtige Eingangshalle aus viel Glas und Holz, die den Blick auf einen zauberhaften kleinen See mit blühenden Seerosen freigab.

Mit dem gleichen Lächeln wie seine Schwester erwartete mich Alex Meister am Empfang: »Willkommen im San Luis!«

Vor lauter Staunen über die moderne Architektur, inspiriert von einer traditionellen Almhütte, vergaß ich für einen Moment fast den Grund meiner Reise: die Baumhäuser aus

Mondholz. Im Gegensatz zu Alex, der sich unkonventionell mit seinem Vornamen vorgestellt hatte und sofort auf die Baumhäuser zu sprechen kam. Seine Schwester hatte nicht nur meinen Besuch angekündigt, sondern auch von meiner Baumhausmission in Costa Rica erzählt. Uns verband sofort eine fast verschwörerische Mondholz-Baumhauseuphorie.

Vor der modernen riesigen Almhütte stand bereits ein Golfwagen bereit, mit dem mich Alex durch das Gelände chauffierte. Ein kleiner See war auf der einen Seite umsäumt von Chalets; auf der anderen Seite entdeckte ich das erste Baumhaus, das auf großen Holzpfeilern mächtig in die Höhe ragte und sich unter strahlend blauem Himmel im Wasser spiegelte. Insgesamt passierten wir fünfzehn Baumhausdomizile, bis wir dasjenige erreichten, in dem ich die Nacht verbringen sollte. Alle standen auf dem mehrere Hektar großen Areal großzügig verteilt am Ufer des Sees oder am Waldrand des Plateaus.

Unter den mächtigen Stützen meines Baumhauses parkte Alex schließlich ein. Hier sah nichts improvisiert aus, sondern alles sehr stabil gesichert. Neben den Pfählen schienen auch zwei Baumstämme direkt in das Haus zu wachsen. Alex erriet meinen fragenden Blick: »Irgendwann haben wir die Entscheidung getroffen, alles auf Pfähle zu bauen. und es mussten gerade Pfähle sein, es ging einfach nicht anders bei dem Gewicht. Die Bäume hier haben wir leider abschneiden müssen. Wir haben bei der Planung alles ausprobiert, um das zu vermeiden: Das Haus drehen, nach vorne oder hinten verschieben, aber schlussendlich mussten wir sie abschneiden.«

Mittlerweile hatten wir über eine Treppe den etwa acht Meter hohen Eingang erreicht. Nach dem ersten Eindruck der Anlage war ich sehr auf das Innenleben des Baumhauses gespannt – und ich wurde nicht enttäuscht.

»Wow, das ist ja Wahnsinn!«, rutschte es mir heraus, als Alex mich in das luxuriöse Innere des Wipfeldomizils führte.

»Hier sind die Aufenthaltsräumlichkeiten, die Küche, das Badezimmer, ein Umkleideraum und die große Terrasse vorne raus und um die Ecke«, erklärte er mit spürbarem und berechtigtem Stolz in der Stimme.

Wipfel-Luxus

Ziemlich beeindruckt sah ich mich in dem Luxusbaumhaus um, wohl wissend, dass mein eigenes deutlich bescheidener ausfallen musste. Der Stil war ähnlich wie in der Eingangshalle mit viel gebürstetem und geöltem Holz, trotzdem hell, leicht und modern, durch viel Glas und edles reduziertes Design in allen Bereichen. Von der ausladenden Badewanne konnte man direkt in die Wipfel blicken. Kein Wunder, dass das Haus zu schwer für die Bäume war. Dafür war es ein Baumhaus, in dem man es mit allem Komfort länger aushalten konnte. Und genau das wollte ich ja auch: ein Baumhaus zum Wohnen, nicht als Abenteuerspielplatz oder nur für eine außergewöhnliche Nacht. Dafür würde ich auch in Costa Rica ein ordentliches Bad und eine Küche benötigen, und das war zu viel für die Leichtigkeit eines Baumhauses, wie ich inzwischen gelernt hatte. Hauptsache Baumhausgefühl, dachte ich, als Alex mich auf die Terrasse führte.

Hier offenbarte sich mir die Welt der Berge in ihrer vollen Schönheit mit einem sensationellen Blick über die Baumhauswelt und die dahinter liegenden Wälder und Wipfel. Obwohl mir Claudia schon alles erzählt hatte, wollte ich noch einmal von Alex hören, wie er auf die Idee mit den Baumhäusern und natürlich auf das Mondholz gekommen war.

»Wir haben uns gedacht, es wäre mal etwas Neues, so ein Baumhaus zu bauen. Bei den Behörden hat das zu Anfang nicht gerade Euphorie geweckt. Aber wir haben an die Idee geglaubt und sind hartnäckig geblieben. Die Idee ist einfach gut, und die Botschaft, in die Natur integriert zu bauen, sicherlich zukunftsweisend. Wir wollten Materialien nutzen, die mit der Natur verschmelzen, viel Glas, viel Holz. In der zivilisierten, industrialisierten Gesellschaft haben die Menschen immer mehr Sehnsucht nach der Natur, aber viele wollen auf Komfort nicht verzichten. Wir wollten beides verbinden, und mehr in der Natur als so, glaube ich, ist schwierig, fast nicht machbar.«

Ich nickte schweigend und dachte: Mehr Luxus geht auch kaum, während Alex unbeirrt fortfuhr: »Aber wir haben das erst mal in Meran in unserem Hotelgarten ausprobiert. Langsam, ganz langsam, Schritt für Schritt und mit vielen Änderungen wurde es gebaut, natürlich im Sommer. Zuerst wollten wir es wirklich in die Bäume bauen, aber dann haben wir uns mit der Sache befasst: Was wiegt eigentlich ein Baumhaus? Man brettert immer mehr Holzbalken rauf, immer mehr und immer mehr, und das wird natürlich immer schwerer, und der Baum, will ich mal sagen, leidet auch unter dem Gewicht. Ein Baumhaus, so wie wir es hier haben, mit den vierundvierzig Quadratmetern Innenfläche, wiegt fast zwölfeinhalb Tonnen. Die doppelstöckigen Baumhäuser wiegen fast fünfzehn Tonnen. Und diese Last kann kein Baum im Alpenbereich tragen, auch nicht zwei oder drei Bäume. Dabei entstehen auch noch Scherkräfte, wenn mehrere Bäume involviert sind. Das ging einfach nicht.«

Was Alex über das Gewicht sagte, gab mir zu denken und bestätigte, was ich schon mehrfach gehört hatte: Es ist unmöglich, ein Baumhaus mit Küche und Bad nur an Bäumen zu befestigen. Ich sollte mir wohl die Zeit nehmen, um die Konstruktion der Stützen genauer zu inspizieren, aber noch hatte ich meine Vision, in die Bäume zu bauen, nicht ganz aufgegeben und wollte mir noch weitere Baumhäuser in der Welt anschauen. Doch zunächst wollte ich von Alex wissen, wie er auf die Mondholzidee gekommen war und ob er mit Baumhausspezialisten zusammengearbeitet hatte.

Zur Bestätigung, dass der Bau ziemlich stabil war, verrückte Alex den schweren Terrassenstuhl, auf den er sich gesetzt hatte, lautstark. Ich hatte mich auf einen anderen Stuhl neben ihm niedergelassen und verspürte dabei kaum ein Vibrieren; Alex fasste dann in Worte, was er gerade demonstriert hatte: »Ja, das Baumhaus ist sehr solide. Wir haben alles mit Baumdoktoren gebaut. Die haben uns nicht nur empfohlen, wie wir die Fundamente für die Stützen anlegen sollten, sondern vor allem, wie wir bauen, ohne den Wald ringsum zu beschädigen. Da muss man sehr vorsichtig sein mit den Wurzeln der umstehenden Bäume und auch mit den Ästen. Das Haus muss sich dem Wald anpassen, nicht umgekehrt. Dann haben wir überlegt, mit welchem Holz wir bauen. Es sollte stabil sein, aus der Region kommen und möglichst unbehandelt sein. Das war nicht einfach. Ich habe ziemlich viel recherchiert und bin dann auf die Mondholzgeschichte der Familie Thoma gestoßen. Die Thomas haben mir den Unterschied der Hölzer gezeigt, und wir haben das hier selbst noch einmal ausprobiert. Früher haben die Leute sogar Kamine aus Mondholz gebaut, weil das auch resistent gegen Feuer ist. Wir haben alle tragenden Strukturen der Baumhäuser mit Mondholz gebaut und dann haben wir sie mit recyceltem Altholz verkleidet. Das ist Fichtenholz und Lärchenholz, das über vierzig bis fünfzig Jahre alt ist und von alten Bauernhöfen genommen wurde. Damit haben wir dem Ganzen noch ein bisschen Charme verliehen.

Mondsüchtig

Nach diesen Worten ließ mich Alex in meinem wirklich überaus charmanten Baumhaus für die Nacht alleine. Bis zu meinem eigenen war es noch ein langer, ein sehr langer Weg. Aber jetzt wollte ich mich ganz dem Charme dieses Baumhauses und der ganzen Anlage hingeben. Mittlerweile war der Mond aufgegangen, und die Sonne stand tief am Horizont. Sicher war es nur Einbildung, dass der strahlend helle Mond mich förmlich provozierend anstrahlte.

Und obwohl ich hundemüde war, folgte ich seinem Lockruf nach draußen. Ich stieg hinab und stapfte im Mondlicht bis zu einem dampfend heißen Whirlpool, der mitten im See in einen hölzernen Steg eingelassen war, und ließ mich hineingleiten. Als ich in dem wohltuenden blubbernden Bad, mitten in der Natur, umgeben von wogenden Baumwipfeln saß, wusste ich, dass es Zeit wurde, zurück nach Costa Rica zu fahren und die ersten Bäume in der richtigen Mondphase zu ernten.

Holz statt Hamburger

Es war mittlerweile November, und die Wolken bauten drohend ihre letzten Ergüsse über dem Nordwesten von Costa Rica auf, bevor der Himmel sich für ein paar Monate verschloss und die sengende tropische Sonne die Landschaft austrocknen würde. Jetzt sehnten sich noch alle nach der Sonne, bis auf die Bauern, die klagten, dass die Regenzeit viel zu trocken gewesen sei, und dankbar für jeden Tropfen waren, der jetzt noch vom Himmel fiel. Es war Halbmond, laut costa-ricanischem Mondkalender genau der richtige Tag für die Holzernte, obwohl es eigentlich besser gewesen wäre, noch einen Monat zu warten, bis die Trockenzeit vollständig eingetreten war. Aber wir wollten die Bäume ja nach und nach fällen.

Ich stand mit Roland vor meinem kleinen Wald. Die Wipfel wogten im Wind, als wollten sie mir zuwinken. Mit einem mulmigen Gefühl im Magen ging ich auf den ersten ausgewählten Baum zu und umarmte das stachelige Wesen noch einmal. Hinter mir hörte ich bereits Rolands Mitarbeiter David mit der Kettensäge hantieren. Wortlos ging ich ein paar Schritte zurück und ließ den jungen Mann gewähren. Als er die Säge anwarf, lief es mir eiskalt den Rücken herunter: Wie kann ich das meinen Bäumen nur antun?, fragte ich mich und wusste doch zugleich, dass jedes Holzbrett, jedes Holzmöbelstück, jeder Holzfußboden und auch jedes Papier aus einst lebendigen Bäumen gefertigt wurde, die irgendwo gefällt worden waren.

Die Gütesiegel, die nachhaltigen Anbau gewährleisten sollen, sind oft nicht viel mehr wert als das Papier, auf das sie gedruckt wurden – die meisten Holzprodukte haben auch gar keines.

FSC (*Forest Stewardship Council*) ist das bekannteste Gütesiegel für nachhaltigen Holzanbau. Auch Roland hat sich seinen Wald mit diesem Siegel teuer zertifizieren lassen, denn es gibt keine international anerkannte Alternative zu diesem Label, das immer wieder in Skandale verstrickt ist. Regelmäßig tauchen Berichte über FSC-zertifiziertes Holz aus illegalem Raubbau auf. Zuletzt ging es vor allem um Holz aus rumänischen Nationalparks. Selbst nach dem Bekanntwerden des Skandals hat die Organisation der Holzfirma das Label nicht entzogen und sich distanziert.

Vor Jahrzehnten sind wir noch wegen kleiner Frühstücksbrettchen aus Teakholz auf die Straße gegangen, weil wir die Regenwälder retten wollten. Heute macht sich kaum einer mehr Gedanken, woher das Teak für riesige Gartenmöbel kommt. Teak, *Tectona grandis*, stammt ursprünglich aus asiatischen Urwäldern, dort, wo die letzten Orang-Utans zu Hause sind, die bald keine Heimat mehr haben. Für Teak- und andere Plantagen werden ganze Urwälder gerodet, zahlreiche Pflanzen und Tiere sind vom Aussterben bedroht.

Wälder kompensieren nicht nur Unmengen von Kohlendioxid und atmen ebenso viel Sauerstoff wieder aus, sie wirken sich auch auf das Wetter und damit auf das Klima aus. Feinste Partikel, Pilzsporen und Mikroorganismen ventilieren intakte Wälder, kondensieren Wolken zu Regen, bremsen Stürme ab und stabilisieren den Boden. Je vielfältiger der Wald, desto besser funktioniert dieses System. Plantagen sind meist Monokulturen und können keine Urwälder ersetzen, aber sie sind ideal für den Holzanbau auf Brachflächen und Weiden.

Plantagenholz, für das Urwälder gerodet wurden, dürfte genauso wenig ein Siegel bekommen wie Holz aus dem Dschungel. Doch genau das scheint immer häufiger der Fall zu sein, und kaum jemand scheint sich dafür noch zu interessieren. Ökosiegel für das grüne Gewissen scheinen der Mehrheit auszureichen, egal, wie viel Schindluder damit getrieben wird.

Mir reichte es nicht. Für den Bau meiner Terrasse in Deutschland hatte ich bereits einige Jahre zuvor eine Odyssee hinter mir. Die meisten Händler wussten überhaupt nicht, woher ihr Holz kam, so viele Zwischenhändler waren darin verstrickt. Auch bei Holz mit Ökosiegel wussten sie nicht genau, woher das Holz stammte. Am Ende ließ ich von einem Handwerker aus der Verwandtschaft Lärchenholz besorgen. Der wusste wenigstens, von welcher Plantage es kam. Bei meiner Pochote-Plantage wusste ich ganz genau, dass dafür kein einziger Baum gefällt worden war. Bevor wir die Bäume gepflanzt hatten, hatten dort Rinder gegrast. Natürlich stand auch hier einst ein Urwald mit den mächtigen Baumriesen des tropischen Trockenwaldes. Doch ich habe keinen einzigen für meine kleine Plantage gefällt. Als ich das erste Mal nach Costa Rica kam, war der Urwald an dieser Stelle längst einer Weide gewichen. Bis in die Siebzigerjahre wurden achtundneunzig Prozent dieser einzigartigen Wälder abgeholzt, zunächst für die Holzwirtschaft und später für die Rinderzucht.

»Holz statt Hamburger« war unser Motto beim Pflanzen der Bäume gewesen. Jetzt können sich auf meinem Hektar Wald Affen und sonstige Tiere satt fressen – und auf der gesamten, über dreihundert Hektar großen Plantage von Roland ohnehin. Geschlachtet wird hier kein Tier mehr.

Lauter solche Gedanken schossen mir durch den Kopf, als ich David dabei beobachtete, wie er meinen Baum fällte. Inzwischen hatte er einen Keil in den Stamm gesägt. Wenn ich nicht gewusst hätte, wie präzise er arbeitet, wäre ich wohl Gefahr gelaufen, von meinem eigenen Baum erschlagen zu werden. Keine Sekunde später fiel er unter mächtigem Getöse genau dorthin, wo er hinsollte. Blätter und Äste stoben in die Luft, und noch einmal federte der Wipfel, bis der gesamte Baum schließlich zum Erliegen kam.

»Wolltest du dir nicht noch ein paar Baumhäuser anschauen und endlich deinen Plan fertigstellen, damit wir wissen, wie viele Bäume wir brauchen?«, unterbrach Roland meine Gedanken, denn er erkannte wohl, wie mulmig mir zumute war. Es war unschwer zu erkennen, dass ich an Ort und Stelle wenig hilfreich war, und natürlich hatte Roland recht damit, dass ich endlich mit der Planung weiterkommen musste. Ohne meine Vorgaben konnte auch der Architekt nicht weiterarbeiten.

Ich beschloss zunächst, ganz nach Süden, Richtung Panama, zu dem Baumhausdorf »Finca Bellavista« zu fahren. Ich hatte davon gelesen und fand die Vorstellung eines ganzen Dorfes in den Bäumen, verbunden über Hängebrücken, schon ziemlich spektakulär. Ähnlich war es mir fast dreißig Jahre zuvor ergangen, als es noch keine Baumhäuser in Costa Rica gab, aber einen Forscher, der sich in den Baumkronen tummelte und nach meinen ersten Informationen dort oben auch auf Plattformen lebte oder jedenfalls längere Zeit dort verbrachte.

3. Kapitel

Das Flugzeugbaumhaus

Auf meiner Fahrt nach Süden musste ich daran denken, wie ich 1987 das erste Mal den Lagarta-Hügel hinter mir gelassen hatte. Meine Mission war damals, den Baumkronenforscher Donald Perry ausfindig zu machen. Besessen war ich damals schon von den Wipfeln der Wälder und der unglaublichen Artenvielfalt, die sich in den Baumkronen offenbart. Ich hatte über Perrys Abenteuer und Entdeckungen im Dschungeldach von Costa Rica einiges gelesen und wollte nun selbst in die Wipfel steigen und dem Forscher über die Schulter schauen. Das Problem war, dass ich keine Ahnung hatte, in welchen Wipfeln des costa-ricanischen Dschungels der Wissenschaftler forschte, und in Zeiten vor dem Internet gestaltete sich die Recherche deutlich schwieriger.

Mit Sack und Pack nahm ich Abschied vom Paradies Nosara, von Monika und Roland, und stieg in den Bus Richtung Hauptstadt. Die beiden hatten mir noch ein Hotel empfohlen, das über eine gute Infrastruktur verfügte und trotzdem einigermaßen bezahlbar war. Danach war ich auf mich alleine gestellt – damals noch ohne Handy und Internet. Ein Zimmer hatte ich noch nicht gebucht, ich fuhr auf gut Glück los und war die siebenstündige Fahrt über ziemlich nervös. Als wir San José erreichten, dämmerte es bereits. Roland hatte mir gesagt, dass das Hotel an der Bustrecke liege und der Fahrer anhalten würde, wenn ich ihn darum bäte, was ich dann auch mehrfach getan hatte, bis er mir schließlich zuwinkte und laut »*Irazu*« rief. Das war nicht nur der Name des Hotels, sondern auch der Name des höchsten Vulkans des Landes. Er bedeutet in der Sprache der Ureinwohner »grollender Berg«. Das hatte ich mir wenigstens merken können. Den echten »grollenden Berg« wollte ich später aufsuchen; jetzt stand ich vor dem gleichnamigen Hotel und hoffte, noch ein Zimmer und ein paar Informationen zu bekommen.

Der von außen wenig charmante Siebzigerjahrebau lockte in der Eingangshalle mit einer landestypischen Marimba-Band, deren harmonische Klänge zu mir herüber drangen, als ich an der Rezeption stand. Die wenigen spanischen Worte, die ich gelernt hatte, versuchte ich einigermaßen sortiert vorzutragen, um mein Anliegen höflich in der Landessprache zu artikulieren, was mir wohl eher mäßig gelang.

Die Rezeptionistin lächelte mich an und fragte in fließendem Englisch, was sie für mich tun könne. In der Aufregung hatte ich vergessen, dass mir Roland als weiteren Vorteil des Hotels die guten Englischkenntnisse aller Mitarbeiter ans Herz gelegt hatte, was damals keinesfalls eine Selbstverständlichkeit war.

Ich erzählte ihr von meinem Vorhaben, über Costa Ricas Pflanzenwelt zu forschen und zu schreiben. Schließlich wollte ich möglichst schnell wieder in den Dschungel und hoffte auf baldige Informationen über den Wipfelforscher. Jetzt sah mich die Rezeptionistin forschend an, als sei ich eine Exotin. Was ich zugegebenermaßen ja auch war; es standen damals wohl nicht sehr häufig junge, deutsche Touristinnen am Tresen, und schon gar nicht mit so einem außergewöhnlichen Anliegen.

Kurz überlegte ich, ob es nicht besser gewesen wäre, einfach nur nach einem Zimmer zu fragen und mein Anliegen später vorzutragen; erst recht, als die Dame mich bat, einen Augenblick zu warten, und verschwand.

Nervös stand ich an der Rezeption. Im Augenwinkel konnte ich einen Schalter für Inlandsreisen entdecken, vielleicht konnten die Leute dort mir weiterhelfen. Aber zunächst musste ich mir wohl ein anderes Hotel suchen. Ich wollte mich schon frustriert zum Ausgang begeben, als ich die Rezeptionistin mit einem Mann auf mich zueilen sah, der sich als Hoteldirektor Luis Montero vorstellte. Als er mich bat, ihn in sein Büro zu begleiten, überlegte ich krampfhaft, was ich wohl verkehrt gemacht hatte und wie ich aus dieser Sache wieder rauskäme.

Luis Montero wollte noch einmal aus meinem Mund hören, was ich so alles vorhatte. Obwohl ich als Forscherin und Journalistin unterwegs war, fühlte ich mich wie ein kleines Schulmädchen, das gleich eine Strafarbeit verpasst bekommt. Doch statt dem erwarteten Tadel mit darauf folgendem Rausschmiss aus dem Hotel bekam ich ein strahlendes Lächeln und anerkennende Worte mit der abschließenden Frage, wie alt ich denn sei. Etwas verdattert gab ich meine vierundzwanzig Jahre preis.

»Sie sehen viel jünger aus, eher wie achtzehn«, gab er immer noch lächelnd zurück, während er irgendein Formular ausfüllte. Obwohl ich es in meinem damaligen Alter alles andere als schmeichelhaft empfand, so viel jünger geschätzt zu werden, bedankte ich mich artig und folgte Montero sehr verunsichert zurück zur Rezeption, wo er die Dame hinter dem Tresen auf Spanisch ansprach und ihr den Zettel überreichte. Stumm und brav lauschte ich dem Gespräch, von dem ich kein Wort verstand, aber in dem wohl das Urteil über mich gefällt wurde. Fieberhaft überlegte ich, wo ich jetzt hinsollte. Roland hatte mir noch ein paar alternative Hotels genannt. Die Namen hatte ich zwar vergessen, aber mir irgendwo aufgeschrieben.

Während ich in meiner Tasche diskret nach dem Zettel mit den Hotelnamen suchte, legte die Rezeptionistin mit einem noch strahlenderen Lächeln einen Zimmerschlüssel auf den Tresen und bat mich um meinen Reisepass. Mir fiel ein gewaltiger Stein vom Herzen. Statt weiter nach dem Zettel zu kramen, zückte ich umgehend meinen Pass. Trotz meiner Erleichterung, ein Domizil für die Nacht zu haben, wollte ich mich doch sicherheitshalber nach dem Preis erkundigen.

Noch bevor ich irgendetwas sagen konnte, streckte Luis Montero seine Hand aus und verabschiedete sich mit den Worten: »Wir freuen uns, eine so junge, engagierte Wissenschaftlerin und Autorin aus Deutschland einzuladen. Bleiben Sie ein paar Tage, bis Sie Ihren Baumkronenforscher ausfindig gemacht haben. Ich werde unser Reisebüro anweisen, Sie bei der Suche zu unterstützen. Inzwischen können Sie ja die Stadt erkunden und ein paar Ausflüge unternehmen.«

Ich war sprachlos, fast jedenfalls. Irgendwie brachte ich es fertig, die Fassung zu bewahren und mich zu bedanken. Als ich ihm die Hand schüttelte, ahnte ich nicht, dass er ein paar Jahre später dafür sorgen würde, dass ich die offizielle Auszeichnung »*Amiga de Costa Rica*« erhalten würde, die ich immer noch stolz aufbewahre.

Nachdem ich mein Zimmer bezogen hatte, hielt ich mich nicht lange auf, sondern ging schnurstracks in die Bar und bestellte mir eine Piña Colada. Ich hatte das Gefühl, meinen ersten Tag allein in Costa Rica feiern zu müssen. Als dann das weißlich schäumende Getränk süßlich duftend vor mir stand und noch immer die Marimba-Spieler ihr xylophonähnliches Instrument zum Klingen brachten, begann ich mich langsam zu entspannen. *Pura vida* – das lässt sich nicht wirklich übersetzen, aber immer anwenden, wenn es einem gut geht. Mir ging es jetzt ziemlich gut.

Die Costa Ricaner gehören zu den glücklichsten und freundlichsten Menschen der Erde. Das habe ich nicht nur bei meiner Ankunft im Hotel in San José überdeutlich zu spüren bekommen, sondern auch bei meiner darauf folgenden Suche nach dem Baumkronenforscher Donald Perry. Zwar wurde ich ein wenig herumgereicht wie Karl Valentins Buchbinder Wanninger, aber stets mit der ehrlichen Absicht, mir auch wirklich zu helfen. Immerhin hatte ich bereits am zweiten Tag einen Anhaltspunkt: Der Forscher sollte ganz im Süden des Landes, auf der Halbinsel Osa, im Nationalpark Corcovado, unterwegs sein. Der Park war allerdings ziemlich schwer zu erreichen, entweder mit einem kleinen Privatflugzeug oder einem Boot. Mittlerweile war es Freitagnachmittag, und das Büro, das die einzige Lodge auf der Halbinsel vertrat, hatte bereits geschlossen – das Nationalparkbüro ebenfalls. Dafür hatte ich noch eine Einladung zu einer Tour in den Nationalpark Manuel Antonio bekommen, der damals als Paradies am Pazifik noch ein Geheimtipp war.

Der Fluss der Krokodile

Die freundliche Reiseleiterin im Hotel hatte mir die Reise organisiert, und so saß ich mit ein paar anderen Touristen in einem wackeligen Minibus und ließ die tropische Landschaft an mir vorüberziehen. Wir fuhren mittlerweile auf einer von Schlaglöchern übersäten Schotterpiste, als der Bus plötzlich vor einer Brücke anhielt. Der Busfahrer führte unsere kleine Gruppe auf den Fußgängerweg, blieb mitten auf der Brücke stehen und starrte auf den Fluss Tarcoles. Was er sagte, verstand ich nicht, folgte aber trotzdem seinem Blick. Irgendwann schnappte ich das Wort »Krokodile« auf.

Mir lief ein Schauer über den Rücken. Ich erfuhr, dass in dem Fluss die größten Krokodile des Landes leben sollten: Spitzkrokodile, *Crocodylus acutus,* die, wie der Name schon nahelegt, eine spitze Schnauze haben. Doch von den bis zu sieben Meter langen Exemplaren war keine Spur zu sehen. Die Jagd war erst in den Siebzigerjahren streng verboten worden, und die Bestände hatten sich noch nicht erholt. In den darauffolgenden Jahren sollte sich das ändern.

Vor allem am Tarcoles, südlich der Nicoya-Halbinsel, am Rande des Carara-Nationalparks. Und es ist keinesfalls Zufall, dass *carara* in der Sprache der Huetar-Indianer »Krokodil« bedeutet. Als ich damals das erste Mal die inzwischen sehr beliebte Brücke über den Tarcoles betrat, konnte ich meine Enttäuschung darüber, dass weit und breit kein Krokodil zu sehen war, kaum verbergen.

Heute wird dort niemand mehr enttäuscht, inzwischen tummeln sich unter der Brücke stets mindestens ein Dutzend Krokodile auf Beutesuche. Und tatsächlich gibt es gelegentlich leichtsinnige Touristen, die sich vom Ufer aus anschleichen. Aber vor allem gieren die Tiere nach Hühnchen oder sonstigen Fleischhappen, die ihnen sensationslustige Touristen zuwerfen. Ein fataler Fehler, denn genau durch dieses Verhalten verlieren die Tiere ihre natürliche Scheu vor dem Menschen.

In Costa Rica – wie in allen anderen Ländern auch, wo Krokodile und Kaimane zu Hause sind – gibt es immer mal wieder Übergriffe auf Menschen, aber vor allem dort, wo die Tiere gefüttert werden, und dann, wenn die Menschen ihnen zu nahe kommen. In den letzten zwanzig Jahren sollen zwölf Menschen in Costa Rica durch Krokodile gestorben sein. Auf deutschen Straßen sterben jährlich Tausende von Menschen. Eines der letzten Krokodilopfer war ein junger Bauarbeiter aus Nicaragua, der mitten in der Nacht volltrunken im Tarcoles, genau unter der Brücke baden ging.

Als ich damals dort war, war weder ein Betrunkener noch ein Krokodil zu sehen. Gerade als wir wieder zum Bus zurückkehren wollten, krächzte es plötzlich lautstark über uns. »Lapas, lapas!«, rief der Busfahrer aufgeregt und meinte damit die roten Aras, *Ara macao*, die gerade über unsere Köpfe hinweg zogen. Es war das erste Mal, dass ich diese wunderschönen, riesigen Papageien in freier Wildbahn gesehen habe. Sie gehören zu den größten Papageien der Welt und haben in manchem Verhalten fast menschliche Züge, weshalb sie so beliebt als Käfigtiere waren und grausam gejagt wurden, was in Costa Rica schon seit Langem verboten ist. Trotzdem waren die Tiere stark bedroht, konnten aber in den letzten Jahren durch strenge Schutzmaßnahmen und ergänzende Aufzuchtprogramme wieder verbreitet werden.

Sie saßen nun in krokodilsicherer Höhe im Wipfel eines tropischen Mandelbaums und nahmen ungestört ihre Mahlzeit ein. Wie die meisten Vögel leben sie in einer Art »Baumhaus«, bauen allerdings keine Nester zwischen die Äste, sondern bevorzugen eine geschützte Höhle im Baumstamm. Eine Baumhöhle wäre mir auch lieber als eine offene Plattform als Schlafplatz in den Baumwipfeln, dachte ich und musste an den Baumkronenforscher denken, der angeblich so nächtigte. Nicht alle Regenwaldbewohner sind Vegetarier wie die Aras. Samen, Nüsse, Früchte und Beeren stehen auf ihrem Speisezettel, aber die tropischen Mandeln sind für sie ein besonderer Leckerbissen, verriet uns der Busfahrer noch, bevor er uns wieder zum Fahrzeug dirigierte.

Manuel Antonio – Das kleine Paradies

Noch immer gehört der 1972 gegründete Nationalpark Manuel Antonio zum Highlight fast jeder Costa-Rica-Reise, obwohl er der kleinste Nationalpark des Landes ist und längst nicht mehr so paradiesisch einsam wie in den Achtzigerjahren. Als ich damals dort ankam, gab es noch die menschenleeren, vom Dschungel gesäumten, unberührten Buchten mit weißen Sandstränden. Auch der Ort, der damals noch kein richtiger war, sondern nur aus zwei, drei kleinen Hotels und ein paar vereinzelten weiteren Häusern bestand, war einsam und paradiesisch. Ich fand eine einfache Unterkunft direkt am Strand und stand am nächsten Morgen bereits vor der Öffnung des Nationalparks an dem kleinen Eingangshäuschen, das ein paar Meter weiter ebenfalls am Strand lag. Als die Parkranger wenig später eintrafen, stand ich immer noch alleine am Strand und nutzte die Gelegenheit, all meine Fragen zu stellen. Vor allem wollte ich wissen, welche Säugetiere ich zu Gesicht bekommen würde.

Der Nationalpark Manuel Antonio war damals schon bekannt dafür, dass es dort gute Chancen gibt, drei der vier Affenarten von Costa Rica zu beobachten: die mir inzwischen lieb gewordenen Brüllaffen, *Alouatta palliata*, die Weißkopf-Kapuzineraffen, *Cebus capucinus*, die viele durch Herrn Nilsson aus Pippi Langstrumpf kennen, und die niedlichen kleinen und seltenen Rotrücken-Totenkopfäffchen, *Saimiri oerstedii*.

Ich hatte alle Bücher über die Nationalparks von Costa Rica gelesen und war entsprechend gut über das informiert, was mich erwarten würde. Ohne zu wissen, ob die Parkranger Englisch verstanden, bombardierte ich sie mit meinem angelesenen Wissen, kombiniert mit den Fragen, wo ich was oder wen sehen konnte.

Meine Euphorie muss wohl ansteckend gewesen sein, und ich hatte Glück, dass einer der beiden, ein Biologiestudent aus der Hauptstadt, der hier ein Praktikum machte, Englisch sprach und vor allem auch meine Fragen verstand. Beiden genügte es nicht, meine Fragen zu beantworten und mir ein paar Tipps zu geben – der Student stellte sich als José vor und schien nur allzu glücklich, die winzige Ranger-Station für eine Weile zu verlassen.

Etwas Besseres hätte mir nicht passieren können, denn meine eigenen Augen waren längst nicht so geschult, um die vielen Augen, die mich beobachteten, alleine zu entdecken. Die meisten Dschungeltiere verbringen den Tag entweder gut getarnt im Dschungeldach oder in irgendwelchen Erdlöchern oder Baumhöhlen, wo ich sie ohnehin nicht hätte sehen können. Doch José wusste, wo die meisten Bruthöhlen oder die aktuellen Lieblingsbäume diverser Arten waren.

Der engagierte Student erklärte mir den Pfad, den wir einschlagen würden: zunächst am Strand entlang und dann in einem Bogen durch den Dschungel zurück. Es war gerade Ebbe, und das tiefblaue Wasser schob sanfte Wellen auf den breiten weißen, menschenleeren Sandstrand. Für einen kurzen Moment überlegte ich, ob es nicht doch schöner gewesen wäre, ganz alleine durch dieses Paradies zu schlendern, als mich ein faszinierendes Gewächs ablenkte.

Direkt am Strand entdeckte ich einen Baum, der nicht nur an einen Apfelbaum erinnerte, sondern auch noch genau solche Früchte trug. Ein paar heruntergefallene Exemplare lagen verstreut im Sand. Der Apfelbaum im Paradies, dachte ich und lief darauf zu. Natürlich wusste ich, dass es kein Apfelbaum war, aber einer unserer Professoren hatte mich gelehrt, stets das Unbekannte zu probieren, zu riechen und zu schmecken – natürlich niemals herunterzuschlucken. Vielleicht hätte ich damals besser zuhören sollen – sicherlich lag die Betonung auf Arten in unseren heimischen Wäldern, in den gemäßigten Breiten.

Das Todesäpfelchen

Aber darauf verschwendete ich keinen einzigen Gedanken, als ich mich vorbeugte, um den tropischen Apfel aufzuheben und ihn einer genaueren Inspektion zu unterziehen. Der Schlag auf meinen Arm traf mich entsprechend unvorbereitet. Bevor ich meiner Empörung Luft verschaffen konnte, zog mich José auch noch unsanft zur Seite, aus dem Schatten des Baums und der Reichweite der Äpfel. Als ich gerade Luft holte, um meinem Ärger Ausdruck zu verleihen, schnaufte José mit

Schweißperlen auf der Stirn: »Gefährlich, tödlich, du musst dich fernhalten!«

Im ersten Moment dachte ich, José hätte eine Schlange gesehen, was nicht der Fall gewesen war. Dann versicherte ich ihm, ein wenig ungeduldig und genervt, dass ich den Apfel ja nicht hatte essen wollen. Aber José stand immer noch panisch vor mir und beteuerte, dass das total gefährlich sei, bis ich ihn endlich laut und deutlich fragte: »Was?«

Es stellte sich heraus, dass ich die Frucht des wahrscheinlich tödlichsten Baums der Erde hatte aufheben wollen: das Todesäpfelchen, *Hippomane mancinella*. Der süßliche Duft der verführerischen apfelähnlichen Früchte war mir bereits in die Nase gestiegen, als mein Retter mich unsanft aus der Gefahrenzone gezogen hatte. Denn nicht nur die Früchte enthalten tödliches Gift, allein die Berührung mit Ästen, Stamm und Blättern ist im wahrsten Sinne des Wortes brandgefährlich.

Das Schild, das vor der gefährlichen Pflanze warnte, sah ich erst jetzt aus sicherer Entfernung. Der zu den Wolfsmilchgewächsen gehörende Baum produziert einen höchst toxischen Milchsaft, der allein bei Berührung gefährliche Brandblasen verursacht. Manchmal tropft dieser Saft auch aus dem Kronendach herunter, wodurch allein schon der Aufenthalt im Schatten des Baums gefährlich ist.

Hippomane bedeutet »verrücktes Pferd« und *mancinella* »Äpfelchen«, und diese Äpfelchen haben die Pferde der spanischen Eroberer tatsächlich verrückt gemacht. Die Nutztiere aus der Alten Welt, die noch nie zuvor mit den Früchten der Neuen Welt in Berührung gekommen waren, hatten wohl keinen tierischen Instinkt, sich von dem giftigen Obst fernzuhalten. Schon beim ersten Bissen müssen die Pferde höllische Schmerzen erlitten und entsprechend »verrückt« reagiert haben.

Ich wollte es mir gar nicht so genau vorstellen, erst recht nicht, dass der Baum auch zur Folter genutzt wurde. Die Opfer wurden einfach mit nackter Haut daran festgebunden und müssen fürchterliche Qualen erlitten haben. Piraten, Entdecker und Forscher haben über diesen Baum berichtet, von den Verbrennungen, Vergiftungen, und wie einige Menschen durch wenige Spritzer des Safts für einige Tage oder auch vollkommen erblindeten. Die Ureinwohner dagegen hatten gewusst, wie sie mit dem Baum umzugehen haben, und den Pflanzensaft als Pfeilgift benutzt – aber auch als Heilmittel.

Als José mir das erzählte, musste ich an den eindringlichen Satz des Gelehrten Paracelsus (1493–1541) denken – »Alle Dinge sind Gift, und nichts ist ohne Gift. Allein die Dosis macht, dass ein Ding kein Gift ist« –, der uns schon im ersten Semester eingebläut worden war und verschwurbelt auf die Tatsache hinweist, dass giftige Substanzen in entsprechend niedriger Dosierung meist eine heilende Wirkung haben und umgekehrt alltägliche Nahrungsmittel bei hohem Konsum auch gefährlich werden können.

Das »Todesäpfelchen« wurde in der Volksmedizin in entsprechend niedriger Dosierung eingesetzt: der Pflanzensaft gegen Tetanus, Elephantiasis, Geschlechtskrankheiten und Ödeme, und die getrockneten Früchte gegen Durchfall. Je nach Region variierte die Anwendung. Der Baum ist in ganz Mittelamerika und auch auf den karibischen Inseln beheimatet und überall gefürchtet, wurde aber auch fast überall genutzt.

Dschungelapotheke

Die giftigsten Pflanzen sind meist die medizinisch wirksamsten, was bei vielen auch hinreichend dokumentiert und pharmakologisch aufgearbeitet wurde. Ein typisches Beispiel dafür ist der bei uns heimische Fingerhut, *Digitalis purpurea*. Schon zwei Blättchen sind tödlich, in entsprechender Dosierung ist jedoch das pharmazeutisch aufbereitete Extrakt ein hervorragendes Mittel bei Herzrhythmusstörungen und Herzinsuffizienz. Identifiziert und chemisch genau analysiert wurde darin der Wirkstoff Digitoxin, ein Herzglykosid, das auch sehr schnell tödlich wirken kann.

Beim Todesäpfelchen wurden bislang noch keine solchen Analysen durchgeführt, obwohl dringend neue Antibiotika und Wirkstoffe gesucht werden. Die Pharmaindustrie hat noch nie einen Wirkstoff frei erfunden, alle medizinisch wirksamen Substanzen wurden aus Naturstoffen abgeleitet – da hat die »Dschungelapotheke« noch viel zu bieten.

Während ich noch gleichzeitig erschrocken und fasziniert über das Todesapfelchen sinnierte, hatten wir beinahe das Ende der Bucht erreicht. Ein Schild am Waldrand wies auf einen Pfad, der ins Dschungelinnere führte, und es war ziemlich klar, dass wir dort entlang mussten. Doch erneut hielt mich José davon ab, in die Nähe der Bäume zu treten, obwohl sie ganz sicher keine Todesapfelbäume waren. Er versuchte mich diesmal ganz sanft und leise zurückzuhalten, was mich allerdings nicht davon abhielt, laut zu fragen, was los sei.

Die Antwort konnte sich José sparen, im gleichen Moment stoben ein Dutzend rote Aras auf, die es sich in einem Strandmandelbaum, *Terminalia catappa,* gemütlich gemacht und genüsslich die mandelförmigen Früchte verzehrt hatten, bevor ich sie aufscheuchte. Laut schimpfend flogen sie jetzt dicht über unsere Köpfe hinweg und verschwanden dann in einem Bogen über dem Wald.

»Morgens oder nachmittags findest du die Aras fast immer hier auf einem der Mandelbäume am Strand. Die Früchte sind auch für Menschen ungiftig, allerdings ein wenig zäh«, klärte mich José auf, während er ein paar Mandeln aufhob und mir zeigte. Mir war die Lust zu probieren zwar vergangen, ich wollte José aber auch nicht zurückweisen und streckte deshalb vorsichtig meine Finger in Richtung des Kerns der aufgebrochenen Frucht. Und tatsächlich sah er nicht nur aus wie eine Mandel, sondern schmeckte auch danach. Außerdem erfuhr ich einiges über die medizinische Nutzung dieses harmlosen Baums, der weit besser erforscht ist als der mit den giftigen Äpfelchen. Die Inhaltsstoffe der Rinde werden vor allem gegen Durchfall und noch einige andere Krankheiten genutzt und die Blätter gegen Bakterien, Pilze und Bisswunden, woran ich mich ein paar Jahre später bei einem Notfall wieder erinnerte.

Als wir endlich den Dschungelpfad erreicht hatten, war ich froh über den angenehmen Schatten, den das dichte Kronendach spendete. Ich hielt mich mit weiteren Fragen zurück, da ich nicht noch einmal die Tiere des Waldes aufscheuchen wollte, und wurde auch schon bald belohnt. Ganz in unserer Nähe raschelte es im Unterholz. »Agutis«, flüsterte José und deutete auf eine dicht belaubte Stelle zwischen den Bäumen. Ich hatte zwar einiges über die Tiere des costa-ricanischen Dschungels gelesen, aber völlig vergessen, was Agutis waren, bis ich ein schneeweißes Exemplar entdeckte, das aussah wie ein Meerschweinchen auf Stelzenbeinen oder ein Hase mit winzigen Ohren.

In Costa Rica ist das mittelamerikanische Aguti, *Dasyprocta punctata*, beheimatet, und wir hatten ein besonders seltenes Albino-Exemplar entdeckt. Jetzt sah ich auch die anderen, gut getarnten rötlich braunen Tiere, die über den Waldboden huschten und nach Früchten suchten. Ich konnte beobachten, wie sich eines an einer großen braunen Schote zu schaffen machte.

»Guapinol, *Hymenaea courbaril*«, erklärte mir José, und wieder erfuhr ich einiges über die vielfältige Nutzungsweise dieses Urwaldbaums, von der Rinde über das Holz bis zu den Blättern und Früchten: zum Bauen, als Nahrungsmittel und für diverse medizinische Anwendungen. Mir fiel ein, dass auch Roland mit dem Guapinol experimentiert und wir einige Setzlinge auf die Plantage gepflanzt hatten. Auch von den Agutis hatte mir Roland erzählt, allerdings den indianischen Namen *Tepisquintle* benutzt und erzählt, dass sie in der Nosara-Region und wahrscheinlich auf der gesamten Halbinsel Nicoya ausgerottet waren. Ihr Fleisch gilt als Delikatesse. Mit dem Anpflanzen von Guapinol hatten wir gehofft, eventuell überlebende Exemplare anzulocken und bei deren Wiederverbreitung zu helfen. Bis heute habe ich dort allerdings noch keine Agutis entdecken können.

Wir folgten dem Dschungelpfad weiter, parallel zum Strand, während ich auch eine Guapinol-Frucht probierte. Der Geschmack war pudrig, süß und erinnerte ein wenig an Pfirsich. Ich war ganz in Gedanken an diesen überaus nützlichen Baum versunken und betrachtete die harte Schale der riesigen Schote, als ich in José hineinlief, der plötzlich stehen geblieben war. Bis auf ein paar Vögel und brüllende Affen in weiter Ferne und das gedämpfte Rauschen des Meeres war nichts zu hören. José deutete in die Krone eines Baums direkt am Wegrand. Ich sah nichts, nichts außer Äste und Blätter eines mittelgroßen Ameisenbaums, *Cecropia spec*. Ich fragte José, ob er mir die Ameisen zeigen wolle, mit denen der Baum in Symbiose lebt und war froh, dass ich wenigstens mit diesem Wissen punkten konnte. José schüttelte den Kopf, während er immer noch nach oben zeigte und kurz und bündig »Sloth« antwortete.

Es dauerte nicht lange, bis mir einfiel, welches Tier er meinte. Es war das, auf das ich mich am meisten gefreut hatte: ein Faultier. Nur sehen konnte ich es immer noch nicht. Geduldig beschrieb mir José die genaue Lage des Tieres, folgte meinem Blick, korrigierte mich immer wieder, bis ich es endlich selbst sah: ein wunderschönes Exemplar eines Zweifinger-Faultiers, *Choloepus didactylus*, das starr und steif im Geäst hing. Verzückt versuchte ich, mein erstes Faultier zu fotografieren, was völlig unmöglich war, gegen die Sonne und versteckt in den Baumkronen. Ich sehnte mich nach einem Baumhaus und fragte mich, wie oft die Baumkronenforscher die Tiere wohl schon von Angesicht zu Angesicht hatten beobachten können. Nach einer ganzen Weile drängte mich José zum Weitergehen. Das Faultier hing immer noch genau an der gleichen Stelle in genau der gleichen Stellung und tat dies auch noch, als wir auf dem Rückweg wieder dort vorbeikamen. Für einen kurzen Moment fragte ich mich, ob das Tier auch echt war oder nur ein Stofftier, das für begeisterungsfähige Touristen wie mich dorthin gehängt worden war. Als wir auf dem Rückweg vorbeikamen, fing es allerdings gaaanz langsam an zu fressen, und ich war froh, dass ich mir die Frage nach dem Stofftier verkniffen hatte.

Da der Dschungelpfad parallel zur Küste verlief – mit ihren zahlreichen kleinen unberührten Buchten, die das Markenzeichen dieses Nationalparks sind –, verließen wir immer wieder den Wald, um dorthin hinabzusteigen. José hatte jedes Mal etwas im Sinn, was er mir zeigen und erklären wollte, aber er hoffte vor allem, dass er die seltenen Totenkopfäffchen, *Saimiri oerstedii*, oder zumindest Kapuzineraffen, *Cebus imitator*, finden würde.

Er kannte die bevorzugten Fruchtbäume der Affen genauso

wie die der Aras, Faultiere, Agutis und vieler anderer Tiere; nur die Affen waren weit weniger zuverlässig. Doch gerade als José sagte, dass wir jetzt die letzte Bucht ansteuern würden, aber vielleicht ja auf dem Rückweg Glück hätten, sahen wir sie – beide Arten. Zunächst eine große Horde von Totenkopfäffchen, die munter über unsere Köpfe hinwegsprangen, und dann am Strand Kapuzineraffen, die in den Wipfeln von Kokospalmen hingen und mit einem unglaublichen Geschick die Früchte öffneten und mit ihren Pfoten regelrecht auslöffelten.

Affenbande

Ich sollte aber eine noch größere Horde zu sehen bekommen, die mir zu denken gab. Als wir den ersten Strand wieder erreichten, sahen wir schon von Weitem einen provisorisch aufgebockten Holztisch, der einer Touristengruppe wohl als Buffet gedient hatte. Als wir uns näherten, sprang gerade ein Kapuzineraffe auf den Tisch und stibitzte sich ein angekautes Melonenstück. Mit gebleckten Zähnen begrüßte er uns ohne Scheu. Erschrocken wich ich ein Stück zurück und sah jetzt auch den Rest der Truppe, von denen uns einige ebenfalls feindselig mit gebleckten Zähnen angifteten, ganz offensichtlich, um die üppige Beute zu verteidigen.

»Es ist ein großes Problem, dass manche Touristen die Tiere füttern und sogar manche Guides sie dazu animieren. Es gibt Affengruppen, die haben überhaupt keine Scheu mehr – und sieh dir die Zähne an.«

Ich war noch ein deutliches Stück zurückgewichen. Ich hatte gesehen, mit was für einer Kraft die Affen mittels ihrer Zähne Kokosnüsse knacken, und wollte mir Weiteres gar nicht erst ausmalen, geschweige denn anschauen. Mittlerweile wird sehr streng kontrolliert, dass die Tiere nicht gefüttert werden. Aber inzwischen haben nicht nur einige Kapuzineraffen alle Scheu verloren, sondern auch Waschbären und einige andere neugierige Tiere, die gerne auch mal Rucksäcke durchsuchen, vor allem wenn ihnen der Duft von Bananen oder anderen Lebensmitteln entsteigt.

Ich hatte damals nur Wasser bei mir, und die Tiere waren noch wesentlich scheuer als heute. Kaum hatten wir den Affen den Rücken gekehrt, hörten sie schon auf mit dem Geschimpfe und folgten uns auch nicht.

Kurz bevor wir den Ausgang erreichten, erblickte ich wieder die Todesapfelbäume und wollte einen großen Bogen um sie machen. Doch diesmal war es José, der mich etwas näher heranführte. »Garobo – ein Schwarzleguan«, kommentierte er seine Aktion und deutete auf ein riesiges Exemplar, das unbeschwert im Geäst hing und genüsslich ein Todesäpfelchen verspeiste. »Das sind die einzigen Tiere, die die Früchte vertragen und durch den giftigen Saft keinen Schaden nehmen«, erklärte mir José, während ich fasziniert das Urtier beobachtete.

Jurassic Park war noch nicht einmal als Buch erschienen – ich musste trotzdem an einen mutierten Dinosaurier denken. Dem Autor des Romans musste es wohl ebenso ergangen sein, als er in etwa zur gleichen Zeit in Manuel Antonio gewesen war wie ich damals.

Das Flugzeugbaumhaus

Costa Rica inspiriert zu verrückten, abenteuerlichen Geschichten, dachte ich, als ich Jahrzehnte später die gleiche Strecke Richtung Süden fuhr. Auf meiner Fahrt zum Baumhausdorf »Finca Bellavista« wollte ich noch einen kurzen Abstecher nach Manuel Antonio machen, wo es eine neue Geschichte geben sollte: ein Flugzeugbaumhaus.

Der gleichnamige Ort am Nationalpark war nicht wiederzuerkennen. Ich hatte von dem Touristenansturm schon einige Jahre zuvor gehört, von den asphaltierten Straßen und den vielen neuen Hotels, Restaurants und Geschäften. Es hatte so gar nichts mehr von dem einsamen Paradies, an das ich mich so gerne erinnerte, und eigentlich hatte ich beschlossen, nie wieder dorthin zu fahren und Manuel Antonio in paradiesischer Erinnerung zu behalten. Aber ein Flugzeugbaumhaus war so verrückt und genial, dass ich meinen Entschluss zurücknahm. Der einst abenteuerliche Weg war einer bequemen Straße gewichen. Für ganz normale Urlauber sicher ein großer Vorteil, für Abenteurer und Romantiker wie mich eher nicht. Ich tröstete mich damit, dass ich den Ort wenigstens noch so kennengelernt hatte, wie er über Jahrhunderte gewesen war: wild, romantisch und einsam.

Ich versuchte an die Küstenorte in Europa zu denken statt an die Vergangenheit. Unter diesem Aspekt kam der Ort schon deutlich besser weg. Noch immer säumte üppiger Dschungelbewuchs die Straße und die Hotels. Restaurants und Geschäfte schienen sich der Wildnis unterzuordnen. Ich hatte mir etwas abseits ein kleines Hotel mit eigenem Strand und Urwald herausgesucht, da das Flugzeugbaumhaus ausgebucht war.

Mit einem leisen Elektrowägelchen ging es von der Rezeption zum Hotelbereich, und schon an der ersten Kreuzung winkte mir ein etwas unbeholfenes junges Faultier zu. Zugegeben, es hing etwas hilflos in der Gegend herum, und das Winken war eher der hilflose Versuch, nach dem nächsten Ast zu greifen. Aber für mich war es ein ganz besonderer Willkommensgruß von einem Ort, den ich hatte meiden wollen.

Wir hielten, damit ich den Anblick noch etwas länger genießen konnte, aber vor allem, um zu schauen, ob die Mutter in der Nähe war. Und tatsächlich hing sie quasi direkt über uns, hoch oben im Wipfel. Ich beobachtete das Tierchen noch eine Weile, bis es gaaanz langsam verschwunden war. Gaaanz langsam versöhnte ich mich auch mit dem neuen Manuel Antonio, vor allem, als ich bei Sonnenuntergang auf der Terrasse mit einem atemberaubenden Blick auf Urwald, Meer und die kleine vorgelagerte Bucht saß. Die vielen neuen Häuser und Hotels waren kaum zu sehen, nur ein paar Giebel lugten aus dem Blätterdach hervor.

Als die Sonne noch einmal blutrot unter den Wolken hervorkam, um dann gleißend im Pazifik zu verschwinden, war ich versöhnt mit dem Ort, der sich so sehr gewandelt hatte. Jetzt musste ich nur noch das Flugzeugbaumhaus finden, was sich als leichter herausstellte als gedacht. Das skurrile Domizil war in der Region so bekannt, dass mir schon der erste Kellner, den ich danach fragte, nicht nur genau den Weg beschreiben, sondern auch gleich den Kontakt zum Besitzer herstellen konnte.

Als ich ihm am nächsten Morgen sehr früh eine Nachricht schickte, antwortete er prompt, und wir machten ein Treffen um elf Uhr aus. Da ich in Costa Rica fast immer mit der Sonne aufstand, war es noch ziemlich früh, und ich beschloss, vorher noch trotz all meiner Vorbehalte den Nationalpark zu besuchen. Ich wusste, dass der Eingang zum Park schon seit einigen Jahren nicht mehr die kleine Hütte am Strand war, und folgte den Schildern. Der Hotelbetonklotz fast direkt vor dem Eingang war dann doch ein Schock, von dem ich mich auch nicht erholte, als ich den Park betrat. Statt der einst schmalen Urwaldpfade führte ein breiter Waldweg in den Dschungel. Trotz früher Morgenstunde, Nebensaison und Wochentag drängten sich hier schon einige Touristengruppen. Zugegeben, es war auch die beste Zeit, um Tiere zu beobachten. Und nach einigen Tagen Regen war es endlich mal wieder ein wunderschöner Morgen.

Die Nationalparkführer oder privaten Guides waren alle mit riesigen Fernrohren ausgestattet, um die sich die Touristen scharten wie Bienen um eine Blüte. Rechts und links des Weges standen an mindestens zehn verschiedenen Stellen solche Trauben von Menschen um ein Fernrohr herum.

Dabei fragte ich mich, wer hier wen beobachtete. Vielleicht empfanden die Dschungelbewohner den allmorgendlichen Aufmarsch als willkommene Abwechslung. Das hoffte ich zumindest, als ich die letzte Menschentraube hinter mir gelassen hatte und den Strand erreichte. Einer Gruppe Kapuzineraffen war es wohl auch zu viel geworden – sie waren ebenfalls zum Strand geflüchtet und hatten ein paar Kokospalmen erobert. Sie hatten dabei aber ein Opossum übersehen, das bereits eine Palme als Schlafstätte für sich auserkoren hatte und äußerst ungehalten auf die Affeninvasion reagierte.

Tierische Zwietracht

Ganz offensichtlich nahm der Anführer das Duell an, während sich der Rest der Truppe in die umliegenden Palmen zurückzog und von oben genauso verdattert den Zweikampf beobachtete, wie ich unten vom Strand aus. Ein solches Spektakel hatte ich noch nie gesehen. Das Opossum stand genauso wenig auf dem Speiseplan der Kapuzineraffen wie die Affen beim Opossum. Es war eindeutig ein Revierkampf, der in rasendem Tempo die Palme rauf und runter ging. Es war zunächst nicht zu erkennen, wer die Oberhand gewann. Mal jagte das Opossum den Affen und mal umgekehrt. Während der Affe das Opossum immer wieder am Schwanz packte, schnappte das Nagetier immer wieder heftig nach den empfindlichsten Stellen des Affen.

Der Kampf schien auch einige andere neugierige Tiere angelockt zu haben: Eine Gruppe von Waschbären trottete über den feinen Sand und sah neugierig zu den Zankäpfeln hinüber, offensichtlich in der Hoffnung, dass bei dem Streit irgendetwas Essbares abfiel. Ihr Warten wurde prompt mit einer Kokosnuss belohnt, die ihnen direkt vor die Nase purzelte. Ein paar Meter weiter hatte sich ein Leguan bereits eine andere heruntergefallene Kokosnuss gesichert und stand mit beiden Vorderpfoten wachsam darauf, während er Opossum und Kapuzineraffen bei ihrer gegenseitigen Jagd beobachtete.

Nach einer Weile schien das deutlich kleinere Opossum als Sieger hervorzugehen. Und tatsächlich floh kurz darauf der angeschlagene Affenanführer auf eine andere Palme, wo er schon vom Rest seiner Truppe erwartet wurde. Vor lauter Aufregung hatte ich nur ein paar unscharfe Fotos geschossen, aber die schaue ich mir heute noch gerne an.

Vor allem gaben sie mir zu denken: Ich musste bei Planung

und Bau meines Baumhauses unbedingt darauf achten, dass ich keine Behausung der wahren Dschungelbewohner störte oder gar zerstörte. In der Wildtierauffangstation von Encar hatte ich einmal geholfen, winzige Opossumbabys aufzupäppeln. Die Mutter war überfahren worden, und Encar hatte sie aus dem Beutel gerettet. Jetzt stellte ich mir vor, eine Opossummutter würde wegen meines Baumhausbaus fliehen und dabei unter ein Auto geraten. So etwas durfte auf keinen Fall passieren. Ich achtete später darauf, dass niemand seine Behausung verlor.

Ich beobachtete noch, wie das Opossum in seine Baumhöhle verschwand, und stellte bei einem Blick auf die Uhr fest, dass ich mich auch langsam in die Wipfel schwingen sollte, genauer: in das Flugzeugbaumhaus. Die in Costa Rica stets ungenauen Adressen navigierten mich dann auch nur ungefähr zum Ziel. Ich hielt direkt vor einer Flugzeugschnauze und glaubte angekommen zu sein. Doch das Baumhaus war nicht das einzige umfunktionierte Flugzeug in Manuel Antonio. Ich war in einem Restaurant gelandet: Das Cockpit diente als Bar und stand mir um diese frühe Uhrzeit noch allein zur Verfügung. Ein paar Frühstücksgäste saßen auf der ausladenden Terrasse mit Blick über die Nationalparkbucht.

Für einen Kaffee hatte ich leider keine Zeit mehr, aber ein paar Minuten, um das Cockpit kurz zu entern. Nebenbei konnte ich in Erfahrung bringen, wo mein eigentliches Ziel lag.

Staunend stand ich vor dem ungewöhnlichen Baumhaus. Das Flugzeug schien sanft in den Urwaldwipfeln gelandet zu sein, was natürlich völlig unmöglich war. Aber trotzdem schwebte es zwischen den Baumkronen. Es war mir ein Rätsel, wie die schwere Maschine dort oben hingekommen war, und noch mehr, wie sie sich dort hielt.

Auf der mir zugewandten Tragfläche erstreckte sich eine ausgedehnte Holzterrasse, von der aus mir ein grinsender älterer Mann zuwinkte. Das konnte nur Allan sein, der sich auch gleich in meine Richtung beugte und mir den Weg über einen Hügel zum Eingang auf der rückwärtigen Seite beschrieb. Noch immer staunend, folgte ich dem steilen Weg nach oben. Ein Kapuzineraffe, der in Höhe des Cockpits in einem Wipfel saß und genüsslich ein paar Früchte verzehrte, beobachtete mich neugierig. Der Pfad war gut ausgeschildert und führte zunächst unter der Maschine hindurch. Von dort aus konnte ich erahnen, dass diese auf einem riesigen Pfeiler thronte, der gut getarnt im Dschungel versteckt war und aussah wie ein Baumstamm.

Danach führte der Weg steil nach oben zur zweiten Tragfläche. Der Eingang war so vor einem Hügel platziert, dass ich bequem über eine weitere Terrasse die Maschine erreichen konnte. Die Luke stand einladend weit offen, und ich folgte dem Weg nach innen.

Als ich eintrat, kam ich aus dem Staunen kaum heraus: Das Flugzeug war innen komplett mit edlem Holz verkleidet, außerdem war es mit einer Küche, zwei Bädern und zwei luxuriösen Schlafzimmern ausgestattet. Allan beobachtete mich grinsend und genoss meine sichtliche Verblüffung. Ich hatte ein karges Flugzeug mit einer an eine Campingausstattung erinnernde Einrichtung erwartet und war von einem Interieur überrascht worden, das eher der einer Luxusjacht glich. Es schien alles sehr einladend, und ich ermahnte mich, bei meiner Baumhausplanung die Innenausstattung nicht zu vernachlässigen.

Nach einer dramaturgischen Pause begrüßte mich Allan sichtlich zufrieden und führte mich auf die Terrasse, von der aus er mir eben noch zugewunken hatte.

Von unten war der traumhafte Blick auf den Pazifik, der sich mir jetzt eröffnete, nicht zu ahnen gewesen. Oben zu sein ist nicht nur ein besonderes Gefühl, sondern eröffnet ganz neue Perspektiven. Hier stand eindeutig der Blick aufs Meer im Vordergrund.

Ich brauchte Allan nicht zu sagen, dass ich mehr als beeindruckt war. Mein Staunen sprach Bände, aber ich sagte es ihm trotzdem, bevor ich ihn mit Fragen bombardierte. Ich wollte vor allem wissen, wie er auf diese verrückte Idee gekommen war.

Allan stützte sich auf das Terrassengeländer und schien zu überlegen, wo er anfangen sollte. Wobei ich mir sicher war, dass er sich noch genau daran erinnerte, wann ihm das Flugzeugbaumhaus das erste Mal in den Sinn gekommen war. Er runzelte noch tiefsinnig die Stirn, bevor er schließlich antwortete: »Auf die Idee brachte mich ein Artikel im *Forbes*-Magazin. Es ging um einen Typen, der Dutzende Boeing-727-Flugzeuge in Smirnoff, Texas, hatte – und dem ein eigener Flugplatz gehörte. Er bewarb diese 727-Flugzeuge als Häuser zum Wohnen, aufgebockt auf einem Podest. Diese Podeste hatten Drehmechanismen, sodass sie sich im Wind drehen und einem Hurrikan standhalten konnten. Sie sollten sich immer mit dem Wind, quasi wie ein Flugzeug mit dem Jetstream, bewegen, damit sie Hurrikans mit Geschwindigkeiten weit über achthundert Stundenkilometern standhalten und angeblich jedem Sturm trotzen konnten. – So war seine Werbung. Der Artikel enthielt viele Bilder. Ich habe ihn angerufen und gefragt, ob ich die Flugzeuge sehen könne, weil sie perfekt für die Pläne für mein Grundstück in Costa Rica in Manuel Antonio seien – woraufhin er antwortete: ›Das war alles Photoshop, ich habe nie eines gebaut, du kannst sie nicht in echt sehen, das war nur eine Idee.‹ Daraufhin sagte ich ihm: ›Ich werde eins bauen. Aber ohne das drehbare Podest, das sich nach dem Hurrikan ausrichtet.‹«

Mutig, dachte ich: Da hatte jemand eine verrückte Idee, traute sich aber nicht, sie umzusetzen, und Allan machte es einfach. Das gab mir Mut für mein eigenes Projekt. Von Allan wollte ich aber noch ganz genau wissen, wie die Geschichte weiterging.

Nicht ohne Stolz fuhr er fort: »Diese Boeing 727 kommt ursprünglich aus einer Fabrik in Washington und wurde für die South-African-Airlines gebaut. Das war 1965. Es war wirklich eines der allerersten Jet-Flugzeuge, die in Amerika gebaut wurden. Erst gab es die 707, aber dann kam die 727 als zweites Jet-Model. 1990 ließ man diese Maschine auf dem Flughafen einfach zurück, und seither stand sie dort zwischen den beiden Startbahnen.«

»Hier, in San José, in Costa Rica? Die ganzen Jahre?«, fragte ich erstaunt, denn mir war nie ein Flugzeugwrack auf dem Flughafen aufgefallen – und ich war ziemlich häufig auf diesem Flughafen gelandet.

Allan nickte, als könne er meine Gedanken lesen: »Ja, in San José. Sie haben alle Sitze herausgenommen und auch die Maschine, die Turbinen – einfach alles, sodass nur noch die Flugzeughülle übrig geblieben ist. Veranlasst hat das ein Mann aus Indien mit einem Transportunternehmen, der in New York lebte. Und nachdem er alles aus der Maschine herausgeholt hatte, konnte er nichts mehr damit anfangen. Er hat sie auseinandernehmen lassen, weil alle Stahlteile verrostet waren und die Maschine nicht wieder flugtauglich gemacht werden konnte, da war einfach zu viel Korrosion. Alles aus Stahl war verrostet, also hat er herausgenommen, was er verkaufen konnte, und ließ den Rest zwischen den Rollfeldern. Das ist kaum jemandem aufgefallen, mir schon – und es hat mich fünf Jahre gekostet, ihn zu finden.«

Wie Allan zu dem Flugzeug gekommen war, wusste ich nun, aber mich interessierte vor allem, wie die Maschine in die Bäume gekommen war. Allan nickte nachdenklich, bevor er fortfuhr:»Ich glaube, ich hatte zuerst die Idee, etwas auf ein Podest zu bauen, ja, das war der erste Gedanke. Ich hatte ein Stück Land und keinen Meerblick, dann kam die Idee, ein Haus zehn Meter über dem Boden zu bauen – so hat alles begonnen.«

In den Lüften, zwischen den Urwaldwipfeln mit einem Blick auf die endlosen Weiten des Ozeans, das gehörte auch zu meinem Traum von einem Baumhaus. Ein Flugzeug war bisher noch kein Bestandteil meines Plans, aber der Traum vom Fliegen gehört ohnehin ein wenig zur Vision vom Glück in den Wipfeln: über und zwischen den Kronen zu schweben. Nachhaltig ist das Recycling eines verschrotteten Flugzeugs außerdem, und mein selbst gezüchtetes Holz wäre für die Inneneinrichtung hilfreich – überlegte ich mir, als ich das zum Bad umfunktionierte Cockpit geentert hatte. Die Pilotensitze waren noch erhalten und ich kam mir wirklich wie die Pilotin eines Dschungelflugzeugs vor. Die Schnauze des Fliegers ragte in den Himmel und zeigte zum azurblauen Pazifik. Die Situation erinnerte mich an meinen ersten Flug in einer Cessna, als ich vor dreißig Jahren auf der Suche nach dem Baumkronenforscher Perry die Gelegenheit bekommen hatte, von San José auf die fast völlig unerschlossene Halbinsel Osa zu fliegen.

San José 1987

Beflügelt von meinem ersten Nationalparkabenteuer in Manuel Antonio, konnte ich es kaum mehr erwarten, das Dach des Regenwaldes zu erobern und endlich den Kronenforscher ausfindig zu machen. Kaum war ich zurück in meinem Hauptstadthotel, schnappte ich mir einen Stadtplan in der Lobby und ließ mir kurz den Weg ins Zentrum beschreiben, was bedeutete, dass ich mich zum Nationaltheater begeben sollte. Der quadratisch-praktische Plan führte mich zwar ohne Straßennamen, dafür aber auf schnurgeradem Weg zu dem historischen Gebäude und meine Gedanken in Richtung Heimat: Wären nicht die vielen exotischen Geräusche der Marimbaspieler, Flötisten und Marktschreier gewesen, und hätte ich die überdimensional große Palme vor dem Gebäude ignoriert, ich hätte wahrscheinlich gedacht, zu Hause vor der damals in Frankfurt gerade erst wieder errichteten Alten Oper zu stehen. Das neoklassizistische Nationaltheater war in fast dem gleichen Stil und zur gleichen Zeit errichtet worden wie die Wiesbadener Oper, nur ein paar Jahre nach der ursprünglichen in Frankfurt. Das konnte ich zumindest einem kleinen Schild entnehmen.

Die Neugier lockte mich zum Eingang, der Wipfelforscher musste einen Moment warten. Die Türen standen sperrangelweit offen und gaben den Blick frei auf das opulente Interieur und den glänzenden Marmorfußboden. Bevor ich die Tür erreichte, drängte mir jedoch jemand ein buntes Billet in die Hand, das mich um zweihundert Colones ärmer machte. Die eindringliche Warnung beachtend, dass ich mich nicht auf Straßenhändler einlassen sollte, hatte ich die costa-ricanische Währung, die nach dem Entdecker Amerikas benannt wurde, noch im Hotel getauscht, und tauschte jetzt einen Schein gegen dieses bunte Ticket, das mir allerdings keinesfalls Einlass ins Theater gewährte. Bei genauerem Betrachten stellte ich fest, dass ich gerade einen Fünf-Colones-Schein gegen einen Zweihundert-Colones-Schein getauscht hatte. Säuerlich betrachtete ich den Geldschein und bemerkte die Frau nicht, die sich mir von hinten genähert hatte.

»Tolles Bild«, meinte sie in perfektem Englisch. Ich solle mir unbedingt das Original ansehen. Eigentlich hatte ich nur einen kurzen Blick in das Theater werfen wollen, aber jetzt war ich neugierig. Überall erblickte ich opulente Fresken, Gemälde, vergoldete Statuen, Lampen, Zierleisten und Spiegelrahmen. Ich wusste gar nicht, wo ich zuerst hinschauen sollte, bis mein Blick auf das Deckengemälde der Eingangshalle fiel: Es war tatsächlich das gleiche Bild wie auf meinem Fünf-Colones-Schein und zeigte die Kaffee- und Bananenernte sowie deren Verschiffung nach Europa.

Die Bananen wachsen auf dem Bild allerdings verkehrt herum an der Staude, und der Kaffee wird und wurde weder an der West- noch an der Ostküste angebaut, sondern in den Bergen. Da war ganz sicher kein Wissenschaftler am Werk gewesen oder hatte beratend zur Seite gestanden, dachte ich mir. Ein Blick auf die Broschüre bestätigte meine Vermutung: Der Künstler, der es mit den Fakten nicht so genau genommen hatte, war Italiener, Aleardo Villa.

Das Informationsblatt verriet auch, dass er noch ein paar mehr Fehler im Bild versteckt hatte. Langsam gefiel mir mein teuer erworbenes Scheinchen richtig gut. Es soll die schönste Banknote der Welt sein, hatte ich später gelesen und dann den Schein als Glücksbringer behalten.

Ob es daran lag, dass es die deutschen Kaffeebarone waren,

die die Oper gespendet hatten – und nicht der amerikanische Bananenbaron Minor Keith, der Urvater von Chiquita und der United Fruit Company–, dass die Bananen an der Staude verkehrt herum posieren, oder einfach den Grund, dass der Maler sich nie zuvor eine Staude im Ganzen angeschaut hatte, ist nicht überliefert. Als sich Aleardo Villa künstlerisch an der Decke im Nationaltheater verewigte, war die Eisenbahntrasse durch die Bananen-Plantagen längst fertiggestellt. Es war der Zug, der eigentlich dem Kaffee den Weg vom Hochland zum Atlantikhafen hatte ebnen sollen, der dann aber zum Geburtshelfer der United Fruit Company wurde, der Keimzelle des Bananenanbaus in der Neuen Welt. Verkehrte Welt – vielleicht deshalb die verkehrten Bananen auf dem Bild des italienischen Künstlers.

Für romantische Bilder taugt der Bananenanbau allerdings schon lange nicht mehr. Schwindelerregende Zahlen ließen mir damals schon die Lust auf Bananen vergehen: Fünfundvierzig Kilogramm Pestizide landen auf einem Hektar Bananenplantage. Gifte für rund fünfunddreißig Millionen US-Dollar werden jährlich für die Bekämpfung der Bananenschädlinge importiert.

Genau deswegen hatte ich mein Forschungsstipendium bekommen. Mithilfe des Chitinase-Gens, das ich in Pflanzen schleusen wollte, sollten sich diese selbst gegen Schädlinge wehren können. Mit dieser »edlen Mission«, wie ich damals noch dachte, im Kopf, verabschiedete ich mich von der prunkvollen Hinterlassenschaft der Kaffeebarone und verließ das Nationaltheater. Beim Hinausgehen fiel mein Blick noch auf den Hinweis zur Uraufführung: 21. Oktober 1897, Goethes *Faust*.

Der durchaus realistische Lärm vor dem Theater holte mich in die costa-ricanische Realität zurück. Die Südseite des

Theaters flankierte die größte Straße der Innenstadt, und der Straßenlärm war um einige Dezibel höher als in der Heimat, was vor allem an den uralten Bussen und Lastern lag. Lautstarkes Hupen gab den Takt der knatternden Dieselmotoren vor und untermalte das Orchester von Marimbaspielern, Flöten und Marktschreiern, die exotische Früchte feilboten, die ich noch nie zuvor gesehen hatte.

Schweißperlen traten auf meine Stirn, als ich aus dem gut klimatisierten Theater trat und die Geräuschkulisse auf mich wirken ließ. Die Temperatur hatte inzwischen angenehme fünfundvierzig Grad im Schatten erreicht, aber da ich nach der kurzen Nacht am frühen Morgen gefroren hatte, war ich viel zu warm angezogen.

Der Platz vor dem Theater hatte sich deutlich gefüllt, musizierende Costa Ricaner hatten sich mit ihren ausladenden Instrumenten unter den Arkaden des gegenüberliegenden Hotels positioniert und brachten den ganzen Platz zum Vibrieren. Ich fühlte mich seltsam beschwingt und schlenderte in die Richtung, in der ich mein Ziel zu finden meinte. Mir klangen die freundlichen Worte der Reiseleiterin aus dem Hotel noch in den Ohren, die mir freudestrahlend einen Stadtplan mit einem Kreuz darauf gegeben hatte: »Du musst zu Horizontes gehen und nach Sergio Miranda fragen, der hatte was mit Donald Perry zu tun.«

Für mich sah der Stadtplan eher aus wie ein Karomuster als eine Straßenführung: Alles verlief schnurgerade, und die Straßen kreuzten sich in exakten Neunzig-Grad-Winkeln, was die Suche eigentlich vereinfachen sollte. Aber noch bevor ich den Plan begriffen hatte, stand ich vor dem Gebäudekomplex und fand nach einigem Fragen auch das Büro am hinteren Ende eines galerieähnlichen, halb offenen Flurs. Ich klopfte schüchtern und betrat das Ladenbüro, das sich vor allem durch eine Vielzahl von Dschungelfotos auszeichnete: Wasserfälle, palmengesäumte Buchten, Tukane, Aras, Affen und Urwaldriesen zierten die Werbung für ausgefallene Regenwaldtouren, die ich am liebsten alle gleich gebucht hätte, so neugierig war ich auf das Land und vor allem auf den Dschungel.

Abgesehen davon, dass es mir ein wenig an Zeit und Geld mangelte, wollte ich aber zunächst den abenteuerlichen Baumwipfelforscher ausfindig machen. In dem Ladenbüro saßen zwei ziemlich beschäftigte Damen hinter zwei überfüllten kleinen Schreibtischen und telefonierten. Auf den Tischen standen Namensschilder. Die Dame, die ich als Terry Pratt entziffern konnte, winkte mich zu sich und bot mir gestikulierend den Stuhl vor ihrem Schreibtisch an. Von der spanischen Konversation, die Terry führte, verstand ich kein Wort, hoffte aber, dass sie mindestens so gut Englisch sprach wie die Rezeptionistin im Hotel, sonst konnte es schwierig werden.

Ihr englischer Name ließ mich hoffen. Wenige Sekunden später wurde meine Hoffnung bestätigt: Terry begrüßte mich wie eine alte Freundin auf Englisch. Als ich ihr erklärte, was oder besser wen ich suchte, hatte ich beinahe vergessen, den Zettel herauszukramen, auf dem ich mir den Namen aufgeschrieben hatte, nach dem ich fragen sollte.

»Ah, Sergio«, meinte Terry vielsagend und ergänzte, dass ich ziemlich viel Glück hätte, dass der Chef gerade hier sei, das sei nämlich eher selten der Fall. Kurz darauf stand ich vor einer weiteren Bürotür mit einem dezenten Messingschild mit der Aufschrift: »Sergio Miranda«. Terry übernahm das Klopfen für mich und schob mich nach einem deutlichen und sehr männlichen »Hallo«, in das Büro, ohne mich weiter vorzustellen – was sie aber telefonisch in schnellem Spanisch bereits getan hatte.

Sergio stand sofort von seinem Schreibtisch auf, ging um ihn herum, und während ich immer noch stocksteif am Eingang stand, gab er mir die Hand und begrüßte mich: »Hallo, Ina, schön dich kennenzulernen! Wie kann ich dir helfen?«

Bevor ich nach Costa Rica kam, hatte ich mir definitiv keine Gedanken darüber gemacht, wie costa-ricanische Männer aussehen, und könnte sie auch heute noch nicht charakterisieren, da ich inzwischen einfach zu viele völlig verschiedene Costa Ricaner kennengelernt habe – das Gleiche gilt für die Frauen. Ich war also ziemlich offen dafür, was für einem Menschen ich hinter der Bürotür begegnete – aber darauf war ich definitiv nicht vorbereitet: Sergio sah aus wie der jüngere Bruder von Richard Gere – etwas dunkler vielleicht und noch ohne graue Haare.

Es kostete mich ziemlich viel Überwindung, halbwegs souverän zu bleiben und meinen Spruch mit dem Wipfelforscher vorzutragen, während Sergio wieder entspannt Platz nahm und mir ebenfalls einen bequemen Platz zuwies. Nebenbei hatte der Jungunternehmer noch einen Kaffee organisiert, der endlich der Qualität entsprach, für die Costa Rica so berühmt war. Aber das fiel mir erst auf, als ich das Büro bereits verlassen hatte. Während ich versuchte, mich etwas zu entspannen, dachte Sergio über meinen Wipfelforscher nach: »Ich bin mir nicht sicher, aber ich glaube, er gehört zu der Gruppe von Biologen, die gerade bei uns auf der Lodge sind.«

Sergio schob mir eine Broschüre mit der Aufschrift »Marenco« zu: eine einsame Urwaldlodge auf einer Wiese mitten im Regenwald mit einmaligem Blick auf den Pazifik. Palmgedeckte Hütten zwischen Obstbäumen und Palmen. Kurz: ein Garten Eden am Ende der Welt. Dann zeigte er mir auf einer Costa-Rica-Karte eine Stelle ganz im Süden des Landes: eine

Halbinsel, die mit ihrer Nase in den Pazifik stößt. Keine Straße dorthin, kein Ort, kein gar nichts – außer einem Nationalpark, der Lodge und noch ein paar vereinzelten Häusern gab es nichts.

»Wie kommt man dahin?«, wollte ich wissen, obwohl klar war, dass nur ein Kleinflugzeug oder ein Boot infrage kamen. Andererseits konnte ich mir damals nicht vorstellen, dass eine Lodge für Forscher und Touristen an einer Stelle gebaut worden war, die man nur so erreichen konnte.

Richard Gere, alias Sergio Miranda, runzelte vielsagend die Stirn: »Schwer! Wir haben gerade eine kleine Landebahn auf einer Wiese abgesteckt und bringen die meisten Gäste mit dem Flugzeug hin. Oder mit dem Auto nach Sierpe.« Sergio zeigte erneut auf einen Punkt auf der Karte, etwas weiter im Landesinneren an einem Fluss. »Von dort mit dem Boot auf den Pazifik und dann noch etwa zweieinhalb Stunden an der Küste entlang zum Strand unserer Lodge. Es gibt auch einen Waldweg, aber der ist praktisch unbefahrbar, wenn überhaupt, dann nur während einer kurzen Zeit am Ende der Trockenzeit. Als ich die Lodge gebaut habe, wollte niemand den Laster fahren, also habe ich es selbst gemacht, bin den Abhang heruntergestürzt und würde beinahe nicht mehr hier sitzen.«

Mit einer vielsagenden Geste deutete Sergio auf eine winzige Narbe in seinem Gesicht, die ihn fast noch attraktiver machte, als er ohnehin schon war. Meine ungestellte Frage hatte er damit auch gleich mit beantwortet, und ich wartete gespannt auf die Fortsetzung.

»Wir haben dann den ganzen Rest mit dem Boot transportiert«, fuhr er fort, »und sind gerade erst fertig geworden. Kein großer Komfort, aber der schönste Platz auf der Welt. Meine Eltern hatten dort eine Fruchtfarm, aber das meiste ist

Regenwald, achthundert Hektar unberührter Dschungel, der direkt an den Nationalpark Corcovado und den Pazifik grenzt. Wir wollen den Wald schützen, die Lodge der Wissenschaft zur Verfügung stellen und in Zukunft Schutz und Forschung durch Tourismus finanzieren. Ich kann dir nicht versprechen, dass du deinen Forscher findest, aber wenn du magst, kannst du morgen mitkommen. Ich muss dringend nach dem Rechten sehen und fliege für ein paar Tage runter.«

Sergio schaute fragend in mein verblüfftes Gesicht und wartete auf eine Antwort, die ich mir selbst schon längst gegeben hatte, die mir aber nicht so schnell über die Lippen wollte: »Ja, das wäre großartig«, schaffte ich dann doch noch zu sagen.

4. Kapitel

Frühstück mit Faultier

Ziemlich aufgeregt stand ich am nächsten Morgen am Flugplatz für Privatmaschinen und fand schließlich auch den richtigen Hangar. Die Sonne stand in strahlend hellem Morgenrot über dem Horizont, und der sanfte Geruch der dampfenden Erde am Rande des Flugfeldes gab wortwörtlich einen Vorgeschmack auf den Regenwald, der mich erwartete. Es hatte die ganze Nacht geregnet, aber jetzt schienen die Voraussetzungen für den Flug perfekt.

Die Cessna wurde gerade betankt, und der Pilot kontrollierte die Maschine. Ich hoffte, er wusste, wonach er schauen musste. Mein Blick sprach wohl Bände. Von der Seite näherte sich mir ein unbekannter Mann, der nicht zur Crew oder zum Flughafen zu gehören schien. Er stellte sich als Greg vor und klopfte mir beruhigend auf die Schulter: »Die wissen genau, was sie tun. Carlos fliegt die Maschine schon seit mehr als zehn Jahren, und es gab noch nie einen Zwischenfall.«

Beruhigend, dachte ich, und stellte mich ebenfalls vor.

Greg flog nicht zum ersten Mal nach Marenco. Er arbeitete an einem engagierten Musikprojekt mit vielen Urwaldgeräuschen und wollte jetzt noch ein paar weitere aufnehmen. Sergio kannte er von seinem Studium in Los Angeles. Ich kam mir plötzlich ziemlich klein und provinziell vor, konnte darüber aber nicht weiter nachdenken, da Sergio gerade voll beladen um die Ecke kam. Auf seinen Armen balancierte er einen riesigen Stapel Eierkartons, die nur halbwegs gut zusammengeschnürt waren.

»Wir erwarten am Wochenende eine kleine Touristengruppe, und unsere paar Hühner legen nicht genug Eier«, erklärte Sergio, als er das Paket abstellte. Es waren aber nicht nur Eier, die Sergio mitgebracht hatte. Ein Mitarbeiter schleppte noch einen weiteren riesigen Berg Lebensmittel an. Ich bekam eine Ahnung davon, wie schwierig es war, eine so abgelegene Lodge zu betreiben und zu versorgen. Ich hatte schon immer von einem einsamen Baumhaus auf einer Insel oder einer Halbinsel geträumt, aber nie an die alltägliche Versorgung gedacht.

Als mich Sergio am Vortag gefragt hatte, wie viel ich wiege und wie viel Gepäck ich mitnehmen wollte, hatte ich das zunächst für unhöflich und nach seiner Erklärung für übertrieben gehalten – jetzt wusste ich, warum. Der Pilot wollte es sogar ganz genau wissen und schickte jeden von uns auf die Waage, mit und ohne Gepäck. Die Fototasche war meine schwerste Ausstattung, aber kein Vergleich zum Equipment von Greg. Der Pilot schien etwas besorgt, rechnete ein wenig herum und nickte schließlich.

Seinen genauen Anweisungen gemäß nahmen wir die Sitzplätze ein. Ich saß in der Mitte und hatte nicht nur meine Fototasche zwischen den Knien, sondern bekam noch eine dicke Tasche auf den Schoß. »Wegen der Gewichtsverteilung«, erklärte der Pilot, als er mir das Gepäckstück reichte. Neben mir saß Greg mit seinen Mikrofonen und Aufnahmegeräten auf dem Schoß, und hinter uns Sergio mit jeder Menge weiterem

Gepäck. Während der Co-Pilot bereits im Flugzeug saß, hantierte der Pilot noch an dem Propeller herum. Zunächst konnte ich nicht erkennen, was er genau machte, bis ich erschrocken feststellte, dass er den Propeller anwarf. »Ist das nicht gefährlich?«, entfuhr es mir sogleich. Sergio lachte und erklärte völlig entspannt: »Das macht er immer so, der Starter ist nicht mehr der Jüngste.«

Ich hoffte, dass der Rest der Maschine jünger war und klammerte mich an die unbekannte Tasche, die mir auf den Schoß gelegt worden war, während der Pilot die Cessna souverän aus dem Hangar manövrierte. Wir rollten langsam zum Anfang der kleinen Startbahn, dann startete der Pilot voll durch. Unerwartet sanft hob die kleine Maschine ab, und die Stadt unter uns wurde immer kleiner. Langsam entspannte ich mich und genoss den Blick auf die Wälder, Flüsse und Felder, bis wir keine Viertelstunde später den Ozean erreicht hatten.

Von oben erkannte ich die markanten Buchten des Nationalparks Manuel Antonio, und kurz darauf tauchte der sogenannte Walschwanz auf – eine kleine Halbinsel, die ihren Namen von ihrer Form bekommen hatte, die man nun aus der Vogelperspektive gut erkennen konnte. Danach war es vorbei mit dem Blick auf die Küste. Über den eben noch strahlend blauen Himmel hatte sich ein dickes Wolkenband geschoben, auf das wir geradewegs zusteuerten. Kurz darauf verschwanden wir darin und waren eingehüllt wie von einem Wattebausch.

Der Co-Pilot klopfte nervös auf eine Anzeige auf der Armatur, während ihm Schweißperlen von der Stirn rannen. Das Gesicht des Piloten konnte ich nicht sehen, und das Motorengeräusch war so laut, dass ich nicht verstehen konnte, was die Piloten sprachen. Mein Magen verkrampfte sich, und ich überlegte, wie die Überlebenschancen waren, wenn wir jetzt abstürzten. Wenigstens sind wir nicht mehr in den Bergen, versuchte ich mich zu beruhigen.

Mir kam es wie eine grausame Ewigkeit vor, als wir zwischen den Gewitterwolken durchgeschüttelt wurden und scheinbar planlos durch den grauweißen Schleier flogen. Dabei können es keine zehn Minuten gewesen sein, denn der gesamte Flug dauerte nur eine gute Dreiviertelstunde. Als die Maschine sank, schloss ich die Augen und musste mit den Tränen kämpfen. Ein begeistertes »Wow« riss mich plötzlich aus meinen trübseligen Gedanken. Unsere Maschine befand sich keinesfalls im Sturzflug, sondern war kurz vor der Landung und hatte die Wolkendecke fast hinter sich gelassen. Die Sonne schien mit ihrer ganzen tropischen Kraft durch eine Lücke in der Wolkendecke und brachte den azurblauen Pazifik und ein großes Flussdelta, das sich darin ergoss, zum Glitzern.

Der Dschungel, der das gewundene Flussdelta umrahmte und den Pazifik säumte, schillerte smaragdgrün, unterbrochen von leuchtend bunten Punkten. Einige Urwaldbäume standen in voller Blüte und verliehen dem grünen Urwalddach ein kunstvolles Muster. Ich hatte noch nie etwas so Schönes gesehen, abgesehen davon, dass ich auch noch nie in einem Kleinflugzeug gesessen und einen Urwald aus der Vogelperspektive gesehen hatte. Meine Angst wich der Faszination für das malerische Bild, das sich mir bot.

In einem weiten Bogen überflog der Pilot die Halbinsel Osa. Ich hatte nachgelesen, dass osa »Bärin« bedeutet. Und tatsächlich sah die Halbinsel von oben ein wenig aus wie ein Bärenkopf. Vielleicht gab es ja besonders viele Bären in diesem dichten, unberührten Dschungel? Wobei in Costa Rica nur niedliche Kleinbären beheimatet sind, und keine gefährlichen großen Braun-, Schwarz- oder Grizzlybären.

Wenig später landeten wir holpernd auf einem Stück Wiese mitten im Dschungel. Einzig eine Signalfahne wies auf die Piste hin. Meine Erleichterung war groß, als ich sicher und wohlbehalten aus der Maschine stieg. Der Co-Pilot schien mindestens ebenso erleichtert zu sein wie ich, während der Pilot lachend gemeinsam mit Sergio und ein paar herbeigeeilten Helfern das Flugzeug entlud.

Vorsichtig fragte ich den Co-Piloten, ob der Flug wirklich so gefährlich gewesen sei und ob das öfter passierte. Er schüttelte resigniert den Kopf: »Nein, nein, es war nicht gefährlich, der Pilot hätte sofort eingegriffen, wenn ich die Kontrolle verloren hätte.« Ich verstand nicht ganz, bis der Co-Pilot fortfuhr: »Das war eine Flugprüfung, und ich glaube, ich habe nicht sonderlich gut abgeschnitten.«

Entschlossen klopfte ich dem jungen Mann auf die Schulter und versicherte, dass er den Flug großartig gemeistert hätte, obwohl ich genau das Gegenteil empfunden hatte. Die anderen schienen alle eingeweiht gewesen zu sein und klopften ihm anschließend ebenfalls lachend auf die Schulter – mir auch, es war schließlich mein Jungfernflug mit einem Kleinflugzeug.

Dem armen Co-Piloten blieb nicht viel Zeit, um sich zu erholen, denn bevor das Wetter umschlug, wollte der Pilot wieder in San José sein. Zwei Gäste und ein Mitarbeiter der Lodge warteten bereits auf den Rückflug, und wenige Minuten später war die Cessna wieder in die Lüfte entschwunden. Ich dagegen genoss den festen Boden unter meinen Füßen. Ich hatte mich allerdings zu früh gefreut, denn wir waren noch knapp fünf Kilometer von der Lodge entfernt, und der schmale Dschungelpfad war eine einzige Schlammpiste. Die Gummistiefel warteten erst an der Lodge auf uns und meine Turnschuhe könnte ich nach dem Fußweg dorthin wohl wegwerfen.

Sergio sah meinen zweifelnden Blick und zeigte aufs Meer: »Keine Angst, wir laufen nicht. José reitet mit zwei Lastpferden rüber, und wir nehmen den Rest des Gepäcks mit ins Boot.«

Captain Flint

Erst jetzt sah ich das Boot am Strand und einen älteren Mann mit einem roten Ara auf der Schulter, der wohl José war und mich freundlich anlächelte. Als der Papagei ein spanisches Schimpfwort vor sich hin krächzte, kam eine prompte, aber unverständliche Antwort aus der Krone des Seemandelbaums, *Terminalia catappa*, unter dem wir gerade standen. Etwa ein Dutzend roter Aras, *Ara macao*, krächzte munter drauflos, worauf der Papagei auf Josés Schulter mit ein paar halbwegs verständlichen Worten reagierte, die mir zwar übersetzt wurden, die ich hier aber nicht wiederholen möchte.

Endlich sah ich diese anmutigen Tiere einmal aus der Nähe. In Manuel Antonio hatte ich sie ja versehentlich lautstark verscheucht. Geschickt pflückten sie mit ihren Krallen die Früchte des Baums und knabberten genüsslich darauf herum.

José fütterte seinen Schützling ebenfalls mit ein paar Mandeln. »Bevor wir ihn befreit haben, war er in einem fürchterlich engen Käfig eingesperrt, und seine Flügel waren gestutzt. Ein Wunder, dass er sprechen gelernt hat. Aber was er sagt, hätte er sich besser nicht merken sollen«, erklärte Sergio schmunzelnd, während der Papagei ihn mit treuherziger Unschuldsmiene anschaute. »Captain Flint« nannten sie den roten Vogel, bei dem auch ich unweigerlich an die Schatzinsel, den Oberpiraten Flint und Long John Silver, den Piratenkoch mit Holzbein und Papagei auf der Schulter, denken musste. Viele Jahre später spielte »Captain Flint« tatsächlich in einem meiner Schatzinsel-filme genau diese Rolle, die ihm den Namen gebracht hatte: den Papagei von Long John Silver.

Doch der prächtige Vogel wird nie wieder fliegen können und kann seinen wilden Artgenossen nur wehmütig zuschau-en, wie sie sich durch die Lüfte schwingen und auf jedem belie-bigen Baum niederlassen, den sie ebenso frei wieder verlassen können. Eigentlich müsste José mit Captain Flint in einem Baumhaus wohnen, damit er sich ein wenig wie seine Artge-nossen fühlen kann, dachte ich mir.

Ich hatte den Gedanken nicht ausgesprochen, aber im sel-ben Augenblick setzte José den Vogel auf das Ende einer langen Stange und hob ihn in den Wipfel des Strandmandelbaums. So wohnte er zwar nicht in den Baumkronen, konnte sie aber jeden Tag erkunden.

Inzwischen hatten sich die Wolken wieder verdunkelt, und es wurde Zeit, dass wir die Lodge erreichten. José hatte sich schon auf sein Pferd geschwungen und trabte mit den beiden Lasttieren in den Dschungel. Seine Frau kümmerte sich der-weil um Captain Flint, und wir marschierten über den Strand zum Boot.

Die See war rau und die Brandung stark. Mit hochgekrem-pelten Hosen und Schuhen in der Hand schaffte ich es, einiger-maßen trocken ins Boot zu klettern, was der Bootsführer nicht von sich behaupten konnte: Geschickt und kraftvoll schob er die Barke ins tiefere Wasser und sprang blitzschnell hinterher, als er selbst schon hüfthoch in den Wellen stand.

Kaum hatte er das Boot erreicht, startete sein Assistent den Motor und der Bootsführer navigierte uns aus der Brandung heraus. Die pazifischen Wellen sind für Surfer eine tolle sport-liche Herausforderung; für die Bootsführer, die Menschen und wertvolles Gut transportieren, sicher eher eine tägliche Hürde, die es zu meistern gilt. Darüber machte ich mir jedoch wenig Gedanken, sondern bewunderte die wilden, romantischen und unberührten Strände dieser südlichen Halbinsel.

Die malerischen Buchten reihten sich aneinander wie Perlen auf einer Kette und strahlten, trotz mangelnder Sonne, eine einzigartige Schönheit aus. Gesäumt von Palmen, dahinter und direkt angrenzend, schloss sich ein saftig grüner Regenwald an. Die Küstenwälder von Osa sind weltweit einzigartig.

Auf dem Boot mischte sich die feuchte, leicht modrige, aber dennoch frische Luft der tropischen Wälder mit der salzigen Brise des Meeres. Zum perfekten Glück fehlten mir nur noch Wale und Delfine, die ihre Freudensprünge vor unserem Boot vollführten.

Dieses Glück wurde mir bei meinem ersten Besuch der Halbinsel nicht gewährt – aber Jahre später schoss nur wenige Meter von unserem Boot entfernt ein riesiger Buckelwal aus dem Wasser empor, und ich bildete mir ein, dass er mir mit seinen Flossen zuwinkte. Bei demselben Ausflug hatte ich auch das Vergnügen, mit einem ganzen Schwarm von Delfinen für eine ganze Weile Boot zu fahren. Back- und steuerbord schwammen und sprangen sie ganz dicht am Boot, bis ihnen die Lust verging und sie wieder in den Tiefen des Meeres verschwanden. Es war aber auch eine andere Jahreszeit gewesen als bei meinem ersten Ausflug: Die Walsaison ist in den Sommermonaten, während mein erster Besuch dieser magischen Halbinsel im November lag.

Die Bootsfahrt dauerte keine zwanzig Minuten. Die Einfahrt in die Bucht war ziemlich heikel, mehrere mächtige Felsen ragten unweit des Strandes aus der Brandung hervor, und nur der Bootsführer wusste, wie viele Felsen noch unterhalb des Meeresspiegels ein gefährliches Hindernis boten. Erst beim dritten Anlauf konnte er mit einer kleineren Welle den richtigen Winkel zum sicheren Auflaufen auf den Strand finden.

Dort erwartete uns schon das Marenco-Team mit einem riesigen, bunt bemalten Karren und zwei davor gespannten Ochsen. Keine Tiere, wie wir sie kennen, sondern hellbraune Zebu-Rinder aus Indien mit riesigen Hörnern, die mit dem tropischen Klima besser zurechtkommen als die in Europa gezüchteten Rassen.

Die bunt bemalten, fein verzierten Holzkarren mit zwei riesigen Rädern sind eine Art Wahrzeichen von Costa Rica. Ursprünglich waren sie für den Abtransport der Kaffeekirschen aus den bergigen Plantagen gebaut worden. Für unser Gepäck schienen sie aber auch durchaus Sinn zu ergeben. Die kleine Lodge thronte majestätisch erhaben auf einem Hügel über der Küste, und der steile Weg schien selbst für Josés Lastpferde zu schwierig zu sein.

Tropengewitter

Noch vergossen die düsteren Wolken keine Tränen, aber erste Blitze hellten den Himmel auf, sodass Sergio uns zur Eile trieb und zu den Stufen brachte, die neben dem breiten Weg für den Ochsenkarren den steilen Hügel hinaufführten. Inzwischen hatte auch José mit unserem Gepäck den Ochsenkarren erreicht, der nun schwer beladen, von den kräftigen Tieren gezogen und von einem Mitarbeiter geführt, hinter uns herrollte. Als der erste Donner grollend den Wald erschütterte, sprangen ein paar Kapuzineraffen über unsere Köpfe und flüchteten in den Wald. Unsere Ankunft im Paradies war gut vorbereitet worden, sogar der Himmel hatte sich darauf eingestimmt und gewartet, bis wir die Lodge erreicht hatten, um sich erst dann zu entladen.

Der große Aufenthalts- und Essensraum war nach allen Seiten hin offen, zuoberst mit Palmblättern gedeckt und so geschickt konstruiert, dass von dem gewaltigen Regen, der nun einsetzte, kein Tropfen die Terrasse erreichte. Trotz dieser dämpfenden, bastähnlichen Schicht auf dem Blechdach trommelte der Regen laut auf das Dach. Das Wasser strömte sintflutartig die fiedrigen Palmwedel entlang, um an ihren zahlreichen Spitzen in Hunderten kleinen Wasserfällen abzufließen.

Gleichzeitig wirkte der Regen wie eine Klimaanlage. Waren es eben noch fast vierzig Grad im Schatten gewesen, so schien mir die Temperatur jetzt an die zwanzig Grad gefallen zu sein. In Wirklichkeit waren es keine zehn Grad weniger, die Verdunstungskälte täuscht unglaublich und ist erfrischender als jede Klimaanlage. Es war ein tropischer Gewitterregen wie aus dem Bilderbuch, und keine halbe Stunde später war der Zauber vorbei. Die nun nicht mehr ganz so dunklen Wolken tröpfelten langsam aus, die Blitze hatten sich ausgezuckt, und der grollende Donner war weitergezogen.

Ich hatte versucht, das Naturschauspiel mit der Kamera einzufangen, während Greg die Geräusche mit diversen Mikrofonen eingesammelt hatte, was ihm deutlich besser gelang als mir die Fotos, wie ich später feststellen musste. Ich hätte einen empfindlichen Vierhunderterfilm einlegen müssen, doch das hatte ich in der Aufregung vergessen. Damals waren digitale Kameras noch nicht einmal erfunden, und niemand glaubte daran, dass Zelluloid in der Fotografie einmal abgelöst würde. Entsprechend studentisch sparsam war ich auch mit dem Auslöser umgegangen und hatte keinen einzigen Blitz erwischt, während Greg die gewaltigen Donner und das Trommeln des Regens wie eine Ouvertüre konserviert hatte. Als er mir die Aufnahmen vorspielte, bekam ich eine Gänsehaut.

»Warte, bis ich meine Mikros in den Baumwipfeln installiert habe, erst dann wird das Konzert rund. Du glaubst gar nicht, was da oben los ist«, erklärte mir Greg mit leuchtenden Augen. Im gleichen Moment fiel mir schlagartig wieder ein, weshalb ich überhaupt an diesen zauberhaften, entlegenen Ort gekommen war: wegen meiner Suche nach dem Baumkronenforscher.

Inzwischen hatte sich die Terrasse etwas gefüllt. Ein paar Touristen saßen an gedeckten Tischen, ebenso eine unverkennbare Forschergruppe. Ich beäugte jeden Einzelnen und kam zu dem Schluss, dass keiner der Mann war, den ich suchte und von einem Foto bereits kannte. Meine stille Hoffnung war, dass sich Donald Perry in den Baumwipfeln häuslich niedergelassen hatte und nur selten herunterkam.

Gerade als ich den Mut gefasst hatte, mich bei der Forschergruppe vorzustellen und nach Perry zu fragen, übernahm Sergio die Vorstellungsrunde. Es waren vier junge Männer, zwei costa-ricanische Studenten und ein amerikanischer, sowie Roberto, der Guide der Lodge, der sein Biologiestudium bereits erfolgreich hinter sich gebracht hatte.

Bei der Frage nach Perry schüttelten alle vier gleichzeitig den Kopf, und Roberto ergriff das Wort: »Donald ist schon vor ein paar Wochen abgereist. Er wollte einen elektrischen Dschungelaufzug bauen; das ist zu kompliziert hier. Allein unser normales Equipment herzubringen war schon eine ziemliche Herausforderung, aber was Donald vorhat – unmöglich hier.«

Ich verstand, was Roberto meinte und nickte etwas resigniert: »Und wo baut Perry jetzt seinen Baumkronenaufzug?«

Roberto schüttelte den Kopf: »Ich weiß es nicht mehr.

Irgendwo im Landesinneren, auch in einem privaten Regenwaldschutzgebiet. Das kann ich aber für dich herausbekommen. Jetzt genieße einfach unser Paradies, und morgen früh führe ich euch durch unseren Regenwald.«

Der Tukan – Das Symbol des Regenwaldes

Meine Enttäuschung war nur von kurzer Dauer. Noch während wir uns vorstellten, sprang Roberto vom Tisch auf, nahm ein Fernglas in die Hand und deutete auf einen Baum, etwas unterhalb auf dem Hügel. »Ein Tukan!«, rief er begeistert. Mein Blick folgte seinem Fingerzeig, ich nahm das Fernglas, das er mir hinhielt, und dann sah ich den Vogel mit dem riesigen gelbbraunen Schnabel und dem leuchtend gelben Brustgefieder, das inoffizielle Wahrzeichen von Costa Rica, das später auch zum Wahrzeichen des Regenwaldvereins werden sollte, den ich gründete.

Insgesamt gibt es fünfundvierzig verschiedene Arten dieser tropischen Spechtgattung *Ramphastidae*, aber fast überall prangt dieser besonders große und anmutige Swainson-Tukan, *Ramphastos swainsonii*, als Symbol für den Regenwald auf den unterschiedlichsten Broschüren.

»Auf den Cecropia-Bäumen sitzen sie besonders gerne, sie lieben die Früchte und die Blüten«, erklärte Roberto seinen schnellen Fund dieses Regenwaldhighlights, das ich nun zum ersten Mal in freier Natur zu sehen bekam.

Die Wolken hatten sich langsam gelichtet, und die ersten Sonnenstrahlen brachten die letzten Regentropfen zum Leuchten. Erst jetzt bemerkte ich, auf welch erhabenem Platz wir uns befanden. Die Terrasse des Gemeinschaftsraums thronte auf der Kuppe des Hügels, und der Blick reichte weit über den Pazifik hinaus. Vor uns breitete sich eine ehemalige Weide mit einzelnen Obst- und einigen Pionierbäumen aus. Dazu gehören auch die Ameisenbäume, *Cecropia spec.*, die nicht nur von Tukanen, sondern ebenso von Faultieren bevorzugt werden. Da diese Bäume als Pionierpflanzen auf Lichtungen stehen, sind auch die Tiere leichter zu entdecken als im dichten Regenwald. Wenn ich eine Regenwaldstation besuche, gilt mein erster Blick immer den Cecropia-Bäumen, und oft habe ich Glück und finde ein Faultier, einen Tukan oder einen anderen interessanten Besucher darin. Für ein Baumhaus, wie ich es mir damals genau in diesen Baum hineinträumte, sind diese Cecropias allerdings ungeeignet. Wie bei Pionierbäumen üblich, wachsen sie schnell, haben aber kein sonderlich hartes Holz und werden schnell morsch.

Nach einem wundervollen späten Mittagessen mit zahlreichen exotischen Früchten und Gemüse aus dem Garten verbrachten wir auch den Rest des Nachmittags auf der Terrasse. Roberto zeigte uns ein Tier nach dem anderen, das sich im Laufe des zur Neige gehenden Tages auf einem der zahlreichen Bäume auf dem Hang niederließ, um sich an Blüten, Früchten oder Blättern zu laben. Neben Kapuzineraffen, Ameisen- und Waschbären waren es vor allem die verschiedensten bunt schillernden Vogelarten, die hier einen kurzen Zwischenstopp einlegten und sich mit Nahrung versorgten.

»Viele Fruchtbäume haben wir nur für die Tiere angepflanzt, und auch einige reichhaltig blühende Sträucher, die natürlich auch unsere Botaniker und Gäste erfreuen«, erklärte Roberto, und ich fühlte mich sofort angesprochen. Mein Blick wanderte zu einem der leuchtend roten Hibiskusbüsche und ich wurde nicht enttäuscht: Ein Kolibri nach dem anderen tauchte sein kleines Köpfchen mit dem riesigen dünnen Schnabel so tief in den Blütenkelch, dass der Pollen wie ein zartes Puder-Make-up an seiner Stirn haften blieb. So haben beide etwas davon: Der Kolibri bekommt köstlichen Nektar und der Hibiskus einen Bestäuber.

Manche Kolibris waren kaum größer als ein Insekt, aber alle schlugen ihre Flügel mit einer derartigen Geschwindigkeit, dass sie wie ein Hubschrauber an einer Stelle in der Luft schwirren konnten. Die Geräusche, die die Luftkünstler dabei erzeugten, versetzten Greg in Begeisterung. Und da das Marenco-Team nicht nur zahlreiche verschiedene blühende Büsche gepflanzt, sondern auch einige spezielle Kolibri-Futterstellen an dem Dachüberhang befestigt hatte, schwirrte es andauernd und in unmittelbarer Nähe.

Nur an der Belichtungszeit meiner Kamera bemerkte ich, wie schnell sich der Tag verabschiedete. Die Wolken am Horizont verfärbten sich zartrosa, und die Sonne schien gleißend orange ganz dicht über dem Pazifik, bevor sie sich sanft verabschiedete und hinter dem Ozean verschwand. Wenige Minuten später strahlten die Wolken feuerrot, ein furioses Finale eines fulminanten, ereignisreichen Tages. Der dunkle Vorhang des Nachthimmels beendete kurz darauf die grandiose Vorstellung, und ich merkte plötzlich, wie müde ich eigentlich war.

Vor lauter Aufregung hatte ich vergessen, nach meinem Zimmer beziehungsweise meiner Dschungelhütte zu fragen. Viele Möglichkeiten gab es allerdings nicht. Als wir zuvor schweißnass gebadet unter drohendem Gewitterhimmel den Hügel zur Lodge erklommen hatten, hatte uns Sergio eine erste Einführung in den Lageplan des Geländes gegeben. Als wir auf einem Pfad unterhalb von zwei länglichen, palmbedeckten

Holzgebäuden entlanggelaufen waren, die wie Baumhäuser auf Riesenstelzen thronten, hatte Sergio stolz darauf gezeigt: »Und das sind die Gästezimmer.«

Das fiel mir erst jetzt wieder ein, als in der Schwärze der Nacht von den Gästezimmern nichts zu sehen war. Greg schien sich dafür nicht zu interessieren, er hatte seine Mikrofone schon wieder ausgerichtet, um die Geräusche der Nacht einzufangen: das melodische Zirpen der Grillen und Zikaden.

Ich hielt nach meinem kleinen Gepäck Ausschau, und da kam auch schon Roberto auf mich zu und drückte mir eine Taschenlampe in die Hand: »Ich zeig dir dein Zimmer, dein Rucksack steht schon dort.«

Als wir unterhalb der Gästehäuser gelaufen waren, war mir nicht aufgefallen, dass der breite Steg oberhalb der Gemeinschaftsterrasse auch nach links führte. Die Gebäude für die Gäste waren alle über diesen Steg miteinander verbunden, was sich als überaus nützlich erwies. So blieben die Schuhe trocken – beim Gang zur Gemeinschaftsterrasse und zurück sowie zur Dusche oder zur Toilette.

Die beiden Stelzenhäuser waren in jeweils vier Zimmer mit privater Veranda aufgeteilt. Sehr gemütlich, mit handgefertigten Möbeln, aber ohne Bad, Toilette und Fenster. Die der Eingangstür gegenüberliegende Seite bestand aus einer einzigen Holzklappwand. Ich kam mir vor wie ein Nashornvogel: als Teil des Waldes, aber gut geschützt in einer verschlossenen Baumhöhle. Meine Sehnsucht nach solch einem eigenen Domizil in den Bäumen begann wie eine Flamme zu lodern.

Um einundzwanzig Uhr erlosch die Flamme allerdings für einen Moment. Ich hatte vergessen, dass der Strom, der von einem Generator erzeugt wurde, um diese Uhrzeit abgestellt wurde. Ich hatte weder rechtzeitig meine Taschenlampe bereitgelegt noch das Bad- und Toilettenhäuschen vorher aufgesucht, sondern die Holzwand zur Terrasse geöffnet und mich dort in die Hängematte gelegt. Die leuchtenden Sterne des nachtklaren Himmels und die rhythmischen Urwaldgeräusche hatten mich in ihren Bann gezogen und die Uhrzeit vergessen lassen.

Als sämtliche Lichter um mich herum schlagartig ausgegangen waren, fiel es mir wieder ein, und irgendwann fand ich auch meine Taschenlampe. Die Furcht, die ich noch wenige Wochen zuvor vor dem nächtlichen Dschungel empfunden hatte, war wie weggeblasen. Einzig der Jaguar gab mir etwas zu denken.

Bevor José mit unserem Gepäck losgeritten war, hatte er uns nämlich noch ein paar Spuren im Sand gezeigt. »Jaguar!«, war sein kurzer Kommentar gewesen, und auf meine Frage, was der am Strand machen würde, hatte er mir erklärt, dass jetzt Schildkrötenzeit sei und die Jaguare an den Strand kämen, um die gepanzerten Tiere zu jagen.

Mein Zimmer lag genau zwischen Wald und Strand, und ich hatte das Gefühl, der direkteste Weg gehe durch mein Zimmer. Über diesen Überlegungen muss ich wohl eingeschlafen sein.

Das Geheimnis der Korallenschlange

An meinem ersten Morgen auf der biologischen Station Marenco ahnte ich noch nichts von dem schwarzen Panther an meiner Seite, begegnete aber sehr bald schon einer nicht unerheblichen Gefahr. Der Tag startete strahlend blau, und bereits um sechs Uhr schickte die Sonne gleißend helle Strahlen auf die Erde, die den triefend nassen Urwaldboden zum Dampfen brachten. Um diese frühe Stunde saßen wir bereits auf der Terrasse und frühstückten, damit wir zeitig zu unserer kleinen Dschungelexpedition aufbrechen konnten. Am frühen Morgen lassen sich stets die meisten Tiere blicken, es ist noch nicht so heiß, und auch die Gewitter ziehen normalerweise erst am Nachmittag auf.

Während wir uns die passenden Gummistiefel heraussuchten, wartete Roberto schon auf der Wiese hinter der Lodge, die zum Dschungel führte. Als er mich sah, rief er laut und aufgeregt: »*Rana, rana!*«, und fuchtelte mit einem Stock herum. In der Annahme, er habe meinen Namen vergessen, rief ich ebenso laut ein paar Mal »Ina« zurück. Doch er reagierte gar nicht darauf, sondern rief noch eindringlicher ein paarmal »Rana!« und gab uns mit Handzeichen zu verstehen, dass wir zurückbleiben sollten.

Wenige Augenblicke später hielt er an einem am unteren Ende verzweigten Stock eine bunt geringelte Schlange in die Höhe, die er in Windeseile in einen Eimer schubste, den ein Mitarbeiter schnell herbeigeholt hatte. Erstaunt kamen wir näher und betrachteten neugierig das Exemplar, das sich am Boden des Eimers ringelte. *Rana* heißt auf Deutsch »Frosch«, so weit waren meine mageren Spanischkenntnisse inzwischen gediehen, doch im Eimer war eindeutig eine Schlange. Fragend sah ich Roberto an, doch der arme Kerl war ganz außer Atem und brauchte eine Weile, bis er zu einer Erklärung ansetzen konnte – und ich brauchte eine ganze Weile, um diese zu verstehen: »R.A.N.A. bedeutet *rojo – amarillo – negro – amarillo*, und das heißt, die Schlange ist giftig.«

So gut war es um meine Spanischkenntnisse allerdings noch nicht bestellt, dass ich verstand, dass *rojo* »rot«, *amarillo* »gelb« und *negro* »schwarz« bedeutete, und erst nachdem Roberto erklärte, was es mit diesen Farben der Schlange auf sich hatte, wurde mir die Bedeutung seiner aufgeregten *rana*-Rufe, klar: Vor uns im Eimer ringelte sich eine giftige Korallenotter, *Micrurus alleni*. Die Farbfolge war eine Eselsbrücke, denn es gibt auch ganz ähnlich geringelte Schlangen mit den gleichen Farben, aber nicht der gleichen Farbreihenfolge, die überhaupt nicht giftig sind, nämlich die Dreiecksnattern, *Lampropeltis triangulum*.

Ich sah mir das Tier genauer an und fragte Roberto verwundert: »Aber der Kopf ist doch gar nicht rot, sondern schwarz, wieso dann ›*rojo, amarillo* ...‹?«

»Es kommt nicht auf den Kopf an, sondern auf die Bänderung insgesamt, wenn auf das Rot Gelb folgt und dann Schwarz und dann wieder Gelb, dann ist sie giftig. Bei den harmlosen, falschen Korallennattern folgt auf das Rot Schwarz, dann Gelb und dann wieder Schwarz. Aber eigentlich sind auch die giftigen harmlos, wenn du nicht gerade drauf trittst oder sie sonst wie bedrohst. Von sich aus greift die Korallenschlange nie an.«

Obwohl ich verständig nickte, beschloss ich, um jede bunt geringelte Schlange, die mir jemals begegnen würde, einen großen Bogen zu machen und nicht erst die Farbkringel abzuzählen. Tatsächlich ist diese Art von Mimikry im Tierreich weit verbreitet: Ein ungiftiges Tier ahmt in Farbe und Form ein giftiges nach und schützt sich so vor Fressfeinden (die anscheinend auch lieber keine Kringel abzählen wollen). Die leuchtenden Farben signalisieren den potenziellen Feinden schon von Weitem: »Hey, Achtung, ich bin giftig, nicht fressen.«

Nicht alle giftigen Schlangen warnen so freundlich mit grellen Farben, sondern nur die, die keine Angst haben, dass ihre Beute flüchtet, wenn sie sich nähern, und die sich vor allem von Eiern ernähren, aber auch von kleineren Vögeln, Amphibien, Reptilien und Insekten. Die giftige, gut getarnte schwarzbraune Buschmeisterschlange, *Lachesis muta muta,* ist trotz ihrer erheblichen Größe von bis zu zwei Metern deutlich schwerer zu entdecken. Da sie kaum sichtbar am Boden lauernd auf ihre Beute wartet, wären für diese Schlange grelle Signalfarben ein deutliches Jagdhindernis. Roberto warnte uns eindringlich vor der Buschmeister, obwohl sie genauso wenig angriffslustig ist wie die Korallenotter, aber viel leichter zu übersehen.

Seinen anschließenden Scherz, als wir endlich in den Dschungel aufbrachen, hätte er sich sparen können:»Aber keine Sorge, den Ersten, den die Schlange sieht, schreckt sie auf, an den Zweiten schleicht sie sich an, und den Dritten beißt sie.«

Ich muss wohl kaum erwähnen, dass ich an dritter Stelle auf dem Pfad folgte und auch keiner mit mir den Platz tauschen wollte. Aber nach wenigen Minuten war das Schlangentheater bereits vergessen. Wir waren mitten im schönsten Regenwald, den ich jemals gesehen habe, und mittlerweile habe ich die tropischen Urwälder auf allen Kontinenten der Erde besucht. Der Atem der feuchten roten Urwalderde verströmte einen einzigartigen, frischherben Geruch. Er mischte sich mit zartem Blüten- und Fruchtodeur, und die Harze verschiedener Baumarten veredelten die Gesamtkomposition dieses natürlichen Dschungelparfüms.

Fürsorgliche Giftfrösche

Obwohl immer noch kein einziges Wölkchen den blauen Himmel trübte, drangen nur wenige Sonnenstrahlen zu uns und dem Urwaldboden vor. Das dichte Dach des tropischen Regenwaldes überschattete die unteren Stockwerke fast vollends.

Entsprechend wenig Vegetation überzog den laubbedeckten Urwaldboden. Hier und dort schossen Pilze aus dem Boden oder aus verrottenden Baumstämmen, von denen manche sogar zu leuchten schienen. Als ich mich zu einem kelchförmigen rotbraunen Pilz mit knallrotem Innenleben herunterbeugte, sprang er mir urplötzlich entgegen und ich erschrocken zur Seite.

Roberto lachte und sprang dem »Pilz« hinterher, bis er ihn zwischen seinen Händen zu fassen bekam. Nach einer Weile öffnete er seine Hände vorsichtig und ließ uns hineinschauen. Zwei verängstigte, winzig kleine Froschaugen blickten zurück.

Fast liebevoll erklärte Roberto: »Das ist ein Pfeilgiftfrosch oder auch Baumsteigerfrosch genannt, *Dentrobatidae*. Die Ureinwohner haben früher das Gift für ihre Pfeile benutzt und nein, in der Hand ist er nicht gefährlich. Es gibt einige Arten, die ein so starkes Gift produzieren, dass man sie lieber nicht in die Hand nehmen sollte, aber nicht bei uns in Costa Rica. Seht ihr das Schwarze auf dem Rücken? Das ist eine Kaulquappe. Wenn sie noch etwas größer ist, bringt sie sie in einen sicheren kleinen Tümpel hoch oben in den Baumgruppen. Ja, *sie*, die Männchen bewachen zunächst das Gelege. Wenn die Kaulquappen nach einer guten Woche schlüpfen, nimmt das Weibchen sie auf den Rücken. Die Froschweibchen tragen sie so lange durch die Gegend, bis sie in den Baumkronen eine geeignete kleine, geschützte Wasserstelle finden, wo sie sich zum Frosch entwickeln. Meist sind es die trichterförmigen Ananaspflanzen, die Bromelien, in denen sie den Nachwuchs absetzen. Und in den tassenförmigen, wassergefüllten Trichtern der Schlauchpilze *Cookeina* nehmen sie gerne mal ein kleines Bad.«

Blick auf den Pazifik und
Nationalpark Manuel Antonio

Der Tukan ist das Symboltier für den Regenwald
und inoffizielles Wappentier von Costa Rica.

Der große
Ameisenbär auf
Nahrungssuche
im Trockenwald,
einer meiner Nachbarn
im Baumhaus.

Die Forscherin Aida Bustamante
erzählt mir das Schicksal der
Tapire in ihrer Auffangstation.

Bei meiner ersten Dschungelexpedition in Costa Rica, 1987.

Im Dschungelaufzug, 1987.

Der Parfümbaum Frangipani wächst wild neben meinem Baumhaus.

Immer wieder habe ich im Jaguar-Rescue-Center geholfen, Faultierbabys aufzupäppeln (gibt es dort mehr als Jaguare).

Zweifingerfaultier

Auf einer anderen Auffangstation helfe ich bei
der Kletteraffenpflege.

Waschbären gehören zu den
häufigen Dschungelbewohnern,
verwaiste Babys landen oft
in Auffangstationen.

Kapuzineraffen kommen in allen Waldtypen von Costa Rica vor.

Auch im Trockenwald gibt
es Urwaldriesen wie diesen
Weißgummibaum.

Der perfekt kegelförmige Vulkan Arenal im Nordwesten
von Costa Rica liegt auf dem Weg zu meinem Baumhaus.

Noch gibt es traumhafte, einsame Strände in Costa Rica,
ganz in der Nähe meines Baumhauses.

Zu den Bewohnern des Dschungeldachs und damit zu meinen
Nachbarn im Baumhaus gehören auch Leguane.

Die Brüllaffen besuchen mich,
zu meiner großen Freude, fast täglich.

Vom Sonnenuntergang kann ich mich nicht sattsehen, am Strand oder auf meiner Baumhausterrasse.

Der Schildkrötenstrand am Fuße meines Baumhauses

Hinter meinem Baumhaus liegt ein Mangrovensumpf, in dem sich Seidenreiher besonders wohl fühlen.

Architektonisch überraschend und inspirierend: die Baumhäuser des Architekten Andreas Wenning aus Bremen.

Ziemlich genial sind
auch die Baumhauskugeln
in Frankreich von
Rémi Becherel.

Auch sonst ist
Frankreich ein wahres
Baumhausmekka,
mit Südseeflair am
Chateau d'Usson.

Die berühmtesten und ausgefallensten Baumhäuser der Welt habe ich in Schweden gefunden, zum Beispiel Spiegelkubus.

Das UFO-Baumhaus gehört ebenfalls zu den Baumhäusern von Kent und Britta Lindvall.

Ziemlich beeindruckend fand ich das Flugzeugbaumhaus mitten im Dschungel von Manuel Antonio.

Die Baumhäuser in Texas von Will Beilharz sind von der Natur inspiriert.

Architekt Olivier von der Weid hat den Plan für mein Baumhaus entworfen.

Nach fast drei Jahrzehnten Hege und Pflege ist der erste meiner Bäume gefallen, ein gigantischer CO_2-Speicher.

Mein Baumhaus nimmt endlich Gestalt an.

Das Haupthaus,
funktionsfähig mit
Küche und Bad,
praktisch und modern.

Das kleine Baum-
haus, inspiriert
von der Rose,
der Frangipani und
dem magischen
Pentagramm.

Die einzelnen Elemente
meines Baumhauses
sind durch Brücken
miteinander verbunden.

Die Brücke vom kleinen Baumhaus führt auf die obere Terrasse, mit Blick auf Pazifik und Sonnenuntergang.

Während der Regenzeit ist alles saftig grün und mein Baumhaus zwischen den Wipfeln kaum zu sehen.

Fasziniert lauschte ich dem kurzen Vortrag und betrachtete den kleinen Kerl. Ich hatte zwar schon viel über Pfeilgiftfrösche gelesen und auch zahlreiche Bilder gesehen, aber dass sie so winzig, kaum fingernagelgroß sind, musste ich wohl überlesen haben. Insgesamt gibt es etwa einhundertsiebzig verschiedene Arten, die nur in den feuchten, tropischen Wäldern von Mittel- und Südamerika beheimatet sind. Auch sie beherrschen die Mimikry in Perfektion. Mit unterschiedlichsten Signalfarben warnen sie ihre potenziellen Fressfeinde vor ihrem Gift, wobei einige Arten allerdings gar nicht giftig sind.

Und alle pflegen ihren Nachwuchs auf ähnliche Weise: Die Weibchen legen die Eier und bringen die Kaulquappen in den Baumkronen in Sicherheit, die Männchen bewachen das Gelege. Um die Nahrung kümmern sich beide, und manche Weibchen produzieren sogar sogenannte Nahrungseier, mit denen sie die Kaulquappen füttern. Das Sekret verschiedener Pfeilgiftfroscharten wurde erst in den letzten Jahrzehnten genauer erforscht und analysiert. Substanzen, die in der Schmerztherapie zum Einsatz kommen könnten, wurden isoliert; andere Wirkstoffe, die als Herzmittel oder sogar gegen Alzheimer zum Einsatz kommen könnten, wurden und werden getestet. Es hat sich aber herausgestellt, dass nur Frösche in freier Natur die Gifte entsprechend entwickeln. Wahrscheinlich müssen die Tiere die Ausgangssubstanzen für die giftigen Wirkstoffe mit der Nahrung aufnehmen. Darunter sind auch Fungizide, denn der gefährlichste natürliche Feind dieser Fröschchen ist ein Hautpilz, den sie mit dem Sekret ebenfalls erfolgreich abwehren. Auch diese Substanz ist von medizinischem Nutzen.

»Hat jemand Fußpilz?«, fragte daher Roberto mit dem winzigen Fröschchen in der Hand verschmitzt in die Runde. Verwundert schüttelten wir die Köpfe. »Hab ich mir gedacht, sonst würde ich euch das Fröschchen auf die Füße setzen, das Sekret ist nämlich sehr wirksam gegen Fußpilz«, fuhr Roberto fort, bevor er das Tierchen mit einem »Ciao, Blue-Jeans-Fröschchen« verabschiedete. Und schon war der *Oophaga pumilio* verschwunden.

Ich kam mir vor wie Alice im Regenwaldwunderland, erst recht, als uns Robert ein Stück köstliche wilde Ingwerwurzel zu probieren gab, so wie die Wunderland-Alice den Schrumpf- und Wachstumstrunk zu sich nahm: Mal kam ich mir riesengroß vor, wie gegenüber dem Pfeilgiftfröschchen, mal winzig klein, wenn ich nach oben zu den Kronen der bald hundert Meter hohen Urwaldriesen blickte. Und an jeder Ecke des gewundenen Dschungelpfads gab es etwas Neues zu entdecken.

Kaum hatten wir den kleinen Frosch hinter uns gelassen, deutete Roberto weit nach oben in die Baumkronen: »Könnt ihr den Tukan im Nest sehen?«

Es dauerte eine Weile, bis ich tatsächlich den riesigen Schnabel entdeckte, der aus dem Baum schier herauszuwachsen schien. Erst mit dem Fernglas konnte ich den drolligen Kopf sehen, der wachend aus einer Baumhöhle blickte. Obwohl Tukane zur Familie der Spechte gehören, sind sie nicht in der Lage, mit ihrem riesigen, gebogenen Schnabel eigene Baumhöhlen zu bauen und besiedeln entweder natürliche Baumhöhlen oder verlassene Spechthöhlen.

Der Artenreichtum im Dschungeldach faszinierte mich immer mehr. Mal war es ein Vogelnest, mal eine Affenfamilie, mal ein ganzer Garten auf einem Ast, der heruntergefallen war, der mich begeisterte. Bromelien, Orchideen, Farne und viele andere krautige Pflanzen haben ihren Lebensraum im Regenwald in die Wipfel verlegt, um mehr lebensnotwendiges Sonnenlicht einfangen zu können. Viele Tiere folgen den Pflanzen in den Garten Eden im obersten Stockwerk des Regenwaldes, und am dunklen Urwaldboden weisen nur die Brosamen dieses Paradieses auf die unglaubliche Vielfalt hin: hier ein paar Blüten, dort ein paar Früchte und da ein ganzer Ast mit den verschiedensten Pflanzen darauf. Genau solch ein heruntergefallener Ast versperrte uns gerade den Weg.

Begeistert beugte sich Roberto zu einer dicken Bromelie herunter, die fest auf dem Ast verankert war. Diese trichterförmigen Pflanzen mit ihren langen, schmalen Blättern gehören zu den Ananasgewächsen und sehen auch so aus: genau wie der Schopf dieser Früchte. In der Mitte, wo die Blätter zusammenlaufen, sammeln sie Regenwasser, das sie über sogenannte Saugschuppen aufnehmen. Die Wurzeln dienen sogenannten epiphytischen Bromelien nur dazu, sich am Ast, auf dem sie sich niederlassen, festzuklammern, daher werden sie auch oft Aufsitzerpflanzen genannt.

Roberto nahm diesen kleinen Tümpel, der sich am Blattgrund der Pflanze gebildet hatte, genauer unter die Lupe – im wahrsten Sinne des Wortes. Aus einer Brusttasche hatte er ein ziemlich beeindruckendes Vergrößerungsglas hervorgezaubert und erklärte jetzt so stolz, als ob es seine eigenen wären: »Froschbabys!«

Mit der Lupe sah ich sie dann tatsächlich auch, die winzigen Kaulquappen, die in diesem Mikroteich herumschwammen und nach fast ebenso großen Insektenlarven schnappten. Dieses Minigewässer war ein unglaublich reichhaltiges Biotop: Zahlreiche Fliegenlarven, kleine Würmer und sogar Minikrebse tummelten sich neben den Kaulquappen in dieser Pflanzenzisterne.

Neben der Bromelie hatten es sich aber auch noch zahlreiche

andere Pflanzen auf dem Ast bequem gemacht. Nachdem ich eine Weile mit der Lupe vor einer heruntergefallenen Orchidee gehockt hatte, drang in meine Nase ein zarter, blumiger Duft, der nicht von der Bromelie kam. Als ich mich ein wenig drehte, um nach einer möglichen Duftquelle zu schauen, fiel mein Blick auf eine wunderschöne Orchidee, die es sich in unmittelbarer Nachbarschaft der Bromelie bequem gemacht hatte. Auch die meisten Orchideenarten leben im Regenwald epiphytisch auf Bäumen, um dem Licht näher zu sein, aber schmarotzen nicht an ihrem Wirt, sondern benutzen ihn nur als Leiter.

Während ich begeistert meiner Nase folgte, hantierte Greg mit gleichem Enthusiasmus an seinen Mikrofonen herum, und nach einer Weile hörte auch ich das beharrliche, melodische Brummen, das erst abebbte, als sich die dunkelgrün schillernde Prachtbiene auf »meine« Orchidee setzte.

»Diese Bienen sind geflügelte Parfümhersteller, wahre Künstler auf dem Gebiet der Düfte. Sie können kilometerweit riechen und sammeln in ihren Taschen bis zu fünfzig verschiedene Düfte – von Blüten, Rinden, Früchten, Pilzen und Sekreten. Warum, ist noch nicht genau erforscht, aber wie fast immer geht es um Fortpflanzung. Auf jeden Fall sind mehr als fünfhundert verschiedene Orchideenarten bei ihrer Vermehrung und Verbreitung auf die Hilfe von Prachtbienen angewiesen«, erklärte Roberto die wie ein Paarungsritual anmutende Vereinigung zwischen Biene und Orchidee, der Carl von Linné (1707–1778) den passenden Namen *Epidendrum* gegeben hatte, was so viel heißt wie »auf dem Baum lebend«. Allerdings gab der Botaniker nicht nur dieser leuchtend gelben Art diesen Namen, sondern gleich allen Orchideen, die auf Bäumen wachsen, und diese bilden heute eine Gattung, die etwa tausendfünfhundert Arten umfasst.

Inzwischen hatte dieses brummende Exemplar der herabgestürzten Orchidee einen letzten Dienst erwiesen und würde mit ihren Pollen nun irgendwo im Dschungel ein anderes Epidendrum bestäuben. Ich blickte dem Prachtexemplar von Biene hinterher, als es wie ein fliegender Edelstein im Dunkel des Urwaldes entschwand. Aufgrund der fortgeschrittenen Zeit sparten wir uns die Untersuchung der weiteren Pflanzen, die noch auf dem Ast Platz gefunden hatten und jetzt sozusagen entwurzelt auf dem Urwaldboden lagen, und stiegen andächtig darüber hinweg, um unsere Expedition fortzusetzen.

Die Prachtbiene war nicht das einzige Juwel, das durch den Dschungel flog. Zahlreiche Kolibris mit ihrem schillernden smaragdgrünen Gefieder kreuzten unseren Weg, und so schnell diese mit ihren kleinen Flügelchen schlugen, so langsam und anmutig bewegte der riesige, leuchtend azurblaue Schmetterling, der gerade vor uns flog, seine Schwingen. So grazil, wie er sich bewegte, kam er mir vor wie die kleine Tinkerbell von Peter Pan. »Das ist ein Morpho, einer der größten Schmetterlinge überhaupt und …«, aber bevor Roberto seine Erklärung zu Ende führen konnte, war der große Schmetterling auch schon verschwunden – zumindest in unseren Augen.

Aber Roberto schlich sich unbeirrt an einen Baum heran, an dem kein einziges Zipfelchen Blau zu erkennen war und zeigte auf einige Paare brauner Augen: »… so sehen die Flügel auf der Unterseite aus. Das Augenmuster dient als Tarnung, um damit hungrige Vögel und anderes Getier abzuschrecken.«

Bei den Tricks und Tarnungen im Dschungel scheinen der Fantasie keine Grenzen gesetzt zu sein, und das war nicht unsere letzte Begegnung dieser Art bei der kleinen Expedition. Ein Stückchen weiter erspähte ich in der Ferne etwas, das anmutete wie eine riesige Lichterkette mit roten Leuchten. Als wir näher kamen, erkannte ich sie als schier endlose Ranke einer Passionsblume, die irgendwo ins Dschungeldach führte. Passionsblumen sind wahre Anpassungskünstler in der Neuen Welt, wo sie mit etwa sechshundert verschiedenen Arten vertreten sind. Die Früchte der *Passiflora edulis* sind bei uns als Maracuja bekannt, es gibt aber noch einige andere essbare Arten. Alle ranken sich an Bäumen empor, um näher ans Licht zu gelangen, und haben wunderschöne, zart duftende Blüten. Es heißt, dass die spanischen Eroberer, als sie die Blüten entdeckten, durch den ausgefransten radiärsymmetrischen Blütenkranz und den dominanten Stempel an die Dornenkrone und die Kreuzigungsnägel Christi erinnert wurden und sie daher Passionsblume nannten. Für mich sind es Blüten, wie man sie sich im Paradies vorstellt: groß und prachtvoll, duftend und kunstvoll verziert.

Das Erstaunliche an den Passionsblumen ist aber vor allem ihre Verteidigungsstrategie gegen Fressfeinde und andere Schlingpflanzen: Zum einen halten sie sich eine ganze Armee von Ameisen, die sie gegen allerlei Getier und konkurrierendes Gewächs verteidigen, zum anderen bilden sie Giftstoffe und sogar Ei-Attrappen, um vor allem Raupen fernzuhalten. Damit die Ameisen ihnen treu bleiben, produzieren sie sogenannte extraflorale Nektarien, winzige kelchförmige Ausstülpungen an den Blattstielen, in die sie Nektar absondern. Dieser zuckersüße Saft dient den Ameisen als Nahrung, und dafür verteidigen die Ameisen ihre Wirtspflanze.

Aber gegen Heliconius-Falter sind selbst die Ameisen machtlos. Die Raupen dieser Falter ernähren sich ausschließlich von Passionsblumen-Blättern und sind so gefräßig, dass sie eine ganze Pflanze zerstören können. Dagegen wehrt sich die Pflanze zum einen mit Giftstoffen, Alkaloiden, zum anderen mit den Ei-Attrappen. Da die Raupen in einer Koevolution schon überwiegend resistent gegen die Alkalolide geworden sind, produziert die Passionsblume auf einigen Blattoberflächen kleine weiße Ausstülpungen, die denen der Schmetterlingseier sehr ähneln. Die Falter sind bei der Blattwahl sehr wählerisch und setzen ihre Eier einzeln auf Blättern ab, die noch nicht von anderen Eiern besetzt wurden, und so bleiben die Blätter mit den Eiattrappen verschont.

Ebenso raffiniert und spezialisiert ist die Bestäubungsstrategie der Passionsblumen. Wir standen vor einem leuchtend roten Exemplar der *Passiflora vitifolia*, deren mehr als fünfzehn Zentimeter große Blüten sich wie Perlen auf einer Kette an der Ranke reihten. Um in einem riesigen artenreichen Regenwald die Aufmerksamkeit von Bestäubern auf sich zu ziehen, müssen sich die Pflanzen noch etwas mehr Mühe geben als bei uns in den gemäßigten Breiten: entweder mit betörenden Düften oder mit leuchtenden Farben, je nach Wahl des Bestäubers. Diese Art hatte sich für Kolibris der Gattung *Phaetornis* entschieden – diese kleinen Vögelchen fliegen sozusagen auf Rot.

Selbst ich hatte die Blüten schon von weiter Ferne gesehen, es ist also kein Wunder, dass die kleinen Vögel ihre Nektartöpfe nicht verfehlen. Kaum, dass wir diese Raffinesse angesprochen hatten, kam auch schon einer angeschwirrt. Aber ein Foto gelang mir leider nicht, *sssssssssssssst*, schon war er bei der nächsten Blüte, und sein »Pollen-Make-up« auf der Stirn wuchs stetig. Wir beobachteten ihn noch eine Weile, bis er in den Baumkronen verschwunden war, und setzten dann unseren Weg mit einem etwas gesteigerten Tempo fort.

Die Elefanten von Mittelamerika

Am frühen Nachmittag erreichten wir den Rio Claro, den wir eigentlich schon zur Mittagszeit hätten erreichen sollen. Der glasklare türkisblaue Dschungelfluss führte zu einem Wasserfall mit magischer Ausstrahlung. Ich vergaß die Krokodile vom Rio Tarcoles und sprang mit den anderen ins Wasser. Roberto blieb als Einziger wachsam am Ufer. Als er aufgeregt auf die feuchte Erde am Flussstrand deutete, rutschte mir dennoch das Herz in die Hose, und ich war schneller wieder draußen als drinnen. »Tapire!«, rief Roberto begeistert. »Heute Morgen waren hier Tapire am Fluss!«

Mein Schock wich schlagartig der Neugier. Tapire sind die größten Tiere des neotropischen Regenwaldes, sozusagen die Elefanten von Mittel- und Südamerika. Obwohl ihr Rüssel nur ganz kurz und die Ohren relativ klein sind, haben sie eine ganz entfernte Ähnlichkeit mit Elefanten, dabei sind sie eher mit Pferden und Nashörnern verwandt. Sie wurden so stark bejagt, dass ihr Vorkommen sogar auf dieser entlegenen und geschützten Halbinsel eine Sensation war.

Jahre später, als ich bei einer nahe gelegenen Auffangstation half, die tierischen Schützlinge zu füttern, kam ich zum ersten Mal einem Tapir hautnah und hatte das Gefühl, in seinen Augen eine melancholische Traurigkeit zu sehen – die Verzweiflung über die fortschreitende Zerstörung der tropischen Wälder, die unaufhaltsam seinen Lebensraum vernichtet. Vorsichtig nahm er mit seinem kleinen Rüsselchen die Papaya, die wir vorbereitet hatten, und während er müffelnd seinen Obstsalat schnabulierte, blickte er mir scheinbar traurig in die Augen.

Von den einst Dutzenden verschiedenen Tapirarten, die schon vor Jahrmillionen die Erde besiedelten, sind gerade einmal fünf Arten übrig geblieben, und alle sind stark bedroht. In dem armen Kerl, den ich aufpäppelte, schien die ganze Schwermut seiner Gattung zu liegen. Zumindest hatte ich die Gewissheit, dass er bald wieder in dem gut geschützten Nationalpark Corcovado auf der Halbinsel Osa sein Rüsselchen in die Freiheit recken konnte. Vielleicht stammten die Spuren am Ufer des Rio Claro, die ich Jahrzehnte zuvor gesehen hatte, von seinen Ahnen.

Roberto nutzte die Gelegenheit, als wir aus dem Wasser sprangen, um die Spuren dieses Unpaarhufers am Ufer zu bewundern, uns zur Rückkehr oder besser zur Fortsetzung der Exkursion zu bewegen. Für den Rückweg nahmen wir nicht den gleichen Pfad durch den Regenwald, sondern schlugen einen Weg parallel zum Strand ein. Den gleichen verschlungenen Urwaldpfad hätten wir nicht mehr vor Einbruch der Dunkelheit geschafft, schon gar nicht vor dem Gewitter, das sich bereits deutlich am Himmel zusammenbraute.

Der Touristenbaum

Aufgrund der vorangeschrittenen Zeit legte Roberto nur an einem einzigen Baum einen kurzen Zwischenstopp ein. Schon von Weitem war mir die rostrote Rinde des Baums aufgefallen, die teilweise in Fetzen herunterhing. »Wir nennen ihn Touristenbaum. Hat einer von euch eine Idee, warum?«, fragte Roberto schmunzelnd, als wir den Baum erreicht hatten.

Ich blickte auf mein verbranntes Dekolleté, von dem sich

die Haut langsam schälte, und nickte ertappt. »Genau«, grinste Roberto, »weil sich die Haut von unseren Touristen genauso rötet und schält wie bei diesem *Bursera simaruba*. Aber …«, Er kratzte mit seinem Taschenmesser ein wenig an der Rinde und hielt uns die klebrige Masse unter die Nase, »der Baum ist vor allem bekannt für sein wertvolles Harz, das gegen allerlei Leiden hilft, sogar gegen Krebs, und als Räucherduft traditionell genutzt wird.«

Beeindruckt inhalierte ich den harzigen, aber dennoch frischen Duft dieses seltsamen Baums und bemerkte gar nicht, dass die Gruppe bereits weitergegangen war. Ich war nun die Letzte auf dem Pfad durch den schon bald dämmrigen Küstenwald und bemühte mich, aufzuholen. Dennoch drehte ich mich noch einmal zu dem bemerkenswerten Baum um. Und da sah ich ihn, den schwarzen Panther, wie er den Pfad in weiter Ferne kreuzte, innehielt und mich ganz kurz anblickte, bevor er im Dickicht verschwand.

Mein Herz klopfte, und nun rannte ich, um wieder zur Gruppe aufzuschließen. Ich bin mir nicht sicher, ob mir jemand glaubte, als ich von der großen schwarzen Katze erzählte. Roberto bestätigte jedenfalls, dass es ihn hier im Dschungel gebe, den schwarzen Panther, und eine solch mystische Begegnung nur ganz wenigen vergönnt sei. Weiter vertiefen konnten wir die Jaguarmythologie nicht, denn die ersten Regentropfen setzten bereits ein, und Blitze zuckten am grollenden Himmel, sodass wir alle rannten, um die Lodge noch trocken zu erreichen, was uns aber trotz Regencapes nur mäßig gelang.

Am nächsten Morgen traute ich mich nicht, das Gespräch noch einmal auf den schwarzen Panther zu bringen, da mir mein Erlebnis auch bald vorkam wie ein Traum. Aber die Begegnung werde ich nie vergessen.

Frühstück mit Faultier

Unschuldig, als hätte es nie einen Tropfen Regen gegeben, strahlte die Sonne auch an diesem Morgen wieder vom wolkenfreien, leuchtend blauen Himmel. Eine Horde Brüllaffen hatte mich schon zeitig, aber sanft geweckt, sodass ich die Erste war, die am Frühstückstisch saß und noch ein wenig Zeit hatte, mit dem Fernglas nach tierischen Besuchern zu schauen. Meine Wahl fiel zunächst auf den Ameisenbaum, auf dem uns Roberto am Tag zuvor den Tukan gezeigt hatte. Akribisch und geduldig suchte ich den Baum ab, fand aber keinen gelben Schnabel und auch sonst keinen Vogel. Ich wollte gerade aufgeben und den nächsten Baum ins Visier nehmen, als mir ein großes braunes Büschel auffiel. Mit dem Fernglas fixierte ich das Objekt und dann sah ich, wie es gaaanz langsam ein Ärmchen ausstreckte und nach einem Blatt griff. Ich hatte ein Faultier entdeckt!

Ich war völlig fasziniert von seinen trägen Bewegungen und den scheinbar treuen Augen in einem Gesicht, das man nicht besser beschreiben kann als mit »Kindchenschema«. Spätestens mit den *Ice-Age*-Kinofilmen haben Faultiere auch die letzten Kinderherzen erobert, meines ohnehin schon längst.

5. Kapitel

Sehnsucht Dschungeldach

Nachdem ich das Flugzeugbaumhaus hinter mir gelassen hatte, fuhr ich weiter zur Baumhauskolonie »Finca Bellavista«, vorbei an dem Abzweig zur Halbinsel Osa, und musste an mein Jahrzehnte zurückliegendes Marenco-Abenteuer denken. Ich hoffte auf ein weiteres Frühstück mit Faultier in meinem gemieteten Baumhaus. Die Beschreibung zu meinem Ziel war, wie üblich, ziemlich vage: Von der Panamericana drei Kilometer nach Osten, in der Nähe des Ortes Piedras Blanca. Telefonisch hatte ich noch den Hinweis bekommen, dass ich am Dorf »Florida« nach Osten, von Norden kommend, nach links abbiegen muss.

An der Kreuzung nach Piedras Blanca frühstückte ich und fragte mit meinem inzwischen ziemlich passablen Spanisch nach dem Ort und dem Baumhausdorf. Die Antwort war zwar ziemlich präzise und ich ganz sicher nicht die Erste, die danach fragte, trotzdem fuhr ich mindestens dreimal an dem winzigen Dorf vorbei, das nicht ausgeschildert war. Als ich an einem hellblau angestrichenen Holzhäuschen hielt, das als »Pulperia« ausgewiesen und so etwas wie ein Tante-Emma-Laden war, erfuhr ich, dass ich zumindest das Dorf Florida gefunden hatte.

Die Straße, die zu den Baumhäusern führen sollte, war bestenfalls ein Forstweg und führte steil bergauf. Nach der Hälfte der drei Kilometer langen Strecke war ich mir nicht mehr sicher, ob ich im Nirgendwo landete oder doch noch irgendwo ankam. Die Wolken hatten sich inzwischen verdichtet, und eine Wendemöglichkeit war nirgends in Sicht. Ich musste an die *Rocky Horror Picture Show* denken und hätte mich über nichts mehr gewundert. Die ersten Tropfen fielen, und ich war sicher, dass ich den Wagen stehen lassen musste, wenn das tropische Gewitter, wie ich es aus der Gegend kannte, einsetzen würde. Im Schritttempo kroch ich den letzten Kilometer voran und erreichte dann tatsächlich ein großes Gatter mit dem Schild »Finca Bellavista«.

Auf der Website der Baumhauskolonie steht: »Der Weg dorthin ist Teil des Vergnügens.« So kann man es natürlich auch sehen. Erica lachte, als ich ihr mitteilte, dass sich das Vergnügen bei mir in Grenzen gehalten habe: »Wir wollen nicht, dass ganze Busladungen voll neugieriger Touristen mal eben bei unseren Baumhäusern vorbeischauen, womöglich noch ein ganzes Kreuzfahrtschiff.«

Das kleine Dorf Florida war keine halbe Stunde von dem bei Kreuzfahrtschiffen immer beliebteren Hafenort Golfito, am Golfo Dulce, der ausgedehnten Bucht an der Halbinsel Osa, entfernt. Erica und ihr Mann Mattheo suchten die Abgeschiedenheit des Dschungels, als sie Anfang des Jahrtausends für sich ein Baumhaus gebaut hatten. Mittlerweile ist ein ganzes Dorf daraus geworden und das ursprüngliche Baumhaus dem Zahn der Zeit zum Opfer gefallen. Ich war sicher, hier einige Ideen und Inspirationen für mein eigenes Baumhaus zu bekommen und auch ein wenig über die Techniken zu lernen. Doch weit und breit war keines zu sehen.

»Warte es ab, du bekommst die Baumhäuser früh genug zu sehen«, konterte Erika meine offensichtliche Ungeduld und führte mich zu der überdachten Gemeinschaftsterrasse, die schon ein wenig an ein Baumhaus erinnerte. In einem bequemen Bambussofa wartete Mattheo bereits auf uns. Das heißt, wartend sah er nicht gerade aus, er war vielmehr tief versunken in eine architektonische Zeichnung, die höchstwahrscheinlich zu einem neuen Baumhaus gehörte. Wartend saß allerdings eine riesige sabbernde Bulldogge, um die ich normalerweise einen riesigen Bogen gemacht hätte, wozu auf der Terrasse aber kein Platz war, und Mattheo wollte ich ja schon begrüßen.

Das sabbernde Tier, das ich im Regenwald nie vermutet hätte, das sich aber anscheinend pudelwohl fühlte, beachtete mich auch gar nicht, sondern begrüßte überschwänglich sein Frauchen. Ich nutzte die Gelegenheit, um Mattheo zu begrüßen und mich möglichst weit entfernt von der Bulldogge, die Erica »Kimbo« nannte, zu platzieren. »Kimbo ist ganz brav und liebt Baumhäuser, wie wir alle. Du musst ihm zur Begrüßung deine Hand hinhalten«, versuchte Mattheo mich zu beruhigen. Ich hatte das Gefühl, gerade dem Klub der Baumhausbauer beigetreten zu sein, wozu gehörte, dass ich dem Maskottchen die Begrüßung nicht verwehren durfte. Es kostete mich einige Überwindung, aber brav hielt ich dann doch Kimbo meine Hand zum Beschnuppern hin.

Als wir uns dann endlich gesetzt hatten und Kimbo wieder brav auf Mattheos Füßen lag, konnte ich endlich die Frage stellen, die mir am dringendsten auf der Zunge lag: »Was hat euch hierher verschlagen, und wie seid ihr auf die Idee mit den Baumhäusern gekommen?« Die Frage, wie eine große weiße Bulldogge mitten in den Dschungel kam, verkniff ich mir.

Ich war zwischen den beiden platziert, und fast synchron

stimmten sie in die Antwort ein, bis sie sich nach einem kurzen Hin und Her und einem Knurren von Kimbo dazu entschieden, dass Mattheo erzählen sollte: »Wir haben 2006 mit diesem Projekt angefangen und auch den Regenwald hier im Mai desselben Jahres das erste Mal betreten. Es war Erica, die die Vision hatte, im Dschungel zu leben und ihn gleichzeitig zu schützen. All diese Grundstücke hier wurden zum Abholzen angeboten, und die Urwaldtiere überleben nun einmal besser mit und in den Bäumen als ohne. Also haben wir beschlossen, dass Baumhäuser wohl die beste Lösung wären. So kann der Wald weiterwachsen, und sowohl Menschen als auch Tiere können dann in diesem Dschungel leben. Wir haben schließlich gelernt, wie Baumhäuser gebaut werden. Und da sie immer populärer, professioneller geplant und designt werden, dachten wir, das wäre auch für hier eine gute Idee.«

Klang ziemlich einfach. Genauso hatte ich mir das auch auf meinem Grundstück vorgestellt. Auf dem Plan, den Mattheo vor sich hatte, sah das Ganze schon etwas komplizierter aus. Aber als Architekt konnte er wenigstens alle Baumhäuser selbst entwerfen, während ich meine Ideen nur zu Papier bringen konnte, um sie einem Architekten zu vermitteln, und ich war noch nicht einmal sonderlich weit mit meiner Planung. Bisher hatte ich Olivier nur eine grobe Idee vermitteln können. Ein wenig neidisch blickte ich auf den fertigen Plan. Mattheo und Erica entwarfen und bauten in ihrem Dschungel inzwischen für Baumhausliebhaber aus aller Welt und vermieteten die Häuser, wenn die Besitzer nicht da waren. Vielleicht wäre das auch für mich die einfachste Lösung, überlegte ich für einen kurzen Moment, schob den Gedanken aber gleich wieder beiseite, da ich mein Baumhaus an den Ort meiner Sehnsucht und in der Nähe meiner kleinen Plantage bauen wollte. Außerdem hatte ich von dem ganzen Projekt ja noch so gut wie gar nichts gesehen und wollte darüber erst noch einiges mehr erfahren.

Auf die Skizze zeigend, fragte ich Mattheo: »Ist das eure neueste Baumhauskonstruktion?«

Mattheo nickte, während er Kimbo kraulte und Erica sich ins Büro verabschiedete.

»Wenn alles gut geht, brauchen wir noch ungefähr drei Wochen, bis es fertig ist, danach bauen wir die Möbel. Das wird wirklich ein großartiges Baumhaus, sehr nah am Wasserfall und nur ungefähr fünf Minuten vom Basiscamp entfernt.«

Ich blickte erneut auf die Zeichnung: »Aber das sieht aus wie zwei Baumhäuser.«

»Richtig, das sind auch zwei, über eine Brücke miteinander verbunden. Im unteren Baumhaus sind Küche, Bad und Gästezimmer untergebracht, das haben wir auf Stelzen und einem Baum konstruiert. Das obere Baumhaus wird nur von einem Baum gehalten, da kommen lediglich das Schlafzimmer und ein kleines Bad rein und außen eine große Terrasse. Mehr würde der Baum nicht halten, aber der Kunde wollte noch eine Küche und ein Gästezimmer mit Bad. Das ist einfach zu viel für einen Baum, und in einem so großen Haus hättest du auch gar kein richtiges Baumhausgefühl mehr. Du musst dir das morgen mal anschauen.«

Es gab bei meiner Planung wohl noch einiges zu bedenken, woran ich überhaupt noch nicht gedacht hatte. Es schien aber für alles eine Lösung zu geben. »Wie viel Baumhäuser habt ihr denn schon gebaut?«, wollte ich wissen.

Mattheo überlegte einen Moment und sah Kimbo an, als würde der ihm beim Nachzählen helfen. »Richtige Baumhäuser, die nur von Bäumen getragen werden, haben wir inzwischen fünfzehn; und siebenundzwanzig weitere Konstruktionen, wenn man die Plattformen und Seilrutschen dazuzählt. Häuser haben wir insgesamt fünfunddreißig, dazu gehören alle Stelzenkonstruktionen, Büros, kleine Gästehäuser und die Gemeinschaftsküche.«

Mit so viel Erfahrung hatte ich nicht gerechnet. Das hieß aber auch, dass Mattheo und Erica mit ihren Baumhausprojekten ziemlich eingespannt waren und mir nur an Ort und Stelle ein Baumhaus bauen könnten und nicht in Nosara, das ein paar Hundert Kilometer weiter nordwestlich liegt. Außerdem hatte ich ja auch schon einen Architekten, nur noch keinen Plan und keine baumhauserfahrene Bautruppe, daher fragte ich Mattheo, ob er mir ein paar Tipps für mein eigenes Baumhaus geben könne.

Er lachte.»Ja, das erste Baumhaus ist immer das schwerste, und klar können wir dir ein paar Tipps für dein Baumhaus geben. Du musst dir erst einmal überlegen, was du haben möchtest: eine Konstruktion auf Stelzen, eine reine Baumkonstruktion oder eine Kombination aus beidem. Normalerweise sind die Stelzenhäuser etwas günstiger, weil in den reinen Baumkonstruktionen viel mehr Arbeitszeit drinsteckt. Aber es kommt vor allem auf den Ort an, an dem du bauen willst, und auf die natürliche Umgebung. Das Holz für hier nehmen wir von einer nahe gelegenen Plantage, aber du hast ja eigene Bäume angepflanzt, das Holz sollte dann kein Problem sein. Am besten, du schaust dir die Baumhäuser hier erst einmal an. Ich kann dir ein paar zeigen, die gerade nicht bewohnt sind, und du übernachtest heute am besten im, ›Casa Perezosa‹, dem Faultierhaus, von dort sind es nur ein paar Hundert Meter zu unserer Terrasse hier und zum Restaurant – oder wolltest du heute Abend kochen?«

Nein, wollte ich nicht, ich hatte auch gar nichts eingekauft,

obwohl es sicher eine gute Idee gewesen wäre, die Baumhaus-
küche zu testen, da ich ja selbst auch eine Küche in meinem
Baumhaus wollte. Aber ich wollte ganz sicher nicht noch einmal die steile Schotterpiste hinunter zum Dorfladen fahren.
Mattheo schob mir noch einen Lageplan mit allen Baumhäusern, Brücken, Wegen und Zugängen zum Wasserfall über den
Tisch, außerdem einen großen Zettel mit allen möglichen Si-
cherheitsvorschriften und Hinweisen. Taschenlampen und Re-
gencape hatte ich eingepackt, Gummistiefel musste ich noch
anprobieren, und einen großen Koffer hatte ich ohnehin nicht
dabei, denn den Hinweis, dass es von der Basisstation zu Fuß
zu den Baumhäusern gehen würde und nur ein Rucksack als
Gepäck angeraten war, hatte ich schon zuvor bekommen.

Nachdem ich meine Sachen aus dem Auto gekramt und auch
ein paar passende Gummistiefel gefunden hatte, marschierten
wir los – ohne Kimbo, dem war es noch zu nass, und er fand
es bei der Küchencrew gemütlicher. Seinem Umfang nach zu
urteilen, war es aber nicht nur die Gemütlichkeit, die ihn zur
Küche zog. Inzwischen war das Gewitter zwar weitergezogen
und es tröpfelte nur noch, aber der Regenwald machte seinem
Namen alle Ehre: Alles war pitschnass und glitschig, was ich
auf der Hängebrücke deutlich zu spüren bekam.

Ein Fluss teilte den Regenwald von Bellavista in zwei Hälften, die nur über diese eine schmale Hängebrücke miteinander
verbunden waren. Während das Basiscamp auf der einen Seite des Flusses war, standen die meisten Baumhäuser auf der
anderen Seite. Die hölzernen Planken der schmalen Brücke
waren rutschig und die Brücke, wie alle Hängebrücken, ziemlich wackelig. Die ersten Meter hatte ich etwas zu schwungvoll
genommen, konnte mich aber gerade noch am Geländer fest-

halten. Danach war ich etwas vorsichtiger und nahm in Kauf, dass Mattheo gelegentlich auf mich warten musste.

Der Urwaldpfad führte steil nach oben, die verschiedenen Verzweigungen erkannte ich auf dem Lageplan nicht sofort wieder und hoffte, dass ich den Weg dann auch alleine finden würde. Nach einer guten Viertelstunde erreichten wir das *Casa Perezosa* – das Haus des Faultiers, das mein Wipfeldomizil für die Nacht sein sollte. Ich war etwas enttäuscht, dass es nur auf Stelzen gebaut war, aber in Anbetracht des Weges dann doch erleichtert.

Das Baumhaus war bequem über eine Treppe zu erreichen, aber trotzdem so hoch, dass man oben angekommen das Gefühl hatte, mitten in den Baumkronen ein Teil des Waldes zu sein. Mattheo hatte meine Skepsis bemerkt und gab mir einen wichtigen Satz mit auf den Weg zum eigenen Baumhaus: »Es kommt nicht darauf an, wie das Baumhaus gebaut ist, sondern wie du dich darin fühlst.«

Das *Casa Perezosa* erstreckte sich über zwei Ebenen: In der unteren waren Küche, Bad und ein Schlafsofa untergebracht, in der oberen Etage stand nur ein riesiges Bett mit einem Moskitonetz; in einer Ecke gab es noch eine kleine Toilette. Rundherum war diese Ebene fast vollständig offen, nur kaum sichtbare Fliegengitter trennten den Raum vom Dschungel. Die Äste der Regenwaldbäume umschmeichelten das Baumhaus, sodass ich tatsächlich das Gefühl hatte, ein Teil des Waldes und irgendwie angekommen zu sein. Für einen kurzen Moment genoss ich diesen intimen Augenblick mit dem Wald, bevor ich Mattheo zu den anderen Baumhäusern folgte.

Sie waren alle ähnlich konstruiert, sehr einfach, liebevoll und praktisch. Alle hatten ein Bad und zumindest eine kleine Küche, aber vor allem eine große Terrasse mit Blick ins Dschungeldach. Der große Unterschied bestand vor allem in der Konstruktion, ob auf Stelzen oder in den Baum gebaut.

»Wie könnt ihr wissen, ob der Baum ein Haus hält?«, fragte ich.

»Gute Frage, die hatten wir uns auch als Erstes gestellt. Obwohl wir beide ziemlich viel Ahnung von den Bäumen hier haben, können wir es immer noch nicht sagen.«

Mattheo machte eine dramaturgische Pause, während ich etwas skeptisch von der Terrasse des Baumhauses blickte, in dem wir uns gerade befanden und mich dann zu dem Baum umdrehte, der es hielt.

»Wir holen uns dafür einen Baumbiologen aus San José, der weiß nicht nur ganz genau, welche Bäume überhaupt geeignet sind, sondern auch, ob der Baum eine Krankheit hat und wie lange er ungefähr noch leben wird. Wenn ein Kunde ein Baumhaus auf einem Baum will, fangen wir mit der Planung nicht an, bevor unser Experte die Bäume geprüft hat. Der Kunde sagt uns vorher nur, wo ungefähr er das Baumhaus haben möchte und welchen Blick er am liebsten hätte. Wir versuchen dann den bestmöglichen Kompromiss zu finden, aber die Sicherheit geht immer vor.«

Der Wald ist genug

Der Hinweis war ziemlich beruhigend, vor allem, als wir das ziemlich entlegene Highlight des Baumhausdorfes besuchten: *El Castillo Mastate* – das Maulbeerschloss, genauer eigentlich: »das Kuhbaumschloss«. Der Urwaldriese *Brosimum utile* aus der Maulbeerfamilie wird in Costa Rica *mastate* genannt, auf

Deutsch eben »Kuhbaum«. Wie alle Maulbeergewächse enthält er einen milchigen Saft, aber der Saft dieses Baums ist ganz besonders: Er ist genießbar und schmeckt tatsächlich ein wenig nach Kuhmilch. Ich hatte die Milch in Marenco einmal probiert, traute mich jetzt aber nicht zu fragen, ob ich den Baum ein wenig anzapfen könnte. Ich hatte den Gedanken damals schon ziemlich praktisch gefunden: Ein Baumhaus im Kuhbaum – da gäbe es immer frische Milch, die auch bei Erkältung helfen soll und aus der man noch dazu Käse machen kann. Aber vor lauter Ehrfurcht vor der Konstruktion vergaß ich meine Idee eines solchen Selbstversorgerbaumhauses. Ich stand direkt unter diesem imposanten Bau, der sich mindestens zwanzig Meter über dem Urwaldboden um den riesigen Kuhmilchbaum schmiegte. Der Urwaldriese stand auf einem schrägen Hang und wuchs kerzengerade gen Himmel.

Besser konnte kein Ingenieur mithilfe von modernsten Technologien Gebäude ausrichten – was Bäume und Pflanzen einfach so können, mit den Werkzeugen, mit denen die Evolution sie ausgestattet hat: Geotropismus. Die Pflanzen richten sich nach der Schwerkraft aus und sind dafür mit komplizierten Organismen ausgestattet, die längst noch nicht im Detail erforscht sind.

In den Urwäldern der Erde fließt Milch und Honig; Medizin, Kleidung und Material für ein Heim schenken sie uns ebenfalls, aber in unserem Technik- und Wirtschaftswahn zerstören wir diese unglaubliche Ressource in der irren Annahme, wir kämen auch ohne sie aus.

Andächtig stand ich unter dem riesigen Baum, der in die Höhe ragte, während ich Mühe hatte, mich aufrecht zu halten. Wie ein eleganter Kragen trug er das Baumhaus unter seiner Krone, unter der ich ehrfürchtig mit verrenktem Hals stand. Dann folgte ich Mattheo einen steilen Pfad hinauf. Am Ende gelangten wir zu einem zweiten Bau, den ich zuvor gar nicht gesehen hatte. Dieses zweite, gut im Gebüsch versteckte Haus war die Basisstation des Baumhauses mit Küche und Wohnzimmer. Von dort führte eine Hängebrücke waagerecht zu dem Baumhaus.

Die Hanglage und Brücken für den Zugang zu nutzen war ein weiteres wichtiges Detail, das ich später bei meinem eigenen Baumhausbau berücksichtigen sollte. Für mich hatte dieses Baumhaus jetzt mehr von einer Kathedrale als von einem Schloss, aber das ist Ansichtssache. Die Hängebrücke führte direkt in die untere Etage, die konisch zusammenlief und dadurch dem gesamten Baumhaus auch eine vertikale Symmetrie verlieh. Diese Ebene umschloss den Baumstamm und diente als Garderobe und Treppenhaus, in dem ich brav meine Stiefel auszog und mit Socken auf den blank polierten Stufen der Wendeltreppe nach oben ging.

Dort war die überdachte Terrasse ebenso groß wie der geschlossene Innenbereich, wobei sich der mächtige Stamm als Teil des Außenbereichs in die Terrasse integrierte.

»Wir haben schon alles Mögliche versucht, um einen Stamm in ein Baumhaus zu integrieren, aber bei dem sintflutartigen Regen, den wir hier manchmal haben, ist es unmöglich, den Übergang abzudichten, es wird dann innen einfach immer feucht«, kommentierte Mattheo die wohlüberlegte Konstruktion.

Eine Terrasse, die mindestens so groß ist wie der Innenbereich, ergibt in tropischen Gefilden ohnehin Sinn. Ich schoss eine ganze Reihe von Fotos und schrieb mir einige Notizen auf, bevor wir das »heilige« Innere der Kathedrale beziehungsweise des Schlosses betraten. Es hatte tatsächlich etwas von einem Turmzimmer in einem Schloss, mit vielen liebevollen Details, die in einer Muschel als Wasserhahn gipfelten. Am liebsten wäre ich gleich dortgeblieben, hätte mich auf dem großen, gemütlichen Bett ausgestreckt und die wunderbare Welt der Regenwaldkronen von dort aus beobachtet. Aber das Baumhaus war für die Nacht schon vergeben, mein Rucksack lag in der *Casa Perezosa*, und mein Magen begann langsam zu knurren.

Mattheo erkannte meinen sehnsüchtigen Blick: »Vielleicht kannst du morgen hier übernachten, der Gast muss wahrscheinlich vorzeitig abreisen, und dann ist *El Castillo* dein.«

Mein Herz machte einen Sprung: Das Schloss, der Kuhmilchbaum und ich, was für eine Aussicht!

Nach einem weiteren ordentlichen Marsch erreichten wir schließlich die Baumhausbaustelle.

Es war ein ziemlich großes Haus, das Mattheo gerade baute, noch viel größer, als ich es mir anhand des Plans vorgestellt hatte. Eigentlich waren es zwei Häuser, wie ich schon auf der Skizze bemerkt hatte, verbunden über eine Brücke. Den Sinn dahinter hatte ich inzwischen verstanden: verteiltes Gewicht und besseres Baumhausgefühl. Diese beiden Häuser waren aber nicht, wie beim Baumhausschloss, über eine Hängebrücke miteinander verbunden, sondern über eine feste Brücke auf Pfeilern, die auch überdacht war.

Es war eine ziemlich große Baustelle, und weit und breit war kein Waldweg zu sehen, der auch nur annähernd befahrbar gewesen wäre. Der Dschungelpfad, über den wir den Rohbau erreicht hatten, war keinen Meter breit gewesen. Bevor ich Mattheo fragen konnte, wie das schwere Baumaterial hergeschafft worden war, kam die Antwort auch schon angerauscht: Mit einer Dschungelseilbahn oder eher Seilrutsche kamen Säcke mit Steinen, riesige Bambuspfeiler, Holzlatten, Kacheln und einfach alles, was er für den Bau brauchte. Die Baustellenseilbahn war nicht nur Mattheos Idee gewesen, er hatte sie auch selbst gebaut.

Die Logistik, mitten im Dschungel zu bauen, ist eine der größten Herausforderungen, denen sich Erica und Mattheo inzwischen erfolgreich gestellt haben. Dann aber auch noch Baumhäuser mit einem gewissen Komfort zu bauen ist eine enorme Leistung und ziemlich einzigartig. Ich lernte hier einiges über die Schwierigkeiten am Bau und war froh, dass mein Grundstück zumindest gut erreichbar war.

Als es dämmerte, machten wir uns auf den Weg zum Basiscamp. Kimbo erwartete uns schon – oder eher Mattheo; aber mich knurrte er zumindest nicht an, sondern gönnte mir auch ein kurzes Gewackel mit seinem Stummelschwänzchen, wohl in der Hoffnung, dass ich ihm nach dem Essen etwas zustecken würde. Seine Hoffnung blieb nicht unbegründet und meine verbotene Aktion nicht unbemerkt.

»Ich sehe, ihr seid dicke Freunde geworden«, bemerkte Erica verschwörerisch lächelnd, als sie auf mich zukam. »Dann müsst ihr auch ein gemeinsames Abenteuer bestehen«, fuhr sie fort, während ich verschämt meine Hand von Kimbo zurückzog.

Ich fragte mich schon, ob das Abenteuer darin bestehen würde, den Hund in mein Baumhaus mitzunehmen, aber davon war keine Rede. Kimbo hatte seinen festen Platz im Haus von Erika und Mattheo. Was es sein sollte oder ob Erica nur gescherzt hatte, erfuhr ich an diesem Abend auch nicht mehr. Wir waren so vertieft in unsere Gespräche über Regenwaldschutz, Klimaschutz, Artenvielfalt, nachhaltige Landwirtschaft, Großkonzerne und ihre Lobbyarbeit, dass ich den in der Ecke schnarchenden Kimbo bald vergaß.

Inzwischen war es stockfinster, und nur ein paar Sterne funkelten am tiefschwarzen Nachthimmel, der nicht erleuchtet wurde, denn es war gerade Neumond. Es war Zeit, sich ins Baumhaus zurückzuziehen. Erica bot mir ihre Begleitung an, als inzwischen dschungelerfahrene Abenteurerin lehnte ich aber ab. Als ich endlich an der Hängebrücke ankam, überlegte ich, umzudrehen und doch die Begleitung in Anspruch zu nehmen. Im Dunkel der Nacht sah alles so anders aus als im hellen Tageslicht; außerdem war ich Mattheo gefolgt, als er mich zum Haus führte, und hatte nicht so recht auf den Weg geachtet. Die Hängebrücke kam mir jetzt unendlich weit abgelegen vor, der eigentliche Weg begann erst dahinter.

Ich musste wieder an meine allererste Nacht im Dschungel denken und daran, wie lächerlich ich mir vorgekommen war neben dem kleinen blonden Jungen, der so leichtfüßig durch die dunkle Dschungelnacht gehüpft war. Ich versuchte gedanklich etwas von dieser Leichtfüßigkeit zu inhalieren. Es gelang mir nur mäßig, aber ich setzte meinen Weg unbeirrt fort. Zum Glück hatte mir Erica noch eine große Taschenlampe in die Hand gedrückt. Meine eigene hatte ich wenig geschickt im Rucksack vergessen, und der wartete im Baumhaus auf mich. Der Lichtkegel erhellte den Waldweg nur spärlich, aber ich konnte zumindest sehen, wohin ich trat. An der ersten Kreuzung wusste ich allerdings schon nicht mehr, welche Richtung ich einschlagen sollte.

Den Weg zurück hatte ich mir zwar gemerkt, aber die Blöße, nun doch noch nach dem Weg zu fragen, wollte ich mir nicht geben. Der Lageplan, den ich aus meiner Jackentasche gekramt hatte, half mir auch nicht viel weiter. Nach meiner Erinnerung war das Faultierhaus das erste Baumhaus, das wir überhaupt auf dem Weg gesehen hatten – doch welcher war es? Nach einer Weile, als sich meine Augen besser an die Dunkelheit gewöhnt hatten, sah ich ein Schild mit verschiedenen Pfeilen und Bildern. Bei genauerer Betrachtung konnte ich auf einem Pfeil ein Bild als Baumhaus identifizieren, das auf den beiden anderen Pfeilen nicht zu sehen war.

Die Minuten dehnten sich wie Kaugummi, als ich dem steilen Pfad folgte, den ich nicht so recht wiedererkennen wollte. Als ich an einer Kurve eine Art Hollywoodschaukel aus Holz erkannte, fiel mir ein Stein vom Herzen: Daran konnte ich mich erinnern und wusste, dass ich jetzt rechts dem Weg folgen musste. Wenig später sah ich das Schild »Casa Perezosa« und dann endlich das Baumhaus, und war froh, dass das Maulbeerschloss diese Nacht nicht frei war – es war mindestens doppelt so weit vom Basiscamp entfernt.

Erleichtert setzte ich mich noch ein wenig auf die Terrasse und genoss die Urwaldgeräusche der Nacht, fernab jeglicher Zivilisation. Hoch oben im Maulbeerbaum würde es sich sicher noch erhabener anfühlen, mir graute aber jetzt schon vor der nächtlichen Wanderung, und ich beschloss, mich am nächsten Tag bereits vor Einbruch der Dämmerung in das Baumschloss zu verziehen. Ich plante, mir mittags für den Abend eine Kleinigkeit zu essen einpacken zu lassen und am späten Nachmittag einfach im Baumhaus zu bleiben und mir die nächtliche Wanderung zu ersparen.

Mir diesen Gedanken verzog ich mich in mein Faultier-Baumhausbett und schlief wie ein Stein bis zum nächsten Morgen, an dem mich weder Brüllaffen noch sonstiges Getier weckten und auch keine Sonnenstrahlen aus dem Bett kitzelten. Der Wald war kein Primärwald mehr, er war bewirtschaftet worden, und neben einigen Urwaldriesen, die stehen geblieben waren, wuchs der Dschungel erst seit einigen Jahrzehnten wieder nach. Dank Ericas und Mattheos Schutz sollte er wieder ein richtiger Urwald werden, aber die Tiere kamen erst nach und nach zurück, und Brüllaffen waren noch selten.

Durch die ruhige Nacht, die mir der stille Wald mit seinen sanften Tönen beschert hatte, verschlief ich völlig, was nach meinen Dschungel-Maßstäben heißt, dass ich nicht um fünf Uhr dreißig aufwachte, sondern erst um sieben. Eigentlich hatte ich vor dem Frühstück noch den Wasserfall erkunden und einige Fotos machen wollen, doch dafür war es jetzt zu spät.

Stattdessen gönnte ich mir eine Tasse Kaffee auf der Terrasse und beobachtete entspannt die Baumkronen. Als ich mich nach links wandte, glaube ich noch zu träumen: Direkt vor meiner Terrasse hing an einem ausladenden Ast tatsächlich ein Faultier. Erica hatte mir zwar erzählt, dass sie dieses Baumhaus nach einem Faultier benannt hatten, weil dort häufig welche hinkamen, aber mit so einem großen Glück hatte ich nicht wirklich gerechnet. Vergnügt schlürfte ich meinen Kaffee, während das Faultier ganz genüsslich ein paar Blättchen verzehrte und völlig entspannt dreinblickte.

Ich wäre am liebsten den ganzen Tag bei »meinem« Faultier sitzen geblieben. Da meine vorabendliche Verabredung zum Frühstück allerdings mit Erica stattfinden sollte und nicht mit dem Faultier, musste ich es sein Frühstück leider alleine fortsetzen lassen und mich auf den Weg zum Basiscamp machen. Ich hatte das Gefühl, dass die Strecke über Nacht um mindestens die Hälfte geschrumpft war, was nicht nur daran lag, dass es jetzt bergab ging. Nachts allein im Dschungel zu wandern gehört bis heute nicht zu meinen Lieblingsbeschäftigungen.

Alle anderen Baumhausdorfbewohner hatten sich schon zum gemeinschaftlichen Frühstück eingefunden, als ich mich dazugesellte.

Erica blickte scheinbar mürrisch nach draußen, als sie mich sah. Als ich gerade das Faultier für mein verspätetes Erscheinen verantwortlich machen wollte, schüttelte sie den Kopf: »Mit dem Abenteuer wird es heute nichts, das Wetter ist zu unsicher. Es soll noch schwere Gewitter geben, das müssen wir auf morgen verschieben. Aber du wolltest doch mit zu unserer Permakultur kommen?«

Wie in Marenco, bauten auch Erica und Mattheo auf der entlegenen Finca Bellavista das meiste Obst und Gemüse selbst an – in ökologischen Mischkulturen in einem etwas offeneren Waldstück. Es gab fruchtende Schattenbäume, viel Papaya, Mango und Zitrusfrüchte, Bananen, Maniok, Möhren, Bohnen und zahlreiches anderes Gemüse. Im feuchten Dschungel explodieren die Gewächse förmlich, aber auch das Unkraut und zahlreiche hungrige Mäuler, von der Raupe bis zum Wildschwein, sind nie fern. Trotzdem haben Mattheo, Erica und ihre tatkräftigen Helfer es geschafft, einen kleinen Garten Eden zum Blühen und Fruchten zu bringen, der die Baumhausdorfbewohner weitgehend ernährte.

Der ökologische Landbau, von dem Mensch und Natur profitieren, nimmt in Costa Rica stetig zu – und letztendlich sind es auch die Verbraucherinnen und Verbraucher in Deutschland, die darüber entscheiden, wie die Weichen für die Zukunft gestellt werden: in Richtung industrielle Landwirtschaft mit Glyphosat und anderen Giften oder in Richtung nachhaltiger ökologischer Landbau.

Mit dem üppigen Angebot von frischem und ökologisch angebautem Obst und Gemüse der Bauernmärkte konnte Ericas Permakultur auf der kleinen Plantage der Finca Bellavista in Marenco inzwischen fast mithalten. Ob meine helfenden Hände dafür wirklich eine große Unterstützung waren, wage ich zwar zu bezweifeln, aber Erica und ich hatten viel Spaß bei der Arbeit – und Kimbo auch. So gärtnerten und ernteten wir, bis Zeus es nicht mehr zuließ und den ersten Blitz in unsere Richtung schleuderte.

Triefend nass erreichten wir das Basiscamp, und ich war froh, dass ich mich nach dem Mittagessen in das Maulbeer- bzw. Kuhbaumschloss zurückziehen konnte. Nach einer heißen Dusche verbrachte ich einen herrlichen Nachmittag und Abend auf der Terrasse mitten in den Baumkronen. Ich kam mir vor wie ein Vogel im Nest.

Es war genauso, wie ich mir ein Baumhaus immer erträumt hatte, und es war sicher nicht das letzte Mal, dass ich hier übernachten würde. Aber als Baumhaus für mich, in dem ich länger leben wollte, war es nicht geeignet, wenn ich ehrlich zu mir selbst war. In meinem Baumhaus wollte ich mehrere Wochen oder Monate im Jahr verbringen, auch gemeinsam mit der Familie, und das Meer vermisste ich hier auch ein wenig. Ich würde dort bauen, wo ich es geplant hatte. Meine Idee, wie es sein sollte, wurde auch schon ein wenig konkreter, und ich hoffte, mein Architekt Olivier würde meine Visionen verstehen.

Abenteuer Dschungelseilbahn

Mit diesen Gedanken schlief ich ein und kam am nächsten strahlenden Morgen pünktlich zum Frühstück.

»Heute ist ein perfekter Tag«, begrüßte mich Mattheo ebenso strahlend, und ich erfuhr bald, was er meinte. Wenig später stand ich mit einer bergsteiger-ähnlichen Ausrüstung auf einer Plattform an einer Seilrutsche. Aber nicht nur ich, auch Kimbo hatte ein Mäntelchen um, mit Haken und Ösen, mit denen er an der Seilrutsche befestigt werden sollte. Diese unglaubliche und beleibte Bulldogge war genauso begeistert wie ich, durch den Dschungel zu rauschen. Euphorisch wedelte er nach jedem Ritt mit seinem kleinen Stummelschwänzchen und konnte es kaum abwarten, in die nächste Seilrutsche eingehakt zu werden.

Das war mein Abenteuer mit Kimbo, auf das mich Erica verschmitzt neugierig gemacht hatte, und sie hatte nicht zu viel versprochen. Ich fühlte mich wie ein Vogel, der von Baumkrone zu Baumkrone fliegt – und Kimbo anscheinend auch. Wenn er angefangen hätte zu zwitschern, hätte es mich nicht gewundert.

Inzwischen gibt es in vielen Baumhausprojekten auf der ganzen Welt solche abenteuerlichen Seilrutschen, doch angefangen hat alles in Costa Rica mit einem Baumkronenforscher in den Achtzigerjahren: Donald Perry.

Forschungsstation CATIE 1987

Nachdem ich damals mit einem weit weniger aufregenden Flug von meiner ersten richtigen Regenwald-Expedition aus Marenco in die Hauptstadt zurückgekehrt war, blieb mir nicht mehr viel Zeit, um den Baumkronenforscher zu suchen. Mein erster Arbeitstag am 1. November 1987 im Forschungsinstitut *Centro Agronómico Tropical de Investigación y Enseñanza*, kurz CATIE, stand unmittelbar bevor. Da es sich um eine landwirtschaftliche Forschungseinrichtung handelte, lag das Institut nicht in der Hauptstadt, sondern auf dem Land, ziemlich genau in der Mitte zwischen der Metropole San José und der karibischen Hafenstadt Limón, in Turrialba. Am Fuße des gleichnamigen Vulkans, genau an der Zugstrecke, die der »Bananenkönig« Minor Cooper Keith knapp hundert Jahre zuvor errichtet hatte, hatte Turrialba einst sehr zentral auf dem Weg in die Karibik gelegen.

Das änderte sich, als kurz vor meiner Ankunft die neue Autobahn nach Limón eröffnet wurde. Sie zerschnitt den fünfundvierzigtausend Hektar großen Nationalpark Braulio Carillo in zwei Hälften und verkürzte die sechsstündige Fahrtzeit an die Karibikküste um mehr als die Hälfte. Mir nützte die neue Verbindung wenig, da Turrialba an der alten Strecke lag. Aber mit dem Bananenzug hätte die Fahrt noch länger gedauert als mit dem Bus.

Bevor ich die Reise antrat, hatte ich es noch geschafft, dem Baumkronenforscher etwas näher zu kommen. Der letzte Hinweis zu Donald Perry war ein Treffer gewesen, das Büro der biologischen Station *Rara Avis* hatte den Aufenthalt des Forschers bestätigt. Der Dschungelaufzug sei allerdings noch nicht ganz fertig und vor Mitte Dezember ein Besuch nicht möglich. Das passte in meine Pläne, da ich selbst erst einmal forschen musste. Ich vereinbarte einen Termin in Rara Avis kurz vor Weihnachten. Dann machte ich mich auf den Weg zum Forschungszentrum CATIE.

Als ich im Bus nach Turrialba saß, war ich zufrieden, dass ich die wichtigsten Gesprächstermine erledigt oder zumindest vorbereitet hatte. Nur um meine Unterkunft am Institut hatte ich mich nicht rechtzeitig gekümmert und verließ mich jetzt auf die telefonische Bestätigung des Professors, dass wir schon etwas finden würden.

Nach einer zweieinhalbstündigen, kurvenreichen Fahrt erreichte ich den nur sechzig Kilometer von der Hauptstadt entfernten Ort. Mit Sack und Pack stand ich auf der Straße, denn die Endhaltestelle war nicht mehr als eine Einbuchtung in der Ortsmitte.

Von den fünfzigtausend Einwohnern arbeiteten mehr als die Hälfte am Institut, und ich hatte das Glück, dass ich für den Taxifahrer ausnahmsweise keine Wegbeschreibung benötigte, er wusste sofort, wo es hingehen sollte. Zu meiner großen Erleichterung erwartete mich Professor Victor Villalobos bereits und begrüßte mich wie eine alte Kollegin, obwohl ich mein Diplom, das einem heutigen Master entspricht, noch kein Jahr in der Tasche hatte. In Costa Rica gab und gibt es wenig Vorurteile, weder, was Haut- oder Haarfarbe angeht, noch das Geschlecht oder das Alter. Villalobos, der ursprünglich aus Mexiko kam, aber schon lange in Costa Rica lebte, hatte meine Veröffentlichungen gelesen, alles andere war egal.

Ein wenig grinsen musste der Wissenschaftler mit dem gezwirbelten Bart, der mich an Jean Pütz erinnerte, allerdings schon, als er meinen riesigen Koffer und den Seesack sah. Ich hatte zwar schon einige Habseligkeiten bei Monika und Roland gelassen und fand mein Gepäck für einen mehrmonatigen Aufenthalt nun nicht mehr überdimensioniert, musste bei meiner Rückkehr aber zugeben, dass ein großer Koffer für meine Klamotten völlig genügt hätte.

Villalobos nahm mir Koffer und Seesack ab und verstaute beides in seinem Büro. »Ich zeige dir jetzt erst einmal deinen Arbeitsplatz und dann unsere Versuchsfelder.«

Meine leise Frage nach der Unterkunft winkte er ab und sagte nur: »Später.« Da es nicht um ein oder zwei Nächte ging, sondern um einige Monate, machte ich mir doch zunehmend Sorgen, wo ich denn bleiben sollte, wenn der Campus so überfüllt war, traute mich aber nicht zu fragen.

Im Labor hatte ich einen riesigen Arbeitsplatz für mich, genau wie die anderen Forscherinnen und Forscher, die alle vergnügt an ihren jeweiligen Pflänzchen herumdokterten. Ziel von uns allen war, die jeweilige Nutzpflanze resistenter gegen Schädlinge zu machen. Die meisten arbeiteten mit Kaffee oder Bananen, und ich sollte nun die Lücke der Yamsforscher füllen.

Wie viel besser gedieh hier meine *Dioscorea bulbifera* – unter der tropischen Sonne bei stetig feuchtheißem Klima – als unter Glas im winterkalten Deutschland! Nicht ohne Stolz präsentierte Villalobos den Garten Eden des Forschungsinstituts: »Wir sind das bedeutendste landwirtschaftliche Forschungsinstitut von ganz Lateinamerika, und es gibt kaum eine tropische Nutzpflanze, die wir hier nicht versuchsweise anbauen. Durch die Vulkanasche ist der Boden besonders fruchtbar und das immer feuchte, aber durch die Höhenlage nicht zu heiße Klima ist für die meisten Pflanzen perfekt. Das wussten schon die Ureinwohner, die Ausgrabungen sind nur wenige Kilometer von hier entfernt.«

Für meinen ursprünglich mexikanischen Professor war die Ausgrabungsstätte allerdings alles andere als außergewöhnlich, denn vergleichbar mit den Monumenten seines Heimatlandes war Guayabo ein unbedeutendes Dorf, die mexikanischen Pyramiden dagegen Paläste versunkener Metropolen. Aber für mich wurde während des Vortrags von Villalobos klar, wo mein nächster Wochenendausflug hingehen sollte. Dabei war mir egal, dass bislang nur ein kleiner Bruchteil von

Guayabo ausgegraben worden war, denn für umfassende archäologische Forschungen fehlte dem Land das Geld. »Aber wir interessieren uns hier am Institut mehr für die Guayaba.« Damit beendete Villalobos seine archäologischen Ausführungen und hielt mir eine Frucht unter die Nase, die eine vage Ähnlichkeit mit einer unreifen Apfelsine hatte und die er gerade von einem etwa zehn Meter hohen Laubbaum gepflückt hatte, der wenig Ähnlichkeit mit einem Zitrusgewächs hatte. Die Borke erinnerte eher an Platanen und die Blätter an Lorbeer. Villalobos kratzte ein wenig an der Schale und ließ mich riechen. Ein fruchtiger Duft, der an Erdbeere und Birne erinnerte, drang in meine Nase, und ebenso schmeckte die Frucht, die Villalobos nach meiner Duftprobe aufschnitt und mir zum Probieren gab.

Guayaba-Früchte sind bei uns mittlerweile als Guaven bekannt, vor allem mischt man sie in ausgefallene Fruchtsäfte; sie sind ein »Superfood« voller Mineralien, Vitamine und Antioxidantien. Im Dschungeldach braucht man nur die Hand auszustrecken, wenn denn der Arm lang genug wäre, um an die verschiedensten nahrhaften Früchte zu gelangen. Rinde und Blätter der Guaven sind von medizinischem Nutzen und gut gegen Durchfall, Zahnschmerzen und Leberschäden. Außerdem wirken sie antibiotisch und antiallergen. Der Regenwald ist ein Medizinschrank, man muss nur wissen, wo was steht, und darf bei der Dosierung keinen Fehler machen – aber das darf man auch bei Medikamenten aus der Pharmaindustrie nicht.

Wir futterten und schnüffelten uns auf diese Weise durch den Versuchsgarten des Instituts, bis Villalobos plötzlich auf die

Uhr sah. »Jetzt wird es aber Zeit, dass wir eine Bleibe für dich suchen.«

Der Garten Eden hatte mich meine Sorge um meine Unterkunft ganz vergessen lassen, seine Bemerkung holte mich nun aus dem Paradies zurück. Erschrocken blickte ich auf die bereits rötliche Nachmittagssonne, die sich nicht mehr viel Zeit bis zum Untergang lassen würde. »Keine Sorge, wir finden was für dich«, kommentierte Villalobos meinen durchaus besorgten Blick.

Ohne weiteren Kommentar führte mich der Professor zurück zu seinem Büro, und ich fürchtete schon, dass er mir eine Liste mit möglichen Adressen geben würde, die ich selbst aufsuchen sollte. Doch genauso kommentarlos packte er mein Gepäck und führte mich zum Parkplatz, wo er die schwere Last auf einen Pick-up bugsierte und mit mir losfuhr. Da er sich höchstpersönlich um meine Unterkunft kümmerte, wagte ich nicht zu fragen, wohin es überhaupt ging.

Wir fuhren in eine abgelegene Gasse am Ortsrand von Turrialba und hielten vor einem kleinen unscheinbaren Haus. Als Villalobos meinen fragenden Blick sah, lächelte er: »Keine Angst, die privaten Unterkünfte sind hier großartig, nicht luxuriös, aber mit allem, was du brauchst. Die Familien kochen und waschen für die Studierenden und Professoren und bessern sich so ihre Einkünfte auf. Der Ort lebt vom Institut, und die privaten Unterkünfte gehören dazu. Ein größeres Studierendenwohnheim und Professorenwohnungen würden den Menschen hier wichtige Einkünfte nehmen, und die Gäste lernen Costa Rica von seiner authentischsten Seite kennen.«

Das leuchtete mir ein und die Costa Ricanerin, die Villalobos begrüßte, machte auch einen sehr sympathischen Eindruck. Doch ich hatte mich zu früh gefreut, denn das letzte freie Zimmer war gerade vergeben worden. So ging es noch ein paarmal weiter, bis die Sonne endgültig hinter den Bergen verschwunden war. Wir hielten vor einem Haus, das ich in der Dämmerung gerade noch als hellblau identifizieren konnte, obwohl es hinter einem üppigen tropischen Garten fast völlig verschwand.

Passend zu den vielen Blumen in und vor ihrem Haus hieß meine Gastgeberin Flori. Bis heute weiß ich nicht, ob das ihr Vor- oder Nachname ist, wir nannten sie nur immer *Doña Flori*, was »Frau Flori« heißt, aber viel schöner klingt. Villalobos winkte mich ins Haus, und Doña Flori begrüßte mich wie ein zurückgekehrtes verlorenes Kind. Das Alter der immer strahlenden kleinen Frau konnte ich schlecht schätzen. Sie war auf jeden Fall Witwe und umsorgte jeden Gast wie einen lang ersehnten Rückkehrer; und das tat sie auch noch viele Jahre danach, wenn ich sie besuchte.

In dem von außen klein erscheinenden, ebenerdigen Haus gab es drei Gästezimmer mit jeweils einem gemütlichen Bett und einem Schrank. Ansonsten stand allen das ganze Haus immer offen: Wohnzimmer und Essküche mit allerlei Pflanzen, die von der Decke hingen, am Boden oder auf einer Anrichte standen. Außer mir wohnte dort ein älterer englischer Professor, der seinen britischen Humor beim gemeinsamen Abendessen gerne zum Besten gab, und Wouter, ein Doktorand aus Holland, der dem englischen Professor mit seinen Scherzen in nichts nachstand.

La Cucaracha

Schon am ersten Abend, als Doña Fiori mich liebevoll betüddelte und mit allerlei Fragen überhäufte, die ich noch nicht einmal zur Hälfte verstand, da mein Spanisch immer noch dürftig war, konnte sich Wouter nicht verkneifen, mich aufs Korn zu nehmen. Unsere pflanzenliebende Gastmutter achtete zwar penibel auf Sauberkeit, verzichtete jedoch auf jegliche Art von Chemie, was sie mir sehr sympathisch machte – den Kakerlaken allerdings auch. Sie jagte zwar den Viechern erbarmungslos hinterher, aber die überaus schnellen und extrem resistenten Insekten fanden immer ein Schlupfloch und schienen alles zu überleben.

Bei Monika und Roland hatte ich einmal fürs Frühstück tiefgefrorene Brötchen aufgebacken, und nach einer halben Stunde bei zweihundertzwanzig Grad Celsius kroch mir eine etwas verkohlte, aber putzmuntere Kakerlake entgegen, als ich die fertigen Brötchen aus dem Ofen holte. An meinem ersten Abend bei Doña Flori flitzte während des gemeinsamen Abendessens auch so ein Vieh über den Küchenboden. Vergeblich rannte Doña Flori ihm hinterher und versuchte es zu erwischen, da fing Wouter genüsslich zu singen an: »La Cucaracha ...«

»Kakerlaken gehören zu den wenigen Regenwaldbewohnern, denen ich wenig Sympathie entgegenbringe, schon gar nicht im Haus«, kommentierte ich Wouters Gesumme. Amüsiert zog der Forscherkollege eine Augenbraue hoch. »Dabei gibt es doch über viertausend verschiedene Schabenarten mit überaus interessanten Eigenschaften«, erwiderte er grinsend, während er genüsslich weiteraß.

Das ökologische Nischenverhalten der Küchenschaben war schon während meines Studiums eines der wenigen Forschungsthemen gewesen, an denen ich keinen Spaß gehabt hatte. Wir mussten bei Küchenschaben nachweisen, welche ökologische Nische sie bevorzugen, und eine Reihe von Tieren in ein Versuchslabyrinth mit hellen trockenen, dunklen trockenen, hellen feuchten und dunklen feuchten Ecken setzen, und das auch noch bei verschiedenen Temperaturen. Das Ergebnis hatte ich schon vorher gewusst: Kakerlaken lieben dunkle, feuchtwarme Stellen.

»Ich bin Botanikerin und interessiere mich nur für Pflanzen«, log ich selbstbewusst. Wie sehr interessierte ich mich doch für – fast – all die wundervollen Regenwaldbewohner und ihre oft so außergewöhnliche Lebensweise. Obwohl Wouter von unserer vorherigen Diskussion genau wusste, wie fasziniert ich von der Artenvielfalt im Dschungel war, legte er keinen Wert darauf, meine Behauptung zu widerlegen, sondern tischte mir gleich ein Schauermärchen auf: »Das solltest du aber, die Kakerlaken krabbeln auch gerne in dein Zimmer und dort die Wände hoch. Wenn sie dann auf der Decke genau über dir sind, lassen sie sich fallen und krabbeln zu deinem Ohrläppchen, um daran zu knabbern. Das machen sie wahnsinnig gerne.«

Obwohl ich ihm damals schon kein Wort glaubte, verfolgt mich die Geschichte bis heute. Immer wenn ich das Getrappel einer Kakerlake in einem Hotelzimmer höre, bekomme ich Panik und versuche dem armen Tier den Garaus zu machen – und die mittelamerikanischen Schaben, *Megaloblatta blaberoides,* sind keine kleinen Schädlinge wie bei uns, sondern werden fast zehn Zentimeter groß. In den tropischen und subtropischen Wäldern der Welt, wo sie hingehören, erfüllen sie allerdings einen wichtigen Zweck: Sie sind so etwas wie die Vorarbeiter der Biotonne Urwald, sie kauen den Mikroben vor, was diese dann in Nährstoffe umsetzen.

Ohne diese vielen kleinen fleißigen Arbeiter könnte der

Dschungel nicht überleben. Sie und andere Kleintiere und Pilze sind es, die totes Holz und Laub für den schnellen Umsatz vorbereiten. Ohne Hilfe dieser emsigen Arbeiter würden den Wurzeln der Urwaldriesen nicht genug Nährstoffe zur Verfügung stehen. Aber diese faszinierende, effiziente Biotonnenverarbeitung des Regenwaldes war und ist nicht meine Welt. Ich ziehe die Krone der Schöpfung vor: die Wipfel der Wälder. Licht, Luft und Wind, nach denen die meisten Pflanzen des Regenwaldes streben und nach denen ich mich sehne, scheuen die fleißigen Vorarbeiter am Urwaldboden.

Baumwipfel sind definitiv kein Lebensraum für Kakerlaken, und Baumhäuser auch nicht. Nachts, als die Schaben lautstark über den gefliesten Boden krabbelten, sehnte ich mich nach einem sicheren Refugium im Dschungeldach, obwohl die Tiere völlig harmlos waren und ich eigentlich nicht erwähnen muss, dass sie sich natürlich nie in mein Bett fallen ließen und schon gar nicht an meinen Ohrläppchen knabberten.

Zwar liebte ich meine Arbeit am Institut und genoss Doña Floris Fürsorge jeden einzelnen Tag, dennoch fieberte ich dem Moment entgegen, an dem ich endlich den Baumkronenforscher treffen sollte. Nach einer ausgelassenen Salsa-Party am Institut, die sich Weihnachtsfeier nannte, war es fast so weit.

Das Institut schloss für zwei Wochen. Die costa-ricanischen, mittel- und südamerikanischen Studierenden, Forschenden und Mitarbeitenden reisten über die Feiertage zu ihren Familien nach Hause. Wir Europäer blieben, und die meisten von uns strömten an die damals noch herrlich einsamen Strände. Obwohl ich Wouter seinen Kakerlakenscherz immer noch übel nahm, schloss ich mich ihm und ein paar weiteren Studierenden und Forschenden an, um an die Karibikküste zu fahren, nicht zuletzt, um einmal mit dem damals schon legendären Bananenzug zu fahren.

Inzwischen ist dieser Zug eine echte Legende. Bei einem Erdbeben wurde 1991 ein Teil der Atlantikstrecke zerstört. Obwohl das Schienennetz zeitnah repariert wurde, kam der Zugverkehr nie wieder in Schwung; die Chiquita AG, die aus der United Fruit Company hervorging, hatte kein Interesse mehr an der Bahn. Lastwagen auf der neuen Straße waren die deutlich schnellere und günstigere Verbindung. Die Verpflichtung, die Bahn instand zu halten, lief aus. An einer Verlängerung des Vertrags bestand vonseiten Chiquitas kein Interesse, da die Firma längst riesige Flächen in ganz Lateinamerika für den Bananen- und anderen Früchteanbau aufgekauft hatte – und dem Staat fehlten die finanziellen Mittel, um den Bahnverkehr aufrechtzuerhalten. Inzwischen fahren auf ein paar Teilstrecken Züge für Touristen.

Die Bahnfahrt war 1987 schon wie eine Reise in die Vergangenheit. Der von riesigen Palmen gesäumte kleine Bahnhof in Turrialba glich kurz vor der Ankunft des Zuges einem Jahrmarkt. Überall boten fliegende Händler ihre Waren feil: süße und salzige Bananenchips, Empanadas – die typischen gebackenen Teigtaschen mit Hühnchen, Gemüse oder Käse gefüllt –, Nüsse und allerlei süßes Gebäck, Säfte in Plastiktüten mit Strohhalmen und vieles mehr. Außerdem wurde diverses Plastikspielzeug feilgeboten sowie Regenschirme und andere nützliche Reiseutensilien, die daran erinnerten, was man womöglich vergessen hatte. Wouter kaufte eine Tüte Cashewnüsse, als wir die überfüllte Plattform eines Waggons betraten. »Das Beste und Gesündeste, was du hier im Zug bekommen kannst«, kommentierte er, als er mir ein paar Nüsse in meine aufgehaltenen Hände schüttete.

Die Früchte hatte ich bereits bei meiner Einführung in den Garten Eden des Forschungsinstituts kennengelernt. Wie Birnen hängen sie an dem Baum, *Anacardium occidentale*, und verströmen einen starken süßsäuerlichen Duft. Das saftige Obst ist allerdings extrem empfindlich und muss sofort nach der Ernte zu Saft oder Marmelade verarbeitet werden. Die uns bekannten köstlichen Nüsse sind keineswegs die Kerne dieser Früchte, sondern hängen wie kleine Garderobenhäkchen am unteren Ende der Frucht, die botanisch gesehen eigentlich eine Scheinfrucht ist. Welchen evolutionären Vorteil diese seltsame Erscheinungsform hat, wurde bis heute noch nicht herausgefunden. Die zahlreichen Wirkstoffe, vor allem im Schalenöl, sind hingegen gut erforscht. Der Cashewbaum ist nicht nur ein weiteres Medizinfläschchen im tropischen Regenwald der Neuen Welt, sondern auch ein Chemieschrank mit Pflanzen- und Holzschutzmitteln sowie Beschichtungsmaterialien. Das Schalenöl schützt das Holz vor Termitenfraß und anderen Schädlingen und dient als Ausgangsmaterial zur Herstellung von Bremsbelägen und Korrosionsschutzmitteln.

Wir hatten auf einer der ziemlich unbequemen Holzbänke Platz genommen und diskutierten über das unglaubliche Potenzial dieser und anderer Wirkstoffe aus der Dschungelapotheke und die pestizidintensive Landwirtschaft multinationaler Konzerne, die einzig an Patenten und Profiten interessiert waren. Doch irgendwie waren wir alle ein Teil dieser Maschinerie. Ich fühlte mich schuldig, die anderen überhaupt nicht. Unbeschwert wechselten sie das Thema und planten eine große Strandparty. Nachdenklich sah ich aus dem Fenster und erblickte die ersten Früchte dieser industriellen Landwirtschaft: riesige blaue Plastikmüllsäcke, die die Bananenbüschel umhüllten wie zu groß geratene Mäntel. Die Plantagen reichten so nah an die Bahnstrecke, dass ich die Stauden durch das offene Fenster hätte berühren und die Plastikhüllen hätte herunterreißen können. Dieser künstliche Schutzmantel sollte die Bananen vor Schädlingen schützen, allerdings nicht allein durch die physische Barriere, sondern auch durch eine chemische: Das Plastik wurde zuvor mit verschiedenen Pestiziden behandelt.

Für die riesigen Monokulturen, mit Tausenden von dicht an dicht gepflanzten, hochgezüchteten Bananenstauden, reicht der Schutz durch das eigene Abwehrsystem gegen diverse Schädlinge nicht aus, vor allem nicht gegen Pilzbefall. Bei dieser intensiven Landwirtschaft hilft nur Chemie. Nachhaltiger biologischer Anbau funktioniert nur extensiv, auf kleineren Flächen und in Mischkultur. Inzwischen haben in Costa Rica viele Kleinbauern ihre Landwirtschaft umgestellt, doch der wirtschaftliche Druck multinationaler Großkonzerne ist nach wie vor groß.

Ohne Rücksicht auf Mensch und Natur in und um die riesigen Anbauflächen wurden die gefährlichsten Gifte auf die Felder gesprüht. Daher war mein Auftrag, Nutzpflanzen mithilfe von Genmanipulation resistenter gegen schädliche Pilze und damit zumindest Fungizide überflüssig zu machen. Doch das war ein Trugschluss. Genau wie Antibiotika uns anfälliger gegen Viren und Pilze machen, schützen solche Maßnahmen die Pflanzen nicht umfassend, sondern machen sie anfälliger für andere Schädlinge – ganz abgesehen von den gefährlichen

Nebenwirkungen von Genmanipulationen, wie beispielsweise Antibiotikaresistenzen. Je mehr ich über die Artenvielfalt und das damit verbundene natürliche ausgeklügelte Immunsystem der Pflanzen forschte und lernte, desto weniger sinnvoll erschien mir mein eigentlicher Forschungsauftrag.

Während ich über die Raffinessen der Natur sinnierte und darüber, was der Mensch alles so im Laufe der Jahrtausende mit traditionellen Züchtungsmethoden kreiert hatte, vom Mops bis zur Banane, beobachtete ich, wie in der Ferne ein einmotoriges Flugzeug über der riesigen Bananenmonokultur kreiste und dicke Wolken auf die Felder blies. Ich wollte gar nicht genau wissen, welches Gift gerade in die Umwelt gesprüht wurde, wusste aber, dass es im Zweifel tödlich war.

Fast jede vierte Banane, die in Deutschland verkauft wird, kommt aus Costa Rica. Und noch heute stecken die meisten voller Pestizide, zumindest ihre Schalen. Aber immerhin gibt es die Biobanane, für die wir damals kämpften, heute in fast jedem Supermarkt. Trotzdem werden immer mehr Regenwaldflächen für den steigenden Hunger der stetig wachsenden Weltbevölkerung vernichtet, statt Brachflächen zu nutzen und durch Bildungsmaßnahmen die Vermehrung der Menschheit zu bekämpfen.

In Costa Rica hat die Investition in Bildung und Gleichstellung dazu geführt, dass das Bevölkerungswachstum in den letzten Jahrzehnten auf gut ein Prozent zurückgegangen ist – wie auch in den anderen lateinamerikanischen Ländern, die in Bildung und Gleichstellung investierten, während in Afrika die Bevölkerung nach wie vor explodiert und die Frauen wenig Rechte haben.

Das war aber auch in Costa Rica nicht immer so. Bei den ersten freien Wahlen im Jahr 1889, als der Bananenzug gerade in Planung war, durften weder Frauen noch Schwarze wählen – was in dieser Zeit in fast allen Ländern noch üblich war, auch in Deutschland. Erst nach dem Ersten Weltkrieg durften in Deutschland auch die Frauen zur Wahlurne gehen, in Costa Rica dauerte es bis 1948. Der Philosoph und damalige Präsident José María Figueres, der durch einen Bürgerkrieg an die Macht gekommen war, führte nicht nur die Gleichstellung für alle ein, er schaffte zudem gleich das Militär ab.

Auch für die Benutzung des Zuges hatte es Einschränkungen gegeben: Die schwarzen Arbeiter durften ihn nicht benutzen. Diese Zeiten waren längst vorbei, als ich den Zug in den Achtzigerjahren bestieg. Er war bis auf den letzten Platz gefüllt mit fröhlichen, laut plappernden Fahrgästen unterschiedlichster Haut- und Haarfarben, in jedem Alter und Geschlecht.

Nach einer gefühlten Ewigkeit verließen wir endlich die ausgedehnten Bananenplantagen und näherten uns der afroamerikanisch geprägten Karibikküste von Costa Rica.

Bis Figueres an die Macht kam, war es den Schwarzen, die einst als billige Arbeitskräfte für die Bananenplantagen von den karibischen Inseln geholt worden waren, verboten, in die Hauptstadt zu reisen. Neben dem Friedensnobelpreisträger Óscar Arias Sánchez gehörte Figueres zu den bedeutendsten Politikern des Landes. Seine ebenfalls philosophisch geprägten Kinder setzten und setzen sich international für den Klimaschutz ein. Christiana Figueres war bis 2016 Generalsekretärin der Klimarahmenkonvention der Vereinten Nationen, und ihr Bruder José kämpft an der Seite von Richard Branson mit der NGO *Carbon War Room* für den internationalen Klimaschutz.

»Lass uns auf die Terrasse gehen«, rief Wouter plötzlich und riss mich aus meinem sinnierenden Halbschlaf.

»Auf welche Terrasse?«, fragte ich irritiert und brauchte einen Moment, um zu realisieren, wo ich war. Die Bahn ruckelte und zuckelte immer noch im Schritttempo, inzwischen allerdings durch etwas bewohnteres Gebiet, und wir hielten in jedem kleinen Dorf.

»Na, vom Waggon natürlich!«, erklärte Wouter kopfschüttelnd, sprang auf und lief zum Ende des Abteils. Ich war mir nicht sicher, ob es eine gute Idee war, die Tür eines fahrenden Zuges zu öffnen und nach draußen zu gehen, trottete aber trotzdem hinterher.

Es stellte sich heraus, dass Wouter nicht der Einzige war, der diese Idee hatte. Die kleine Plattform am Ende des Waggons war proppenvoll, und die Menschen handelten, kauften und verkauften irgendetwas während der Fahrt. Der Zug fuhr an manchen Stellen so langsam, dass die Menschen außen bequem nebenherlaufen konnten, bis sie plötzlich stehen blieben, und die Mitreisenden, die eben noch eifrig auf der Plattform gehandelt hatten, ebenfalls verschwunden waren. Wir hatten eine Brücke erreicht, die so schmal war, dass niemand mehr nebenherlaufen konnte, und die so morsch aussah, dass die anderen Fahrgäste wahrscheinlich zum Rosenkranzbeten im Waggon verschwunden waren. Wenn ich katholisch gewesen wäre, hätte ich es ihnen sicher nachgetan, so hielt ich mich krampfhaft am Geländer fest und hoffte, dass wir die Brücke irgendwie überqueren würden, ohne dass sie unter uns zusammenbrach.

Die Brücke hielt stand, und wir kamen bald darauf wohlbehalten in Limón an, der Hafenstadt an der Karibikküste und Endstation des Bananenzuges. Mittlerweile dämmerte es bereits, es war später Nachmittag, und die Sonne würde bald untergehen. Limón war damals schon eine ziemlich heruntergekommene Stadt und zumindest nachts kein sicherer Ort, aber wir mussten dort über Nacht bleiben. Der Bus an die südlicher gelegenen, schönen Strände fuhr erst am nächsten Morgen. Zielsicher marschierten Wouter und die anderen auf ein großes Holzhaus zu, das schon bessere Tage gesehen hatte und die Aufschrift »Hotel« kaum verdiente. Trotzdem war ich froh, dass die anderen sich auskannten und genau wussten, wo man sicher unterkam und essen konnte.

Bei seiner vierten und letzten Reise im Jahr 1502 hatte Columbus die Bucht entdeckt, wo später die Hafenstadt gegründet wurde, vor der heute zahlreiche Kreuzfahrt- und Containerschiffe ankern, die aber selbst wenig Charme hat. Daher nahmen wir auch den ersten Bus, der nach Süden fuhr, und keine Stunde später waren wir in Cahuita. Der gleichnamige angrenzende Nationalpark hält, was Karibikprospekte versprechen: türkisblaues Meer, gesäumt von fast weißen, einsamen Sandstränden mit Palmen und Dschungel, in dem sich vom Tukan bis zum Faultier fast alle Tiere tummeln, die Touristen im Regenwald erwarten.

Das vorgelagerte Korallenriff lädt zum Schnorcheln ein und die afroamerikanischen Restaurantbesitzenden zur abwechslungsreichen karibischen Küche, geprägt von der dort allgegenwärtigen Kokosnuss. Trotz der perfekten Kulisse und den wunderbaren Menschen spürte ich nicht den Zauber, der mich in Nosara und Marenco ergriffen hatte. Vielleicht lag es auch an den malerischen Sonnenuntergängen, die an der Ostküste logischerweise fehlten, oder am Regen, der hier wie ein europäischer Schnürlregen die dürstende Erde versorgte und nicht so leidenschaftlich herunterklatschte wie auf der Pazifikseite. Dabei hatten wir Glück gehabt, der karibische Traumstrand hatte uns bei strahlendem Sonnenschein empfangen, und erst gegen Abend setzte der leichte Dauerregen ein.

Dieser ließ auch am nächsten Tag nicht nach, und wir fuhren mit dem Bus in den nur wenige Kilometer entfernten Ort Puerto Viejo. Vor dem Dorfladen ließ uns der Busfahrer aussteigen. Wir hatten das Gefühl, im Nirgendwo gelandet zu sein. Es war Sonntag, und fast das ganze Dorf schien zu schlafen. Mit einer Langsamkeit, die einem Faultier durchaus Konkurrenz gemacht hätte, schlenderten ein paar Bewohner entspannt über die Schotterwege.

Von irgendwoher drang Reggae-Musik an unsere Ohren und wir versuchten, dem Klang der Karibik zu folgen, was nicht schwer war, denn das Dorf war winzig klein und nur ein Restaurant hatte offen, vielleicht war es auch das einzige überhaupt. Auf der überdachten Terrasse, direkt am Strand, hatten es sich ein paar wenige Einheimische und Touristen gemütlich gemacht, tranken, rauchten – was damals noch überall erlaubt war, aber es roch nicht nur nach Zigaretten –, aßen und schienen sich am Regen überhaupt nicht zu stören. Obwohl es in Marenco einsamer gewesen war, hatte ich hier das Gefühl, das Ende der Welt erreicht zu haben.

Die Schotterpiste, die von dem winzigen Ort weiter nach Süden Richtung Panama führte und im Nirgendwo endete, war damals wohl nur für ein paar Farmer, eine Handvoll Surfer und Taucher, und wahrscheinlich auch für Drogenschmuggler wichtig. Aber damals hatten wir kein einziges Auto gesehen, das in diese Richtung fuhr, ohnehin gab es so gut wie kein Auto in dem abgelegenen Ort. Aber irgendwoher musste das Marihuana gekommen sein, dessen schwerer, süßlicher Duft wie eine Glocke über dem Ort hing. Wie in Jamaika, woher ein Großteil der Bevölkerung an der Karibikküste ursprünglich stammte, schien Rastafari auch hier die gängige Religion zu sein.

Die Musik und der Dunst sind geblieben, aber im Laufe der Jahrzehnte kamen auch viele andere Reisende an die Karibik-küste: Surfer, Taucher, Naturschützer, Aussteiger und ganz normale Touristen. Heute reiht sich an der Hauptstraße, die immer noch eine Schotterpiste ist, auf beiden Seiten ein Hotel an das andere. Es gibt keine störenden großen Hotelanlagen, sondern individuelle, mehr oder weniger luxuriöse Boutique-Hotels und einige Hostels. Puerto Viejo hat sich zum meist-besuchten Ort der Karibikküste von Costa Rica entwickelt, und Autos sind inzwischen alles andere als eine Seltenheit, das bekam ich dreißig Jahre später ziemlich deutlich zu spüren, als ich an ebendieser karibischen Küstenstraße im Stau stand.

Baumhaus mit Baumhühnchen

Die Ostküste sollte die letzte Station meiner Baumhausrecher-che in Costa Rica sein. Wenige Wochen später, im Februar 2016, wollte ich endlich mit dem Bau beginnen. Bis dahin sollte mein Holz getrocknet und der Plan meines Architekten genehmigt worden sein. Wobei wir uns immer noch nicht auf eine end-gültige Skizze geeinigt hatten. Der Entwurf war nicht schlecht, und das Ergebnis meinen Baumhausrecherchen, meines Geld-beutels, meinen praktischen Bedürfnissen im Alltag, meiner Fantasie, den Gegebenheiten vor Ort und natürlich dem Input des Architekten geschuldet. Aber irgendwie war ich noch nicht zufrieden und brauchte noch ein paar Inspirationen.

Dafür wollte ich die Baumhauslodge von Edsar, südlich von Puerto Viejo, besuchen. Die Leguane in Manuel Antonio hat-ten mich an den verrückten Holländer mit seiner Leguanzucht erinnert. »Soll ich dir meine Baumhühnchen zeigen?«, hatte er

208

mich damals gefragt. Ich hatte kein Wort verstanden, als wir vor dem großzügigen Leguangehege gestanden hatten und Edsar auf die Leguane in den Baumwipfeln deutete. Verzweifelt hatte ich nach Hühnchen in den Wipfeln gesucht, bis mir Edsar erklärt hatte, dass die Ureinwohner der Region die Leguane wie Hühnchenfleisch verzehrten und sie seither »Baumhühnchen« genannt wurden.

Jetzt musste ich aber vor allem an sein Haus denken, in dem sich jeder Hobbit, Grinch oder sonstiges Fabelwesen wohlgefühlt hätte. Edsars Heim glich mehr einer Höhle als einem Haus und folgte keinem architektonischen Konzept. Aber mit seinen Zauberhänden hatte er aus Beton so ungewöhnliche und märchenhafte Formen kreiert und kunstvoll bemalt, dass immer mehr Anfragen kamen, ob das Haus nicht zu mieten sei.

Edsar vermietete, plante und baute noch weitere ungewöhnliche Häuser auf seinem Leguan-Dschungelgrundstück am Strand. Inzwischen hatte er auch ein Baumhaus gebaut, und das wollte ich mir jetzt anschauen.

Obwohl ich Edsar schon lange nicht mehr besucht hatte, wusste ich, dass ich seine Anlage eigentlich nicht verfehlen konnte: Sie liegt genau gegenüber von Encars Faultierstation. Die Biologin, mit der ich gerade ein paar Faultierbabys versorgte, unterstützte meine Neugier: »Egal, ob du noch Ideen für dein eigenes Baumhaus brauchst oder nicht, du musst Edsar besuchen! Wenn einer Fantasie am Bau hat, dann ist es Edsar; völlig verrückt, was er für Ideen hat, und er setzt sie auch noch um. Auf der Hauptstraße ein paar Meter nach Süden, und dann siehst du schon seinen Eingang.«

Encar hatte recht, wenige Minuten später stand ich vor einer riesigen geschwungenen Betonmauer, auf der sich ein kunstvoll geformter und farbenfroh bemalter Leguan ausstreckte. Das Tier sah so echt aus, dass ich das Gefühl hatte, es würde gleich losrennen, wenn ich mich näherte. Tat es natürlich nicht, sondern blieb betonschwer liegen und lenkte meinen Blick auf den Schriftzug: *Tree House Lodge*. Nach meinen Informationen hatte Edsar zwar nur ein einziges Baumhaus, aber es passte einfach perfekt mit dem Leguan zusammen.

Eigentlich hatte ich vorher anrufen und mich ankündigen wollen, war dann aber doch einfach losgelaufen und wurde zunächst enttäuscht. Edsar war nicht da, und das Baumhaus konnte nicht besichtigt werden, weil es vermietet war.

Frustriert wollte ich gerade wieder gehen, als mit quietschenden Bremsen und wehenden Haaren Edsar in seinem uralten offenen Geländefahrzeug an dem steinernen Leguan vorbei in die Einfahrt fuhr. Von der Rückbank ragte ein halbes Sofa schräg in die Luft, das Edsar wenig effizient mit einer Hand festhielt und wahrscheinlich für eine seiner neuen Hauskreationen benötigte.

Obwohl ich mich überhaupt nicht angekündigt und Edsar auch schon Jahre nicht mehr gesehen hatte, blickte er mich nur einen kurzen Moment überlegend an. Dann fingen seine Augen an zu strahlen, die Mundwinkel gingen nach oben und er begrüßte mich, als hätte er schon seit Wochen auf mich gewartet. Da Edsar wie immer in Eile war, beeilte ich mich, mein Anliegen vorzutragen, und Edsar zeigte sich begeistert: »Wow, das ist ja toll! Du willst auch ein Baumhaus bauen? Und klar, ich zeig dir schnell unseres.«

Verwundert sah ich Edsar an: »Ich dachte, das Baumhaus ist vermietet und kann nicht besichtigt werden?« Er schüttelte den Kopf und eilte voran. Während ich mich beeilte, mit ihm auf verschlungenen Pfaden Schritt zu halten, klärte mich der unkonventionelle Lodgebetreiber auf, wie er die Dinge in die Hand nahm: »Kein Problem, die Leute sind am Strand, die verstehen, dass ich dir das Haus unbedingt zeigen muss.«

Ob die das auch so sahen, konnte ich nicht fragen, und die Gelegenheit, das Baumhaus zu besichtigen, wollte ich mir nicht entgehen lassen. Im Eiltempo folgte ich Edsar weiter auf dem schmalen Pfad durchs Gebüsch, bis er abrupt stehen blieb: »Hier ist das *Tree House* – toll, nicht wahr?«

Ich hätte Edsar gerne sofort zugestimmt, sah aber außer einem Schild mit der kunstvollen Aufschrift *»Tree House«* zunächst nur Büsche, Bäume und Edsar mit seinen wehenden Haaren, der inzwischen noch ein paar Schritte weitergegangen war.

Als ich zu ihm aufgeschlossen hatte, entdeckte ich es schließlich: das verrückte Gebäude, das sich über mehrere Etagen an verschiedene Bäume schmiegte. »Ein bisschen wie das Baumhaus der Familie Robinson«, kommentierte ich die Kreation auf den ersten Blick. Edsar nickte stolz: »Siehst du die Wurzeln in der Küche und an dem Baum und über den Ästen dort? Das ist das Schlafzimmer.«

Es dauerte eine Weile, bis ich die Konstruktion halbwegs verstand. Im Zentrum der Küche stand ein Baumstamm mit riesigen Schachbrettwurzeln, die den Raum teilten. Die nach außen offene Küche integrierte einen weiteren Baumstamm. Aber aus dem Dach dieses unteren Baumhauses ragte kein Baumstamm heraus. Ich ahnte schon, dass Edsars Zauberhände am Werk gewesen waren. Und als ich fragte: »Das habt ihr gemacht – oder?«, grinste Edsar.

»Ja, das haben wir gemacht. Es gab hier einen Baum, der durch das Dach gewachsen ist, aber der ist gestorben. Und das ist jetzt Beton – sieht man fast nicht.«

Recht hatte er, sein künstlicher Baumstamm war als solcher kaum zu erkennen. An der Küchenzeile vergewisserte ich mich, indem ich über die Rinde strich: »Das hier ist jetzt aber wieder der richtige Baum?«

»Ja, das ist der richtige Baum«, bestätigte Edsar. »Zum Glück sind nicht beide Bäume abgestorben, das wäre sehr schade gewesen. Aber hier müssen wir an der Küche immer ein bisschen nacharbeiten, die Arbeitsplatte etwas verkleinern, weil der Baum ja weiterwächst. Das ist ein organisches Haus, hier müssen wir uns nach der Natur richten und immer ein wenig nachjustieren.«

Anerkennend sah ich mich in dem Haus um, das auf den Boden gebaut war und sich vor lauter Ästen und Baumstämmen dennoch wie ein Baumhaus anfühlte, auch wenn die meisten Äste und Bäume aus Beton waren. Die Magie der Illusion kann ganz schön manipulieren. Ich war gespannt darauf, was Edsar zum Bad eingefallen war und wurde nicht enttäuscht: Es wurde von einem riesigen Baum geprägt, Dusche und Toilette waren quasi in den Stamm integriert.

»Ja, das ist toll, oder? Aber leider auch kein echter Baum«, kommentierte Edsar mit wirklichem Bedauern sein ziemlich gelungenes Kunstwerk, bevor er fortfuhr: »Auch hier stand mal ein richtiger Baum. Als wir angefangen haben zu bauen, war er aber schon morsch. Wir haben versucht, die Form zu erhalten und nachzubauen.«

»Das habt ihr aber gut hinbekommen. Da muss man schon ziemlich genau hinschauen, um zu erkennen, dass das gar kein richtiger Baum ist«, lobte ich anerkennend das Kunstwerk, als plötzlich ein Leguan durchs Bad schoss und ich erschrocken auf der Toilette landete – sehr zum Vergnügen von Edsar: »Ja, wir sind hier richtig verbunden mit der Natur. Das Haus ist immer offen, manchmal kommen hier Faultiere rein, ganz oft Affen und Agutis. Das Schlafzimmer oben im Baum wollten wir auch erst so offen gestalten, haben es dann aber doch auf Wunsch der Gäste geschlossen.«

Gute Idee, dachte ich, als ich Edsar über einen Steg nach draußen folgte, der zu einer Treppe führte. Am oberen Ende der gewundenen Treppe waren wir am Schlafzimmer angelangt, das ein richtiges Baumhaus auf einem echten Baum war. Erst später entdeckte ich ein paar zusätzliche Stützen, die das Holzhaus stabilisierten. Statt Glasfenster schützten Fliegengitter vor ungebetenen Gästen, und eine Tür gab es immerhin auch. Das Konzept, Küche und Bad vom Schlafbaumhaus zu trennen, hatte sich längst auch in meinem Kopf festgesetzt, allerdings nicht die Vorstellung von einer nach außen offenen Küche. Duschen und Kochen wollte ich doch lieber ohne Affe, Faultier, Leguan & Co. Tatsächlich hing vor dem Schlafbaumhaus ein wuscheliges Zweifingerfaultier und sah aus wie ein Wollknäuel, so zusammengerollt, wie es in der Astgabel hing.

Bevor ich mich im Baumhaus ebenfalls so zusammenrollte, drängte mich Edsar sanft aus dem gemütlichen Schlafbaumhaus: »Ich will dir noch ein anderes zeigen, außerdem kommen die Gäste gerade zurück.«

Als ich die Treppe hinunterging, sah ich die Familie vor dem Küchenhaus Badehandtücher aufhängen, und Edsar, wie er seinen Gästen gestikulierend erzählte, warum ich so dringend das Baumhaus besichtigen musste. Vermutlich hatte er vor allem erzählt, wie ich vor »Leguanschreck« auf das Klo geplumpst war: Sie schienen sehr amüsiert und winkten mir lachend zu, als ich erneut Edsar hinterhereilte.

Wenig später standen wir vor einem großen geschwungenen Eingangstor, das eher an eine Trutzburg erinnerte als an ein Baumhaus.

»Das ist ein ›um-den-Baum-herum-Baumhaus‹«, erklärte Edsar stolz, als er das Tor öffnete.

Als ich den Hof betrat, verstand ich, was er meinte: Das ganze Haus war wie eine Galerie um einen großen Gummibaum gebaut und hatte ansonsten nichts von einem Baumhaus. Aber wie Edsar es präsentierte, fühlte ich mich gleich wieder wie Alice im Regenwaldwunderland in einem ganz besonderen Baumhaus – vor allem, als Edsar Golfutensilien aus einer Ecke hervorzauberte und mir einen Schläger in die Hand drückte. »Das Spiel gehört zum Baumhaus, und zum Schluss kommt der schwierigste Schlag, dann musst du die Höhle in dem Baum treffen.« Erst jetzt bemerkte ich die zahlreichen Löcher im dem Kunstrasen, der im ganzen Hof um den Baum herum ausgelegt war.

Neugierig näherte ich mich dem Urwaldriesen, dessen Rinde wie riesige Falten eines Vorhangs zu Boden gingen. In einer Falte hatte sich eine kleine Höhlung gebildet, die Edsar ebenfalls mit einem kleinen Stück künstlichen Rasen ausgelegt hatte. Ich zielte mit dem Ball auf die Baumhöhle, traf aber kein einziges Mal, was vielleicht auch daran lag, dass Edsar erzählt hatte, dass normalerweise ein Leguan in der Höhle sitzen und die Bälle fangen würde. Ich glaubte zwar kein Wort, aber auf den Ästen über uns hockten mindestens vier Leguane, die ich mir nacheinander als Ballfänger in der Baumhöhle vorstellte, obwohl jeder von ihnen eigentlich viel zu groß für die Vertiefung war.

Edsar hatte jedenfalls genauso viel Unfug im Sinn wie Jahrzehnte zuvor Wouter. Es musste der spezielle holländische Humor mit karibischem Einschlag sein, der die beiden verband.

Wobei Wouter mehr auf Orchideen und Insekten – vor allem Kakerlaken – spezialisiert war statt auf Leguane und Tomaten – außer Leguanen züchtete Edsar noch alte Tomatensorten und Wildtomaten. Wouter hatte es zumindest genauso verstanden, interessante kuriose Fakten mit schauerlichen Legenden zu verbinden, wie Edsar.

Von Wouter hatte ich einiges über Orchideen gelernt, obwohl ich mich zuvor auch schon gut ausgekannt hatte. Unter den mehr als dreißigtausend Orchideenarten gibt es einige mit sehr ausgefallenen Eigenschaften und Vermehrungsstrategien. Auch die Vanille gehört zu den rankenden tropischen Orchideen, die ursprünglich aus Mittelamerika kommt. Schon die Azteken wussten, wie die Früchte dieser Ranke durch einen Fermentationsprozess zu veredeln sind, damit sie das charakteristische Vanillearoma verströmen.

Andere Orchideen haben sich in einer Koevolution mit Insekten weiterentwickelt, das heißt, die Insekten haben die Form und Farbe der Orchideenblüte angenommen. Beispielsweise die in Südostasien verbreitete Kronenfangschrecke oder Orchideenmantis. Diese Gottesanbeterin tarnt sich nicht, um sich vor möglichen Fressfeinden zu verstecken, sondern umgekehrt: Sie tarnt sich, damit ihre Opfer sie nicht sehen. Starr und steif wie ein Teil einer *Phalaenopsis*-Orchideenblüte harrt diese Gottesanbeterin aus, bis ein Insekt die vermeintlich unbesetzte Blüte anfliegt, um dann blitzschnell zuzuschlagen.

Obwohl es allein in Costa Rica einige Tausend verschiedene Arten gibt, wusste Wouter den Namen jeder Orchidee und kannte ihre spezifische Lebensart und Überlebensstrategie. Einige Informationen hatte er aus dem *Lankester Botanical Garden*, ein für Orchideenfans aus aller Welt berühmter Botanischer

Garten in Costa Rica. Ich lauschte mit Vergnügen den faszinierenden Tricks im Orchideenreich – auch wenn ich sie schon kannte. Ohne Übergang glitt Wouter von einer Geschichte zur nächsten und erzählte irgendwann von einer leuchtend gelben, extrem seltenen *Odontoglossum*-Art mit riesigen Stacheln und einem betörenden Duft, dem selbst kleine Säuger folgen würden. Kaum hätten die Wesen die Pflanze erreicht, würden sie sich an den Stacheln verletzen und die Orchidee würde das Blut saugen.

Da ich zumindest über ein solides botanisches Grundwissen verfügte, wusste ich, dass diese Geschichte genauso wenig stimmte wie Wouters Ohrläppchen knabbernde Kakerlaken.

Tatsächlich gibt es aber Orchideen, die Leichengeruch nachahmen, um aasfressende Insekten anzulocken und diese als Bestäuber zu gewinnen. Andere Orchideen imitieren die Form von Insektenweibchen, um männliche Bestäuber anzulocken, und wieder andere Arten produzieren Pheromone, um paarungswillige Insekten anzulocken und sorgen so für die eigene Vermehrung. Die Tricks im Pflanzenreich sind mindestens ebenso vielfältig wie im Tierreich, und bei meinem ersten Ausflug in die Karibik von Costa Rica lernte ich nicht nur den holländisch-karibischen Humor kennen, sondern auch einiges Neues über Orchideen. Ich war jedenfalls inhaltlich bestens vorbereitet auf meine Expedition zur biologischen Station *Rara Avis* und den Ausflug in die Wipfel des Regenwaldes zu dem Baumkronenforscher Donald Perry, der nun unmittelbar bevorstand.

Rara Avis und der Dschungelaufzug

Vergnügt steuerte Amos Bien, der Leiter der Station *Rara Avis*, seine dunkelgrüne Rostlaube, die Jahrzehnte zuvor ein erstklassiger Jeep gewesen war, durch den dichten Nebel, der über die neue »Autobahn« waberte. Diese Straße, die noch nicht einmal den Standard einer deutschen Schnellstraße erfüllte, war für den Fortschritt von Costa Rica in den Achtzigerjahren eine große Errungenschaft gewesen: Sie war die neue Schnellstraße zum Atlantik, die den Zug ins Abseits manövriert hatte und den Nationalpark Braulio Carrillo in zwei Teile zerschnitt. Was die Straße betraf, war der Naturschützer Amos Bien so gespalten wie der Nationalpark. »Wenn sie wenigstens Brücken und Tunnel für die wandernden Tiere gebaut hätten«, kommentierte er einen heftigen Schlenker, mit dem er einem überfahrenen Waschbären auswich. »Aber ohne diese Autobahn würden wir doppelt so lange nach Horquetas brauchen, und dort geht das Abenteuer erst richtig los«, fuhr Amos grinsend fort, während der Jeep ächzte, als würde er eine Schotterpiste im Schritttempo bevorzugen, statt den steilen Asphalt hinauf zu hetzen. Wobei Autobahn eigentlich nicht der richtige Ausdruck für die steile, einspurige Passstraße war, aber es ist immer noch die beste Verbindung von der Hauptstadt an die Karibikküste – und jede weitere Straße würde den Dschungel noch weiter zerstören.

Nur wenige Kilometer hinter der Hauptstadt hatte der Nebelwald begonnen, der seinem Namen alle Ehre machte. Wir waren kurz nach Sonnenaufgang aufgebrochen, aber von der Sonne war keine Spur zu sehen. Die Nebelschwaden krochen wie wallende Geistergewänder über die Straße. Die weder beleuchtete noch sonderlich gut markierte Straße war so gut wie gar nicht zu erkennen. Amos' Nase klebte fast an der Windschutzscheibe, aber ihm schien der Blindflug nichts auszumachen: »Alles eine Sache der Gewohnheit, und gleich haben wir es geschafft.«

Während ich auf der Rückbank hin und her geschleudert wurde und hoffte, dass Amos recht behalten und wir die Nebelwand zeitnah hinter uns lassen würden, blinzelte der Fotograf auf dem Beifahrersitz neugierig in die Welt. Mehrfach hatte ich mir von Amos bestätigen lassen, dass der Baumkronenforscher auch wirklich auf der Station sein würde, wenn ich komme. Nachdem er mir hoch und heilig geschworen hatte, dass der Forscher tatsächlich dort sei und in den Baumkronen forsche, hatte ich einen Fotografen für eine Reportage gebucht und hoffte, dass ich diese Investition nicht in den Sand setzen würde.

Aufgrund des äußerst schmalen Budgets hatte mir Tom, der Fotograf, nur wenige Tage Zeit eingeräumt, und ich hatte die Tour nach *Rara Avis* straff organisiert. Sollte der Nebel anhalten, würde ich das Highlight der Fotosafari allerdings von der Motivliste streichen müssen: Donald Perry und den Dschungelaufzug. Bei der Sicht konnte man nur vermuten, wo in etwa die Baumkronen waren, und einen Forscher in selbigem würde man ganz bestimmt nicht erspähen können, geschweige denn fotografieren.

Doch meine pessimistischen Gedanken hielten nicht lange an, denn Amos hatte recht behalten. Keine halbe Stunde nach seiner Ankündigung durchbrachen wir die Nebelwand, und es offenbarte sich ein schier endloser Urwald auf geschwungenen Hügeln und Bergen bis zum Horizont. Der Atem des Dschungels hing wie Wattebäusche in den Tälern und umschmeichelte das Dach des Regenwaldes.

Amos steuerte den klapprigen Jeep in eine Haltebucht und stieg aus. »Wenn ihr Fotos machen wollt, ist hier die beste Aussicht. Da drüben ist der San-Fernando-Wasserfall, unserer ist nicht ganz so hoch, aber das werdet ihr ja spätestens morgen sehen.« Amos deutete auf einen hellen Strich zwischen den in allen Grüntönen schillernden Hügeln und reichte mir ein Fernglas.

Der Wasserfall durchschnitt den dichten Dschungel mit seiner tosenden Gischt wie ein scharfes Messer. Mindestens hundertfünfzig Meter fielen die Wassermassen aus einem mächtigen grünen Schlund nach unten. Es war eine Aussicht wie ein Gemälde, fast überirdisch schön.

Während Tom ein Foto nach dem anderen schoss, zupfte mich Amos am Ärmel und zeigte auf die Böschung: »Das sind die Regenschirme des Dschungels oder ›Schirme des armen Mannes‹, wie sie bei uns heißen.«

Bevor ich etwas sagen konnte, marschierte Amos zu dem riesigen Kraut und hockte sich unter eines der gezackten runden Blätter, das einen Durchmesser von fast zwei Metern hatte. Das Monsterblatt, wissenschaftlich *Gunnera insignis*, wie mich Amos aufklärte, erinnerte mich ein wenig an Rhabarber, gehört aber einer eigenen Gattung an und wächst nur in den tropischen Bergwäldern von Mittelamerika, und dort nur an Böschungen, Schluchten oder Steilhängen, wo ausreichend Licht auf den Boden fällt. Am Straßenrand fielen definitiv ausreichend Sonnenstrahlen auf den Boden, und die Blätter eigneten sich auch hervorragend als Sonnenschirm, den wir jetzt hätten gebrauchen können. Denn nachdem wir die Nebelwand durchbrochen hatten, brannte die tropische Sonne, trotz früher Morgenstunde, erbarmungslos auf den Asphalt.

Dem Fotografen standen schon die Schweißperlen auf der

Stirn, als Amos zur Weiterfahrt drängte. Bevor er laut »Einsteigen!« rief, war er aufgestanden und hatte den Kopf durch die Blattscheide gequetscht; nun blickte er grinsend auf sein riesiges grünes »Lätzchen« – woraufhin wir natürlich nicht gleich einstiegen, sondern erst einmal ausgiebig den kauzigen Amos fotografierten. Eines der Fotos habe ich ihm später überlassen – es kursiert heute noch im Internet.

Nur noch einmal hielt er sein geschundenes Gefährt an, bevor wir nach einer gefühlten Ewigkeit den winzigen Ort Horquetas erreichten: vor der Brücke des Río Sucio. In dem Fluss lungerten keine Krokodile, sondern ein Naturschauspiel ganz anderer Art lockt dort den Betrachter. *Sucio* bedeutet »schmutzig«, und unter der Brücke vereint sich ein schmuddeliger Strom mit einem Fluss aus glasklarem Wasser. Allerdings fließen die beiden Gewässer zunächst wie zwei getrennte Wesen in ein und demselben Bett nebeneinander her, bevor sie sich zu einem trüben Fluss vereinen. Das vermeintlich dreckige Wasser ist allerdings nur angefüllt mit aufgewirbelten Sedimenten nährstoffreicher Vulkanerde – sozusagen der natürliche Dünger des Dschungels, der an dieser Stelle ein wenig verdünnt wird, oder die Venen und Adern, die sich im Herzen des Regenwaldes vereinen.

Kurz nach der Brücke bogen wir auf eine schmale Schotterpiste nach Norden, und Amos beschränkte sich darauf, die Wunder der Natur während der holprigen Fahrt zu kommentieren. Dabei fuhr er so langsam, dass Tom bequem ein paar Fotos aus dem fahrenden Auto hätte schießen können, wenn der Jeep nicht so viel Staub aufgewirbelt hätte. Als wir Horquetas endlich erreichten und Amos mit quietschenden Bremsen vor einem gepflegten Holzhaus hielt, war es später Vormittag.

Wir wurden bereits erwartet, denn aus dem Haus kam eine lachende Costa Ricanerin mit einem Tablett voller frischer, selbst gemachter Limonade und begrüßte uns, bevor sie sich an Amos wandte:»Deinen Jeep höre ich schon lange, bevor er in Sicht ist, ich hoffe, er hält noch eine Weile. Obst und Gemüse ist wie immer in den Kisten dort.«

Wir halfen Amos, die frische Ernte der Region einzuladen, und hielten es für einen Scherz, als er nebenbei erwähnte, dass wir die längste Fahrtstrecke noch vor uns hätten, obwohl es nur noch zwölf Kilometer bis zur Basisstation waren. Wir konnten nicht glauben, dass wir für diese kurze Distanz über drei Stunden brauchen sollten.

»Diesmal kein Scherz«, erwiderte Amos ernst.»Wenn die Lodge fertig ist, wollen wir die Gäste mit einem Traktoranhänger nach oben bringen, aber jetzt müssen wir mit meinem grünen Monster vorliebnehmen.« Dabei tätschelte Amos liebevoll seinen ramponierten Jeep. Er verhielt sich eher so, als ob er ein altersschwaches Haustier vor sich hätte und keine Rostlaube. Meinen skeptischen Blick erwiderte er mit einer wenig verheißungsvollen Alternative:»Ihr könnt auch laufen, der Weg fängt hier gleich hinter dem Haus an, dauert nicht viel länger.«

Fast synchron schüttelten wir die Köpfe und wollten gerade wieder einsteigen, als Amos uns zurückhielt:»Ein Stück müsst ihr auf jeden Fall laufen und euer Gepäck, zumindest die Fotoausrüstung, solltet ihr auch in die Hand nehmen.« Wir sahen uns fragend an, aber Amos gab keine weitere Erklärung ab, sondern stellte nur unmissverständlich klar, dass es keine Alternative gab. Dann forderte er uns auf, ihm zu folgen.

Ein paar Hundert Meter hinter dem Haus wurde uns klar, was das Problem war: Ein reißender Fluss durchtrennte die

Schotterpiste, und nur eine schmale Hängebrücke für Fußgänger führte über den Strom.

»Ihr geht über die Brücke und wartet auf der anderen Seite auf mich. Betet, dass ich nicht stecken bleibe, sonst müsst ihr doch zu Fuß gehen«, befahl uns Amos streng, während er sich Gummistiefel anzog und in den Fluss watete. Nach wenigen Minuten gab er uns mit dem Daumen nach oben zu verstehen, dass es gut aussah und das Wasser nicht zu tief war, um durchzufahren.

Trotzdem standen wir mit angehaltenem Atem auf der anderen Seite des Flusses und beobachteten, wie Amos es mit den Fluten aufnahm. Um den Wassermassen keine breite Angriffsfläche zu bieten, fuhr Amos zunächst steil stromaufwärts, um dann in einer großen Kurve ans andere Ufer zu gelangen. Als er noch nicht einmal die Mitte des Flusses erreicht hatte, schwappte das Wasser bereits über die Kühlerhaube. Doch das grüne Monster schlug sich tapfer. Es zuckelte und ruckelte und blieb dennoch nicht stecken, sondern überschritt tapfer den Scheitelpunkt und steuerte auf das andere Ufer zu.

»Das war knapp, jetzt kann eigentlich nichts mehr schiefgehen«, kommentierte der schweißgebadete Amos seine waghalsige Aktion, als er sicher im Trockenen anhielt.

Als sich das grüne Monster die steile, kurvige Straße, die den Namen »Straße« nicht verdient hatte, hinaufquälte, war ich mir nicht mehr so sicher, ob Amos recht behalten würde. Der lehmige, glitschige Weg hatte schon unzählige Felsbrocken freigelegt und der tropische Regen tiefe Fahrrinnen ausgespült und in riesige Schlaglöcher verwandelt. Mehrfach mussten wir aussteigen und anschieben, weil der Wagen auch nach dem fünften Anlauf die jeweilige Hürde nicht gepackt hatte

Wir kamen schließlich an, Amos hatte recht behalten. Allerdings hatten wir noch länger gebraucht, als er prophezeit hatte.

Die Mittagszeit war weit überschritten, als wir an der Basisstation *El Plastico*, das einst eine Strafkolonie gewesen war, ausstiegen. Das alte Verwaltungsgebäude des Gefangenenlagers diente als Station, bis die Lodge am Wasserfall fertig war. Vom Wasserfall war allerdings weder etwas zu hören noch zu sehen. Amos sah uns treuherzig durch seine riesigen Brillengläser an: »Der Wasserfall und die Baustelle sind noch drei Kilometer weiter im Dschungel, da ist auch Perrys Hütte, aber dort können wir nicht hinfahren, das schafft selbst mein grünes Monster nicht. Aber jetzt essen wir erst mal was.«

Der verführerische Duft von diversem Gemüse, gebratenen Kochbananen, gekochten Bohnen und würzig gegrilltem Hühnchen kroch in meine Nase und bekämpfte mit aller Macht die Enttäuschung, die sich gerade in mir breitmachen wollte. Amos hatte uns pünktlich um sechs Uhr morgens in San José abgeholt und eigentlich versprochen, dass wir mittags auf der Station wären und noch genug Zeit für Fotos und Baumkronenforscher hätten. Wegen unserer vielen Fotos waren wir selbst schuld, dass es etwas später geworden war, und die Straßenverhältnisse hatten auch dazu beigetragen, Amos' Zeitplanung durcheinanderzuwerfen. Toms Hunger hatte ohnehin schon gesiegt – er saß am gedeckten Tisch und dachte keine Sekunde an die fortgeschrittene Zeit.

Nach dem köstlichen Essen und der schweißtreibenden Fahrt wären eine Dusche und ein kleiner Mittagsschlaf sehr verlockend gewesen, aber weder die kalten Duschen im Holzverschlag noch die Stockbetten in den winzigen, kahlen Räumen waren sehr einladend, und die Hängematten waren alle besetzt. Die jungen Forschenden, die auf der Station arbeiteten, hatten ihren Arbeitstag bereits beendet, zumindest die Feldarbeit. Mit ein paar Unterlagen hingen sie gemütlich in den

Hängematten und erweckten keineswegs den Eindruck, als würden sie Schwerstarbeit leisten.

Aber bei uns machte sich langsam der Ehrgeiz bemerkbar. Es war mittlerweile drei Uhr nachmittags, und wir wollten unbedingt noch zum Wasserfall und zur Station des Baumkronenforschers. Auch wenn wir erst am nächsten Tag in die Baumkronen entschwinden konnten, wir wollten zumindest die Szenerie schon mal gesehen und fotografiert haben. Amos schüttelte den Kopf:»Das ist jetzt zu spät, da kann man nur hin hetzen und muss dann gleich wieder zurück, das ergibt keinen Sinn. Aber ihr könnt ja gehen; der Wasserfall, die Baustelle und Perrys Hütte sind nicht zu verfehlen. Immer den Weg entlang oder den schmalen Urwaldpfad da drüben, der ist noch etwas kürzer.«

Wir überlegten nicht lange und packten das Fotoequipment und sicherheitshalber zwei Taschenlampen in unsere Rucksäcke. Als wir gerade losmarschieren wollten, hielt uns Amos schmunzelnd zurück:»Wartet, nehmt vielleicht noch ein Funkgerät mit.« Etwas erschrocken sah ich ihn an.»Ich dachte, wir können den Wasserfall und die Hütte gar nicht verfehlen, und es wird doch erst in zweieinhalb Stunden dunkel.«

Amos zuckte mit den Schultern:»Wenn ihr in vier Stunden nicht zurück seid, dann lasse ich euch suchen – oder wollt ihr doch lieber hierbleiben?«

Noch immer hielt uns Amos das Funkgerät entgegen, das Tom schließlich einsteckte, um es kurz darauf wieder hervorzuholen und sich erklären zu lassen, wie man es bedient, worauf Amos bestand, inklusive eines kurzen Tests. Ich war mir plötzlich gar nicht mehr so sicher, ob es eine gute Idee war, um diese Uhrzeit ohne Guide in den unbekannten und unbeschilderten Dschungel aufzubrechen, wollte aber auch keinen Rückzieher mehr machen.

Lost

Wir entschieden uns für den kleinen Urwaldpfad, der kürzer sein sollte als der breite Hauptweg, was sich aber bald als Fehler herausstellte. Doch noch schien die Sonne strahlend und ziemlich hoch am Himmel und schickte sanftes Licht in die untere Etage des Urwaldes. Es sah alles sehr friedlich und lieblich aus. Ich schob meine Bedenken beiseite, schließlich waren wir zu zweit und Amos hätte uns sicher nicht in den Dschungel gehen lassen, wenn es gefährlich wäre. Etwa drei Kilometer sollten es bis zum Wasserfall sein und ich schätzte eine halbe Stunde für den Weg bei strammem Schritt, und doppelt so lange mit Fotopausen.

Bereits nach wenigen Minuten hüpfte ein knallroter Pfeilgiftfrosch vor unsere Füße – und vor lauter Begeisterung vergaß ich sämtliche Bedenken. Wir verbrachten einige Zeit damit, das Tier zu fotografieren, was nicht sonderlich gut gelang, da es immer dann wegsprang, wenn es gerade im Fokus war. Irgendwann schien ihm ganz die Lust am Fotoshooting vergangen zu sein und es verschwand auf einem Baum.

Später erfuhr ich von einem Tierfotografen, dass er die Frösche immer einfing und in einem Gefäß mit Luftlöchern für ein paar Minuten in den Kühlschrank stellte oder in ein Glas Wasser mit Eiswürfeln warf, um sie dann besser fotografieren zu können. Das fand ich ziemlich gemein und habe es auch nie ausprobiert, es soll den Tieren allerdings nicht schaden, was ich bis heute nicht glaube.

Amphibien sind genau wie Reptilien wechselwarme Tiere und können ihre Temperatur selbst nicht regulieren, insofern können sie sich bei niedrigen Temperaturen schlecht bewegen. Deswegen sonnen sich vor allem Reptilien gerne, Amphibien müssen hingegen immer feucht bleiben und benötigen Süßwasser in ihrer Nähe.

Der Frosch blieb nicht die einzige faszinierende Kreatur auf unserem Weg. Wir fotografierten die Schönheit des Regenwaldes, so gut es vom dunklen Urwaldboden aus möglich war. Immer wieder blickte ich in das weit entfernte Kronendach und sehnte mich nach oben. Die Zeit verging wie im Flug, und wir drangen immer weiter in den Dschungel vor.

Dreizehn Quadratkilometer Regenwald hatte Amos Anfang der Achtzigerjahre gekauft, um sie zu schützen. Das private Schutzgebiet grenzte direkt an den vierhundertfünfundsiebzig Quadratkilometer großen Nationalpark Braulio Carrillo – eine Fläche, die in etwa dreimal so groß ist wie Liechtenstein und auf jeden Fall groß genug, um sich wochenlang darin zu verlaufen.

Um halb fünf sahen und hörten wir immer noch nichts vom Wasserfall und beschlossen, das Fotoequipment erst mal zu verstauen und uns auf den Weg zu konzentrieren. Plötzlich blieb Tom stehen und fragte etwas nervös: »Wo müssen wir jetzt lang?«

Als ich zu ihm aufschloss, sah ich die Y-förmige Kreuzung, wobei beide Wege nur ganz schmale Trampelpfade und als Wege kaum zu erkennen waren. Ich überlegte einen Moment: »Auf jeden Fall nach links, der Hauptweg war links von uns und im Zweifel stoßen wir einfach darauf.« Tom nickte, und wir setzten schweigend unseren Weg fort, bis uns nach einer ganzen Weile ein umgefallener Urwaldriese den Weg versperrte. Die Dämmerung war inzwischen weit fortgeschritten, und wir konnten kaum noch etwas sehen, immerhin aber so viel, um zu erkennen, dass sich der Trampelpfad auf der anderen Seite des Baumstamms nicht fortsetzte. Mit leichter Verzweiflung sahen wir uns an. »Ich glaube, wir kehren besser um«, entfuhr es uns fast synchron.

Mittlerweile hatten wir die Taschenlampen ausgepackt und konnten den Pfad kaum noch erkennen, auf dem wir gekommen waren. Plötzlich standen wir vor einer Kreuzung, die wir vorher gar nicht gesehen hatten. Wir waren ganz sicher nicht mehr auf dem Weg, auf dem wir hergekommen waren.

Inzwischen war es stockfinster. Ich nahm jetzt mit einer ganz anderen Intensität all die Geräusche wahr, die um uns herum tönten. Alleine waren wir jedenfalls nicht. Am Boden raschelte es, irgendwer huschte gerade an uns vorbei, über uns knackten ein paar Äste, überall waren die Zikaden zu hören, und ab und zu das Pfeifen der kleinen Frösche.

Plötzlich wurde ein Rascheln lauter, und ich sah gerade noch den dunklen Schatten eines größeren Wesens, das sogleich in der Finsternis des Dschungels verschwand. Erschrocken fuhr ich zusammen. »Hast du das auch gesehen?«, wollte ich von Tom wissen. Er nickte und holte ohne zu zögern das Funkgerät aus dem Rucksack.

»Amos, bitte kommen!«, rief er mehrmals in das knackende Gerät, bevor sich Amos meldete. Ich verstand nicht alles, was er sagte, weil sich Tom das Gerät ans Ohr hielt und das permanente Knacksen deutlich lauter als Amos' Stimme aus dem Lautsprecher kam. Mit »Over« beendete Tom das kurze abgehackte Gespräch.

»Es gibt keine Abzweigungen auf dem Dschungelpfad zu Perrys Hütte, das müssen Trampelpfade von irgendwelchen Tieren gewesen sein«, erklärte mir Tom entgeistert.

»Ja, und wahrscheinlich laufen wir gerade auf der Autobahn von Pekaris oder Tapiren und können froh sein, wenn die uns das nicht übel nehmen. Eins hat ja eben zum Glück schon mal eine Seitenstraße genommen«, kommentierte ich trocken, wollte aber vor allem wissen:»Und was sollen wir tun?«

»Entweder den Weg zurück finden, den wir gekommen sind, oder versuchen, den Hauptweg zu finden, der jetzt irgendwo rechts von uns liegen muss. Und wenn beides nicht klappt, sollen wir Amos noch einmal anfunken, das heißt, auf jeden Fall in einer halben Stunde noch mal. Wenn er nichts von uns hört, läuft er in einer halben Stunde mit ein paar Leuten los und sucht uns.«

»Das wäre mir aber peinlich«, gab ich kleinlaut zurück, wohl wissend, Amos' Warnungen in den Wind geschlagen zu haben. Wir waren müde, hatten Hunger und Durst und keine Ahnung, wo wir waren. Die Flasche Wasser, die wir mitgenommen hatten, war längst leer. Trotzdem kam es für uns nicht infrage, einfach auszuharren und zu warten, bis sie uns mit ihren Suchscheinwerfern finden würden. Wir beschlossen, an jeder Kreuzung rechts abzubiegen, in der Hoffnung, dann auf den Hauptweg zu stoßen. Doch stattdessen landeten wir eine Viertelstunde später genau wieder an der Stelle, an der wir vorher losgelaufen waren. Nicht nur die Tiere hatten kleine Pfade hinterlassen, auch der tropische Regen. Bei einem heftigen Schauer sucht sich das Wasser Bahnen, in denen es schneller ablaufen kann, und hinterlässt Spuren, die zumindest im Dunkeln wie ein Pfad aussehen und uns vollkommen in die Irre geführt hatten.

Ich hockte mich auf einen Baumstumpf an der Weggabelung, an der wir gerade schon einmal gewesen waren und überlegte.»Hat Amos sonst noch etwas gesagt?«, hakte ich nach. Tom dachte einen Moment nach, bevor er antwortete:»Nur, dass der Hauptweg unterhalb verläuft und wir theoretisch abwärts laufen müssten, um dorthin zu kommen.«

Das brachte mich auf eine Idee. Ich kniete mich hin und untersuchte den Pfad noch einmal genau. »Lass es uns noch einmal versuchen«, forderte ich Tom auf und ging ohne eine Antwort abzuwarten den gleichen Weg, den wir eben erfolglos gegangen waren, entlang. Tom folgte mir. An der nächsten Gabelung kniete ich mich wieder hin und untersuchte mit der Taschenlampe beide Pfade, bevor ich mich für den linken Weg entschied. Tom hielt inzwischen das Funkgerät in der einen und die Taschenlampe in der anderen Hand. Er hielt wohl nicht viel von meiner Spurensuche und bereitete sich schon auf den nächsten Funkspruch vor, sagte aber nichts.

Der Weg, oder was immer es sein sollte, war kaum mehr zu sehen und schließlich verlor er sich ganz. Wir waren vor einem Baum gestrandet, und vielleicht waren es nur die Blattschneiderameisen gewesen, die hier am Tag einen kleinen Pfad zu ihrem Baum getrampelt hatten – aus dessen Krone sie emsig Blattstücke geschnitten hatten, um sie in ihren Bau zu bringen, wo sie jetzt wahrscheinlich selig schliefen. Ich wollte auch eine Ameise sein, aber eigentlich lieber oben auf dem Baum sitzen.

Tom nahm entnervt das Funkgerät hoch und suchte die richtige Frequenz, obwohl er sie zuvor eingestellt hatte. »Das hat keinen Sinn mehr, wir finden hier nicht alleine raus, außerdem ist die halbe Stunde eh gleich um«, kommentierte er sein Rumgefuchtel an dem Gerät.

Bevor er es richtig einschalten konnte, stoppte ich ihn mit der einen Hand und legte ihm mit der anderen den Zeigefinger an den Mund. »Pssssst!«, flüsterte ich, und wir waren beide für einen Moment ganz still. »Hörst du es nicht?«, fragte ich nach einer Weile.

»Was?«

»Na, den Wasserfall!«

Tom lauschte noch einmal, und ich blieb ganz still. »Du hast recht!«, jubelte er. »Jetzt kann ich ihn auch ganz deutlich hören! Warum haben wir das Rauschen nicht schon viel früher gehört?«

»Zuerst waren wir zu weit weg und dann haben wir zu viel gebrabbelt. Funk trotzdem Amos an, sonst schickt er gleich den Suchtrupp los. Außerdem haben wir den Weg noch nicht gefunden und sind noch lange nicht zurück.«

Amos hatte sich tatsächlich gerade fertig gemacht und wollte zusammen mit ein paar Arbeitern, den Forschenden und riesigen Suchscheinwerfern losgehen. Wir versicherten ihm, dass alles in Ordnung sei, wir den Wasserfall hören und uns in einer halben Stunde noch einmal melden würden. Wir stolperten jetzt einfach durch den Dschungel, irgendwie nach unten und dem Geräusch folgend. Anders als in Abenteuerfilmen gerne gezeigt, braucht man keine Machete, um quer durch den Urwald zu laufen. Das dichte Kronendach lässt so wenig Sonne durch, dass nur wenige krautige Pflanzen und Büsche am Boden wachsen, eigentlich immer nur dort, wo ein abgestorbener Urwaldriese umgefallen ist und eine Schneise im Dschungel hinterlassen hat. Nur bei einem wachsenden Wald wie bei meiner kleinen Baumplantage hat das Gestrüpp noch eine Chance.

Natürlich gab es immer wieder heruntergefallene Äste und Lianen, auf die wir achten mussten, ebenso riesige Wurzeln, die aus dem Erdreich hervortraten. Aber mit unseren Taschenlampen konnten wir die Hindernisse gut sehen. Das immer lauter werdende Rauschen stimmte uns geradezu euphorisch, und als wir an einer Böschung innehielten, konnte ich kaum glauben, was ich sah: Keine fünf Meter unter uns war ein breiter Forstweg mit Holzbohlen. Wir wären den kleinen Abhang vor Freude beinahe heruntergerannt, besannen uns dann doch eines Besseren und stiegen langsam hinab.

»Wir haben es geschafft!«, jubelten wir und umarmten uns. Vor lauter Freude und vorangegangenem Stress hatten wir die Orientierung allerdings völlig verloren. Wir folgten dem Weg, aber in die falsche Richtung. Wenig später gelangten wir an eine Brücke, der Wasserfall war jetzt tosend laut zu hören. Fragend sahen wir uns an. »Wir hätten gemerkt, wenn wir einen so großen Fluss überquert hätten, außerdem war der Wasserfall ja eigentlich das Ziel. Der Fluss muss jetzt hier irgendwo unter uns in die Tiefe stürzen, so laut, wie das Rauschen ist«, kommentierte ich die Situation. Tom war zwar meiner Meinung, wollte sich aber lieber bei Amos noch einmal rückversichern.

Natürlich mussten wir nicht über die Brücke, sondern umdrehen und dem breiten, mit Holzbohlen belegten Forstweg folgen, bis wir die Station erreichten. Für die drei Kilometer brauchten wir knapp eine Stunde, der Weg war so matschig, dass man an manchen Stellen fast knietief versank, wenn man die Holzbohlen verpasste, und es war unmöglich zu sehen, welche Stellen besser begehbar waren. Aber es war egal, wir kamen voran und konnten uns nicht mehr verlaufen. Schon von Weitem sahen wir dann den blinkenden Suchscheinwerfer, den Amos für uns am Dach der Station befestigt hatte.

Lachend und scherzend umarmte er uns, als wir endlich El Plastico erreichten, aber ich konnte auch seine Erleichterung spüren. Wahrscheinlich war ihm nach unserem ersten Funkruf genauso wenig zum Lachen zumute gewesen wie uns. Es war inzwischen acht Uhr abends. Wir waren fünf Stunden durch den Wald geirrt oder zumindest vier Stunden, denn die erste Stunde waren wir ja noch sehr vergnügt auf Entdeckungstour gewesen.

Die anderen hatten längst gegessen. Um sechs Uhr wird es stockfinster, und mitten im Dschungel richten sich die Mahlzeiten nach der Sonne, nicht nur weil der Tag für Forschende, Entdeckende und Naturtouristen immer sehr früh beginnt, sondern auch, weil es keinen Stromanschluss gibt. Nur ein sehr energieintensiver Generator lieferte der Station ein wenig Strom, und die Mitarbeiter mussten damit gut haushalten und stellten ihn schon früh am Abend wieder ab.

Amos machte heute eine Ausnahme für uns und ließ zumindest zum Duschen noch ein wenig Licht. Der eiskalte Wasserstrahl rann wohltuend über meinen verschwitzten Körper. Danach fühlte ich mich besser, zwar ein wenig verfroren, aber fast wie neugeboren. Beim Essen erzählte ich Amos, dass ich auf die schlaue Idee gekommen war, einem vermeintlich ausgetrockneten Rinnsal zu folgen, in der Annahme, dass es uns zum Fluss oder zum Weg führen würde, es sich dann aber als Trampelpfad der Blattschneiderameisen herausgestellt hatte.

Amos gab daraufhin zum Besten, dass er einmal eine ganze Woche durch den Urwald geirrt sei und erzählte einige Details. Mir kam unser nächtliches Dschungelabenteuer plötzlich total banal vor und ich fühlte mich wie ein Angsthase. Amos fand uns angeblich ziemlich mutig, was ich ab jetzt auch sein wollte und wozu ich wenig später schon Gelegenheit bekommen sollte. Nach dem Essen verschwanden wir bald in unsere Kammern der ehemaligen Strafkolonie. So erschöpft, wie ich war, glaubte ich gleich in einen komatösen Tiefschlaf zu verfallen, was wahrscheinlich auch so gewesen wäre, hätte ich mit meiner Taschenlampe nicht mein Schlafgemach abgesucht.

Jagdspinnen

Die Wände der Hütte waren aus purem Holz und die Bretter nicht ganz dicht aufeinander, sodass es überall Spalten gab. Und in der oberen Spalte, unterhalb der Decke, saß eine dicke, fette, dicht behaarte, mindestens fünfzehn Zentimeter große Jagdspinne oder auch Wanderspinne genannt, *Phoneutria nigriventer.* Weil die Tiere gerne in Bananenstauden sitzen und einige Exemplare auch schon mal in Bananenkisten gelandet sind, werden sie auch »Bananenspinnen« genannt – obwohl sie und die Bananen ursprünglich von völlig verschiedenen Kontinenten stammen. Bananen sind in Asien beheimatet, werden aber vor allem in Latein- und Südamerika angebaut. Die costaricanischen Spinnenarten sind allerdings deutlich weniger giftig als ihre brasilianischen Verwandten, und in Bananenkisten werden ohnehin meist ganz andere Arten gefunden.

Anders als Lauerspinnen warten diese Tiere eben nicht »lauernd« in einem Versteck, bis ein potenzielles Beutetier vorbeikommt, sondern gehen aktiv auf die Jagd.

Obwohl ich Botanikerin war, kannte ich mich bei dem Thema ziemlich gut aus und wusste sofort, wen ich vor mir hatte – was aber nicht an meinem gesteigerten Interesse an den Tieren lag. Ein Spinnenforscher meiner Heimatuniversität hatte mitbekommen, dass ich längere Zeit in Costa Rica forschen würde und mich flehentlich gebeten, möglichst viele detaillierte Fotos von eben solchen Jagdspinnen mitzubringen. Professor Friedrich Barth war nämlich als Spinnenforscher genau auf diese mittelamerikanischen Jagdspinnen spezialisiert und hatte mir zahlreiche Fotos gezeigt und genau beschrieben, wie sie sich verhalten.

Nicht alles hatte ich behalten, aber die Statur dieser braunbehaarten Krabbeltiere durchaus. Auf meine Frage, ob diese Tiere gefährlich seien, hatte mir der Forscher geantwortet, dass sie es nur auf ihre Beutetiere abgesehen hätten, vor allem Insekten. Obwohl ich eindeutig kein Insekt bin und somit nicht in das Beuteschema der Spinne passe, musste ich all meinen Mut zusammen nehmen, um mich direkt unter der Spinne in mein schmales Bett zu kuscheln. Allerdings war ich sehr froh, meinen Jogginganzug noch anzuhaben und zog mir dessen Kapuze tief über das Gesicht. Irgendwann siegte die Müdigkeit über meine Spinnengedanken, und ich schlief ein.

Erst später las ich noch einmal genauer über diese Tiere nach und erfuhr, dass diese Giftspinne doch nicht ganz so harmlos ist. Vielmehr gilt sie als aggressiv und hochgiftig, dadurch aber auch für die Medizin interessant. Die Pharmaforschung versucht gerade, aus dem Gift ein hochwirksames Potenzmittel herzustellen, da nach einem Biss häufig entsprechende Nebenwirkungen festgestellt wurden. Andere Wissenschaftler versuchen daraus ein Schmerzmittel herzustellen und halten es für ein geeignetes Mittel gegen Herzrhythmusstörungen oder die Folgen eines Schlaganfalls.

Am nächsten Morgen erzählte ich Amos von meiner Spinnenbegegnung. Er zeigte sich keineswegs besorgt und bestätigte die Aussage meines Spinnenforschers aus Frankfurt, dass sie nur bei drohender Gefahr angriffen. Da nun endlich der Tag angebrochen war, an dem ich den Baumkronenforscher treffen sollte, vergaß ich das Tier auch schnell wieder.

Beim Bau seiner Lodge hatte Amos dann aber durchaus darauf geachtet, dass Wände und Fenster so dicht waren, dass keine großen Spinnen eindringen können. Jedenfalls habe ich dort nie eine gesehen – und ich habe ihn oft besucht, nachdem das Hotel am Wasserfall fertig gestellt war.

Der Baumkronenforscher

Nach einem sehr frühen Frühstück waren wir bereit für das Abenteuer Dschungeldach, und diesmal kam Amos mit, damit wir uns nicht wieder verirrten. Wir wollten keine Zeit verlieren und nahmen den breiten Waldweg, den wir am Abend zuvor zurückgestolpert waren und auf dem Amos das ganze Baumaterial für seine Dschungellodge transportieren musste. Über Funk hatte Amos den Baumkronenforscher informiert, dass wir jetzt kommen würden, und wir marschierten ohne Foto- oder sonstigen Stopp Richtung Wasserfall.

Kurz vor der Brücke, die wir am Abend zuvor fälschlicherweise noch angesteuert hatten, navigierte uns Amos auf einen kleinen Pfad nach links, Richtung Wasserfall. Nach einem heftigen nächtlichen Tropenschauer war der schmale Weg so durchweicht, dass ich aufpassen musste, dass meine etwas zu großen Gummistiefel nicht im Matsch stecken blieben. Auf dem Hauptweg hatten die Holzbohlen geholfen, einigermaßen schnell voranzukommen, sodass wir bereits um halb acht die Brücke erreicht hatten.

In Anbetracht der Matschwanderung und der dichten Wolkendecke fürchtete ich, der Himmel würde wieder seine Schleusen öffnen und mein Ausflug ins Kronendach buchstäblich ins Wasser fallen. Nach so vielen Wochen der Suche, kreuz und quer durch das ganze Land, konnte ich es einfach noch nicht so recht glauben, dass es jetzt so weit sein sollte. Doch noch bevor ich meine zweifelnden Gedanken zu Ende geführt hatte, blieb Amos abrupt stehen.

Da ich gedankenversunken auf meine Füße gestarrt hatte, war ich jetzt völlig überrascht, vor einem riesigen stählernen Korb zu stehen, der ein wenig an das Haus vom Nikolaus erinnerte, das mit einem Pinselstrich gezeichnet wird. »Das ist Perrys Dschungelaufzug«, präsentierte Amos stolz das Stahlmonster. Verwundert blickte ich auf die eigenwillige Konstruktion, deren Spitze von einer Winde gekrönt wurde, durch die ein dickes Stahlseil lief, das irgendwo im Dschungel verschwand. Wenige Meter entfernt entdeckte ich eine Art Carport mit einem großen Generator darunter. Der Motor war über Winden und Stahlseile mit dem Metallkorb verbunden. Irgendwie hatte ich mir die Kronenforschungsstation anders vorgestellt. In meiner Fantasie war die Station ein Baumhaus, von dem sich Kletterseile in alle Richtungen ausbreiteten, die wie ein Spinnennetz miteinander verbunden waren, und der Dschungelaufzug wäre nur dazu da, um dort hinaufzugelangen. Niemand hatte mir die Station so geschildert, die Vision hatte sich von ganz allein in meiner Vorstellung ausgebreitet. Zum Baumkronenforscher gehörte für mich ganz selbstverständlich ein Baumhaus und ich schwor mir, dass ich später einmal eines haben würde.

Gerade als ich nach dem Forscher fragen wollte, kam der schlaksig um die Ecke geschlendert. Seine Dschungelhütte musste ganz in der Nähe sein, und vermutlich hätte er uns am Abend zuvor gehört, wenn wir laut geschrien hätten. Ich war heilfroh, dass wir uns diese Blamage erspart hatten, ahnte aber in Anbetracht von Perrys Grinsen, dass er ohnehin schon von unserem nächtlichen Irrlauf erfahren hatte. Wahrscheinlich hatte Amos ihn bereits nach unserem ersten Funkspruch um Hilfe gebeten, falls nötig.

»Na, was sagst du zu meiner Erfindung? Habt ihr sie gestern schon entdeckt?«, fragte er dann auch gleich nach der Begrüßung und bestätigte damit meine Vermutung.

»Ich bin sehr gespannt«, antwortete ich diplomatisch und

ignorierte die zweite Frage. Wobei ich gerne noch gefragt hätte, wie das riesige Metallding in die Baumkronen kommen sollte. Ich konnte nur erkennen, dass das Drahtseil waagerecht, nicht weit über dem Stahlkorb verlief, vielleicht drei Meter über dem Dschungelboden. Ein vertikales Seil konnte den Korb zwar nach oben ziehen, aber nur ein ganz kleines Stück. Selbst am höchsten Punkt würde der Korb gerade eben über dem Dschungelboden schweben und keinesfalls in den Baumkronen.

Wahrscheinlich sah Perry die Skepsis in meinen Augen. Ohne weiteren Kommentar gab er mir ein Zeichen, ihm zu folgen. Wir liefen den schmalen, matschigen Pfad weiter, vorbei an dem Stahlkorb, hinein in den Dschungel. Keine fünf Meter weiter blieb Perry neben Tom, der ein Foto nach dem anderen schoss, stehen: »Und hier beginnt das Abenteuer Baumkronen. Mit der Fernsteuerung kann ich den Stahlkorb an jeder beliebigen Stelle anhalten und auch die Höhe mit der vertikalen Windenkonstruktion beliebig variieren.«

Ich staunte nicht schlecht, als ich in den Abgrund blickte. Wir standen am Rande des Plateaus oberhalb des Wasserfalls und hatten eine atemberaubende Sicht auf die Schlucht und das Dschungeldach, das bis zum Fluss hinab einen dichten grünen Teppich bildete und keinen Blick auf den Dschungelboden frei gab. Die Sicht auf den Wasserfall verdeckten die Bäume neben uns, aber man konnte erahnen, welches Panorama sich eröffnete, wenn man mit dem Kronenaufzug über der Schlucht schwebte.

»Wow«, entfuhr es mir. Tom drehte sich zu mir um: »Das ist ziemlich clever, die Hanglage zu nutzen, um gleich auf Höhe der Baumkronen einzusteigen. Ich hatte schon befürchtet, dass ich klettern muss.«

Ich nickte anerkennend. Amos hatte mir zwar einen Artikel über Perrys Dschungelaufzug gezeigt, aber darin war kein Foto gewesen, sondern nur ein Plan. Der Artikel war anlässlich der Verleihung des *Rolex Award for Enterprise* an Perry geschrieben worden, eine Auszeichnung für Forscher und Jungunternehmer zur Realisierung ihrer Visionen. Perrys Vision war der Kronenaufzug gewesen, den er jetzt gerade mithilfe seines Preisgeldes fertig gestellt hatte.

Ich zuckte zusammen, als hinter uns plötzlich ein ohrenbetäubender Lärm den harmonischen Klang des Dschungels zerstörte. »Das war mein Assistent Fernando, er hat schon mal den Motor gestartet«, erklärte Perry die lautstarke Störung der Urwaldidylle, bevor er die Details der Dschungeldachexpedition erläuterte: »Ihr müsst nacheinander fahren, mehr als zwei Leute kann der Korb nicht tragen. Und es muss einer von uns dabei sein, um das Gerät zu steuern, Fernando wird das übernehmen.«

Fragend sah ich Perry an. Ich hatte natürlich erwartet, mit dem Forscher gemeinsam das Dschungeldach zu erkunden. »Das geht nicht«, erwiderte dieser. »Falls etwas schiefgeht, kann ich von hier aus besser helfen. Ich könnte mit Sicherungsseilen zum Korb klettern und euch nacheinander rausholen oder versuchen, die Winde mechanisch zu bedienen und den Korb zurückzuholen. Niemand kennt sich besser mit dem Gerät aus als ich.«

Mein Herz klopfte bis zum Hals. Jetzt war ich nicht mehr nur aufgeregt vor lauter Spannung, sondern auch ziemlich nervös. Das Ding war ein Prototyp, hatte wohl noch einige Macken, und an manchen Stellen hing das Führungsseil mindestens zweihundert Meter über der Schlucht. Mit ziemlich wackligen

Beinen kletterte ich in den Käfig. Zuvor hatte ich mich noch in einen Sicherungsgurt gezwängt, den Fernando nun an dem Stahlrahmen befestigte. »Festhalten!«, rief Perry, während er auf irgendwelche Knöpfe drückte. Ich hatte kaum Zeit, mich an den Rahmen zu krallen, als sich das Monster auch schon schwankend in die Höhe bewegte. Als wir etwa einen halben Meter über dem Boden schaukelten, hielt der Käfig und steuerte dann ohne weitere Vorwarnung horizontal auf die Schlucht zu. Tom stand am Rande des Plateaus und jagte einen Film nach dem anderen durch die Kamera, während ich mich krampfhaft an dem Geländer des schaukelnden Monsters festhielt und mir wie ein Versuchskaninchen im Frühstückskorb vorkam.

Als wir die erste Baumkrone erreichten und der schwankende Stahlkorb langsam zum Stillstand kam, gewann mein Forscherinnengeist die Oberhand, und ich blickte fasziniert auf das, was die Natur in luftiger Höhe geschaffen hatte. Wie in einem Garten Eden breiteten sich unzählige Pflanzen auf den Ästen in der oberen Urwaldetage aus. Dazwischen rankten Lianen wie Girlanden um die Zweige, und das dichte Blattwerk bildete eine saftig grüne Wiese, in der nicht nur die Blüten der Bäume die Blumen ersetzten, sondern vor allem die Epiphyten, die Aufsitzerpflanzen. Orchideen, Bromelien, Farne und die Kronen von Kletterpflanzen, die ich zuvor nur aus der Ferne, vom dunklen Urwaldboden aus oder auf einem heruntergefallenen Ast bewundert hatte, konnte ich in ihrem natürlichen Lebensraum aus nächster Nähe bestaunen – und überall krabbelte, hüpfte oder schwirrte es. Die größeren Kronenbewohner hatten in Anbetracht des Stahlmonsters allerdings das Weite gesucht. Während ich noch ganz versunken in die vielen Details des artenreichen Lebensraums war, hatte Fernando mit einem starken Fernglas nach den größeren Bewohnern gesucht. Auf der anderen Seite der Schlucht frühstückten gerade ein paar Brüllaffen. Sie waren zwar ziemlich weit weg, aber genau auf Augenhöhe mit uns. Gelegentlich blickten sie neugierig zu uns herüber, ließen sich jedoch nicht weiter stören. »Und jetzt geht's abwärts!«, rief Fernando plötzlich unvermittelt, das heißt, er hatte zuvor etwas Unverständliches in das Funkgerät genuschelt und mit Perry offensichtlich den Fahrplan abgestimmt, wovon ich aber nichts mitbekommen hatte. Langsam glitt der Korb nun senkrecht nach unten, und wir hatten freien Blick auf die darunterliegende Dschungeletage. Auch dort wuchsen noch zahlreiche Epiphyten, die sich vor allem in der Blattgröße von den Bewohnern der obersten Etage unterschieden. Riesige Bromelien breiteten sich elegant in Astgabeln aus und zierten den Baum wie üppige Broschen.

Die Baumliebenden

Nicht weit entfernt präsentierte ein Philodendron oder Fensterblatt, wahrscheinlich *Monstera costaricensis,* seine riesigen, durchlöcherten Blätter wie ein exotisches, überdimensioniertes Halsgeschmeide. Damals gehörte die bei uns als Zimmerpflanze bekannte Art zum Inventar fast jeder Studierendenwohnung, eingezwängt in einen Topf voller Erde, die sie an ihrem natürlichen Standort nur in ihrer Jugend berührt.

Die meisten Epiphyten keimen direkt im Kronendach aus, ihren Samen lassen sie vom Wind oder von Vögeln verbreiten; anders die Philodendren und nah verwandten Fensterblätter. *Philodendron* bedeutet »Baumfreund«, und so verhalten sich diese kriechenden und kletternden Gewächse auch. Wie ihre

Verwandten, die heimischen Aronstäbe, keimen sie zunächst am Waldboden aus, doch dann beginnen sie zu wandern. Fast tastend, wachsen die schuppigen Sprossachsen kriechend wie eine immer länger werdende Schlange über die Erde. Kaum haben sie einen Urwaldriesen erreicht, klettern sie auch schon in die Höhe und streben nach der oberen Etage, dabei halten sie sich mit kleinen Haftwurzeln fest und wachsen genau senkrecht nach oben. Fest am Stamm verankert, bilden sie die ersten Blätter, mit denen die »Baumliebenden« den Baum zu umarmen scheinen. So hangeln sie sich nach oben, bis sie in dem oberen Urwaldstockwerk einen geeigneten Platz gefunden haben, um sich auszubreiten. Erst dann bilden sie die charakteristischen riesigen Blätter und stabile Sprossachsen aus. Sobald sie sich an dem Standort fest eingerichtet haben, stoßen sie den kletternden Teil ab, als wollten sie mit ihrem früheren Leben auf dem Dschungelboden nichts mehr zu tun haben.

Von wegen Pflanzen können sich nicht bewegen – doch sie haben noch viel mehr ungewöhnliche Fähigkeiten. Die baumliebenden Philodendren können beispielsweise heizen.

Fasziniert betrachtete ich das riesige Monsterblatt, das in voller Blüte stand. Wie bei allen Aronstabgewächsen hüllte sich ein üppiges Spatenblatt schützend um den eigentlichen Blütenstand. Diese weiße Scheinblüte leuchtete wie eine gigantische Perle in dem smaragdfarbenen Juwel. Mit dem Fernglas beobachtete ich das emsige Treiben um den eigentlichen, fast obszön prallen, senkrecht nach oben ragenden kolbenförmigen Blütenstand. Fliegen und kleine Käfer tanzten wie betrunken um den Kolben, prallten gelegentlich gegen das strahlend weiße Spatenblatt und surrten zurück zum Blütenstand, den die kreative Pflanze ein wenig angeheizt und mit einem dezenten Aasgeruch versehen hatte, der Fliegen und Käfer lockte. Das rege Treiben am phallischen Blütenstand vermittelte einen fast orgiastischen Eindruck, es dient der Vermehrung der einfallsreichen Pflanze. Die angelockten Insekten bestäuben den Philodendron und kommen nicht frei, bevor sie ihre Pflicht erfüllt haben, solange sind sie Gefangene im Kelch.

Der Traum beginnt

Bevor ich mir alle Details angeschaut hatte, ging es mit dem Dschungelaufzug weiter nach unten. Wir waren nur noch etwa zehn Meter über dem Bassin unterhalb des Wasserfalls. Erst jetzt registrierte ich den strahlend blauen Himmel über und den gigantischen Wasserfall vor uns. Der stählerne Käfig, den ich so skeptisch beäugt hatte, war ein Fahrstuhl durch das Paradies. Ich hätte noch Stunden damit verbringen können, die verschiedenen Etagen im Dschungeldach zu beobachten und zu bewundern, aber Tom sollte genug Zeit für Fotos haben, und die Laufzeit des Prototyps war begrenzt. Der Aufzug konnte nicht ewig durchs Dschungeldach fahren. Für den Fotografen war die zweite Tour geplant. Als sich der Stahlkäfig ruckelnd zur Startposition zurückbewegte, träumte ich wieder davon, später einmal aus den Bäumen, die ich gepflanzt hatte, ein Baumhaus zu bauen.

Der Dschungelaufzug, der mich in die fantastische Welt der Wipfel entführt hatte, kam nie über einen Prototyp hinaus. Er war zu teuer, zu wartungsintensiv, und es gab zu wenig Wissenschaftler, die auch einen Etat für die Instandhaltung hatten. Interessierte gab es genug, aber vom Forschergeist allein konnte Perry das Projekt nicht langfristig finanzieren.

Dafür interessierten sich immer mehr Touristen für einen

Ausflug ins Dschungeldach. Der Aufzug war für diesen Zweck zwar ungeeignet, aber Perry machte aus der Not eine Tugend und konstruierte eine touristentaugliche Seilbahn durch das Dschungeldach, nebst Seilrutschten für Besucher, die mehr das Abenteuer als die Artenvielfalt suchen. Diese *Aerial Tram* und den Baumkronenparkour installierte er direkt an der Schnellstraße durch den Nationalpark. Das Dschungeldachabenteuer gehört inzwischen zu den Hauptattraktionen an der Strecke.

Die Lodge stellte Amos einige Monate nach meinem ersten Besuch fertig. Als ich die ersten Male die neue Herberge am Wasserfall besuchte, hatte ich noch ein paarmal das Vergnügen, mit dem Prototyp des Dschungelaufzugs die paradiesische Welt der Baumkronen zu erkunden, bis Perry das Projekt schließlich aufgeben musste und sich auf die Entwicklung des Touristenprojekts konzentrierte.

Der Aufzug für die Forschenden ist längst Geschichte, aber *Rara Avis* ist noch genauso, wie ich es vor Jahrzehnten kennenlernte – und der Weg dorthin ebenfalls. Noch immer ist die Schotterpiste zur Basisstation kaum befahrbar und die Lodge am Wasserfall nur zu Fuß von der Basisstation erreichbar. Der Ort ist einer der wenigen, an dem die Zeit stehen geblieben ist und der von der Zivilisation verschont wurde. Amos wurde zu einem der führenden Entwickelnden von nachhaltigem Tourismus und engagierte sich in zahlreichen Organisationen für entsprechende Gesetzgebungen.

Kurz bevor ich ihn in mein endgültig fertig gestelltes Baumhaus einladen wollte, starb er völlig unerwartet im November 2017 mit nur sechsundsechzig Jahren.

6. Kapitel

Zwischen Himmel und Erde

Ziemlich genau dreißig Jahre nach meinem ersten Dschungelaufzugabenteuer saß ich auf der Pritsche eines umgebauten Lastwagens und fuhr auf einer holprigen Lehmpiste, die selbst mit einem Allradwagen kaum befahrbar war. Der Weg führte durch eine riesige private Finca am Rande von Nosara, in unmittelbarer Nachbarschaft von meinem Baumhausgrundstück. Ich war gerade von der Baumhaus-Rundreise in mein Urwalddorf zurückgekehrt und gönnte mir einen beflügelnden Ausflug ins Dschungeldach. Die Idee vom Baumkronenabenteuer hatte sich in den letzten Jahren ausgebreitet wie ein Lauffeuer, und zwar nicht nur in Costa Rica, sondern in der ganzen Welt. Überall gibt es mittlerweile Seilrutschen und Hängebrücken durch die Wipfel der Wälder. Inzwischen hatte ich schon so ziemlich auf allen Kontinenten der Erde ein solches Baumkronenabenteuer ausprobiert, musste aber immer an mein erstes unvergessliches Erlebnis in *Rara Avis* zurückdenken.

Die Fahrt auf der Ladepritsche dauerte keine zwanzig Minuten. Auf einer kahlen Hügelspitze mit einem fantastischen Blick über den Dschungel stieg ich mit einer kleinen Gruppe

Touristen aus aller Herren Länder aus und bekam diverses Equipment gereicht, das mir inzwischen schon wohlbekannt war. Wenig später stand ich in voller Montur inklusive eines leuchtend gelben Helms und dicken Lederhandschuhen auf einem Plateau am Abgrund. Mit meinem professionellen Sicherungsgurt, in den ich wie in eine Latzhose eingestiegen war, ließ ich mich in die Seilrutsche einhängen.

Tausendmal geübt und trotzdem Herzflattern. Ich konnte förmlich spüren, wie mir das Adrenalin in die Adern schoss. In atemberaubender Geschwindigkeit schoss ich wie ein Pfeil über die Dschungelschlucht. Bei der Geschwindigkeit war es unmöglich, von der Vielfalt in den Baumkronen etwas mitzubekommen. Außerdem verlief das Drahtseil zu weit über den Kronen, sodass ich selbst im Schneckentempo nur die großen Tiere und Pflanzen im Dschungeldach entdeckt hätte.

Der Antrieb der Seilrutschen funktioniert allein über die Schwerkraft, das heißt, die Geschwindigkeit wird durch die Neigung der Drahtseile und das Gewicht der Passagiere bestimmt. Gebremst wird mit einem Griff hinter den Gleitrollen – wobei ich gar nicht bremsen wollte. Die letzten Meter wurde es ohnehin etwas langsamer, da das Seil dort nicht ganz stramm gespannt war und die jeweilige Endstation ebenfalls auf einer Anhöhe lag. Nach der ersten Rutschpartie fragte einer der Guides, wer fliegen wolle. Natürlich wollte ich, hatte aber keine Ahnung, was er damit meinte. Ehe ich mich's versah, sauste ich rückwärts, alle viere von mir gestreckt, über den Dschungel hinweg. Nach dem ersten Schreck kam ich mir tatsächlich vor wie ein Vogel – allerdings wie einer, der rückwärts fliegt.

Der Parkour führte über mehr als ein Dutzend Stationen und ist angeblich die längste Seilrutsche der Welt. Ganz sicher habe ich nicht alle Entwicklungen in Nosara begrüßt, aber die Seilrutschen von »Miss Sky« gehören zu den Neuerungen, die mich begeistert haben, wobei Miss Sky eigentlich eine alte Bekannte ist: Angelina gehört das Nosara Strandhotel, das einzige Hotel im weiten Umkreis, das bereits in den Achtzigerjahren stand und einem griechischen Tempel nachempfunden war. Angelinas Vater hatte das Hotel gebaut, das mehr geschlossen als geöffnet und ständig im Umbau war.

Jetzt schien es fertig zu sein, und die Drahtseile kamen mir vor wie das Netz einer liebevollen Spinne, die mich endlich eingefangen hatte. Mein Baumhausgrundstück lag genau auf halber Strecke zwischen den Seilrutschen und dem Hotel, und ich überlegte, wie wundervoll es wäre, wenn ein Seil genau zu meinem Baumhaus in spe führen würde. Der illusorische Wunsch katapultierte mich direkt zu meiner Baumhausplanung, die immer noch nicht abgeschlossen, aber immerhin schon fortgeschritten war. Ich hatte meinem Architekten Olivier von den verschiedensten Baumhäusern, die ich besucht hatte, Fotos mit Kommentaren und Wünschen geschickt, und der erste Entwurf war jetzt fertig.

Mindestens so aufgeregt wie vor dem ersten Sprung in den Abgrund an der Seilrutsche stand ich nun vor Oliviers Büro und öffnete die Glastür. Ein Schwall kühle Luft schlug mir aus dem Architekturbüro entgegen. Oliviers Büro liegt direkt an der Hauptkreuzung zum Strand, wobei er selbst, gemeinsam mit seinem Bruder Thierry, die einstigen Waldwege quasi zum Knotenpunkt für Surftouristen gemacht hatte. In den Neunzigerjahren hatten die beiden zunächst eine Bäckerei mit Café eröffnet, das heute in Nosara legendäre »Café de Paris«, und ihre Unternehmungen dann immer weiter ausgedehnt, bis aus dem Waldweg die Hauptstraße zum Surfstrand wurde, gesäumt von

Geschäften und Büros. Hinzu kamen einige Hotels, Apartments und Lebensmittelgeschäfte – ein richtiger Ferienort entstand an einem der inzwischen weltweit beliebtesten Strände.

Nachdem ich am Designerschreibtisch Platz genommen hatte, blickte ich gebannt auf den Monitor und wartete sehnsüchtig, dass der Entwurf erschien – zunächst musste ich mich noch mit einem Standfoto von irgendeinem Baumhaus begnügen. Olivier hatte neben meinen Fotos auch noch welche von einer ganzen Reihe anderer Baumhäuser herausgesucht, um meinen Visionen näher zu kommen. Jetzt verhandelte er allerdings noch am Telefon mit einem Kunden, der Größeres plante, und gab mir ein Zeichen, mich noch einen Augenblick zu gedulden, was mir schwerfiel.

»Wenn du beim Bau auch so ungeduldig bist, musst du dich auf eine harte Zeit einstellen. Hier geht nix schnell«, kommentierte Olivier meine wohl sehr offensichtliche Ungeduld, während ihn sein Kunde in eine Warteschleife geschickt hatte.

Natürlich wusste ich, dass deutsche Pünktlichkeit in Costa Rica fehl am Platz ist, dafür Spontanität sehr großgeschrieben wird. Meine Geduld wurde auch nicht zu sehr strapaziert, wenige Minuten später hatte Olivier aufgelegt und zeigte mir Bilder von unterschiedlichen Baumhauskonstruktionen, sowohl auf Stelzen als auch in die Bäume gebaut. »Wir müssen dein Baumhaus auf Stelzen bauen. Die Bäume auf dem Hügel sind zum einen nicht stark genug, zum anderen variiert ihr Durchmesser zu stark, außerdem fehlt es hier an baumhauserfahrenen Arbeitern, und du willst ja auch nicht einfach ein kleines Baumhaus mit Bett haben, sondern mindestens zwei Schlafzimmer, zwei Bäder, eine große Wohnküche … Und ja, das brauchst du auch, wenn du mit deiner ganzen Familie längere Zeit dort wohnen willst.«

Olivier sah mich beschwörend an, während ich immer noch auf den Bildschirm starrte und gedankenverloren nickte, bis er endlich auf die Maus drückte und sein Entwurf zum Vorschein kam. Für einen Moment war ich enttäuscht, weil die Skizze so gar nicht nach Baumhaus aussah, bis mir auffiel, dass die Bäume überhaupt nicht eingezeichnet waren. Olivier hatte ein hufeisenförmiges Haus entworfen, das sehr wohl in die Baumkronen integriert war, wie er mir erklärte, und dann sah ich auch das Loch in der Terrasse, durch das mein riesiger Frangipani-Baum wachsen sollte, das heißt, die Terrasse sollte natürlich um den Baum herum gebaut werden.

Ich versuchte mir die Konstruktion auf meinem Grundstück zwischen den Bäumen und mit dem integrierten Frangipani vorzustellen und freundete mich langsam mit dem Werk an, obwohl mir der Entwurf etwas zu nüchtern für ein Baumhaus war. Als ich den Preis hörte, fiel ich allerdings fast vom Stuhl. Gedankenverloren nahm ich die Frangipaniblüte, die ich mir hinter das Ohr gesteckt hatte, in die Hand.

Der Parfümbaum wächst nicht nur wild auf meinem Grundstück, sondern entlang der gesamten mittelamerikanischen Küste. Bekannt sind die duftenden Blüten allerdings vor allem in Südostasien und auf den Südsee-Inseln. Wann und wie die Pflanze, die schon bei den Azteken heilig war, über den Pazifik zu den Inseln und auf den asiatischen Kontinent gelangte, ist unbekannt.

Schon seit Jahrhunderten wird die eingeschleppte Pflanze fast in der gesamten südasiatischen und südpazifischen Region als heilige Tempelpflanze verehrt. Sie kommt zudem in der ayurvedischen Medizin zum Einsatz. Die starke antibiotische und antivirale Wirkung von Frangipani-Extrakten ist schon lange bekannt, inzwischen konnten aber auch krebshemmende und antidiabetische Wirkstoffe nachgewiesen werden. Mein Dschungelgrundstück war quasi ein riesiger, duftender Parfümflakon mit medizinischer Nebenwirkung. Mattheo, mit dem ich die Bäume auf meinem Grundstück erkundet hatte, klärte mich über den volksmedizinischen Nutzen sämtlicher Bäume auf meinem Grundstück auf – alle waren für irgendein Wehwehchen gut.

Wertvoll ist die Frangipani vor allem für die Parfümindustrie – sie ist auch mein auserkorener Lieblingsduft. Als ich auf das wohlriechende, fünfblättrige Blütenblatt blickte, musste ich an die fünfblättrige Wildrose und das heilige Pentagramm denken, das selbst in Goethes *Faust* Eingang gefunden hatte.

In meinem Kopf formte sich eine Idee: »Und wenn wir zwei Baumhäuser bauen, ein kleines, mit einem Pentagramm als Grundriss, und ein etwas größeres für Küche und Bad? Vielleicht können wir das kleine Baumhaus dann doch in die Bäume hängen und über eine Hängebrücke mit dem Haupthaus verbinden?«

Olivier sah mich skeptisch und etwas enttäuscht an: »Ich kann es versuchen. Und das Haupthaus dann deutlich kleiner konzipieren, damit es günstiger wird, ja?«

Ich nickte, während Olivier fortfuhr: »Ich würde das aber trotzdem mit modernem Design entwerfen, ich sehe dich nicht in einem rustikalen Holzhaus, das passt nicht zu dir. Schau dir das mal an, das hat ein Kollege entworfen. Per Luftlinie steht es keine achtzig Kilometer südlich von hier, mit dem Auto dauert es aber ein paar Stunden. Wenn du Zeit hast, fahr hin, auch wenn das Baumhaus viel größer ist als das, was du planst. Aber dann müssen wir uns unbedingt auf einen Plan einigen, wenn du noch in der Trockenzeit anfangen willst zu bauen. Die Genehmigung zu bekommen dauert mindestens drei Monate.«

Während mir mein Architekt den Vortrag hielt, hatte er ein paarmal mit der Maus geklickt, und auf dem Monitor kam ein traumhaftes Baumhaus zum Vorschein, das fast wellenförmig durch die Baumkronen verlief: sehr modern, mit klaren Linien und offenen Strukturen, dennoch schien es mit der Natur zu verschmelzen. Olivier hatte absolut recht: So ein naturnahes, modernes Design sprach mich wesentlich mehr an als rustikale Strukturen.

Das wogende Haus

Ein paar Tage später stand ich schwer beeindruckt vor der »*Casa Flotanta*« des costa-ricanischen Stararchitekten Benjamin Garcia Saxe. Die Bauherren Dalia und Jess hatten mich spontan eingeladen, das Haus zu besichtigen, und auch der Architekt sollte in der Gegend sein, da er gerade den Bau eines anderen Objekts im Ort überwachte.

In der Realität sah das Haus noch viel mächtiger aus als auf den Fotos. Der Architekt hatte geschickt die Hanglage ausgenutzt und mit runden Stützen gearbeitet, die die verschiedenen Wohnelemente majestätisch in die Baumkronen hoben. Darunter stehend, kam ich mir ziemlich klein und unbedeutend vor und zweifelte daran, ob ich das Projekt, das ich mir vorgenommen hatte, wirklich stemmen konnte.

Die herzliche Begrüßung von Dalia und Jess lenkte mich ab. Die beiden begleiteten mich den Hügel hinauf, unter dem Haus hindurch zum Eingang. Von außen sah das Designobjekt ja schon ziemlich beeindruckend aus, aber als Jess die riesige hölzerne Schiebetür öffnete, war ich kurz sprachlos, bevor ich meiner Begeisterung Luft machte:»Wow, ihr habt mir erzählt, dass es ein Baumhaus ist – ich meine, ja, wir sind hier mitten in den Baumwipfeln –, aber was für eine Konstruktion, und so viel Luxus, die pure, simple Eleganz. Das ist großartig. Ich möchte hierbleiben.«

Dalia lachte. Solche Reaktionen hatte sie wohl schon öfter erlebt, und sie überraschte mich dann mit einer spontanen Übernachtungseinladung:»Ja, klar kannst du bleiben.«

Verblüfft blickte ich die beiden an, und noch ehe ich mich dafür bedanken konnte, lenkte Jess mich ab:»Schau dir erst mal die Aussicht an.«

Erst jetzt sah ich, dass die komplette Front des Wohn-Esszimmers keine Fenster hatte, sondern klappbare Holztüren, die geöffnet waren, wodurch der Raum mit der Terrasse verschmolz. Die weite Aussicht über den Dschungel bis zum Pazifik war tatsächlich atemberaubend. Das würde ich bei mir mit keiner Konstruktion hinbekommen, aber ein klein wenig Meer wollte ich von meiner Terrasse schon sehen.

Bei der Hausbesichtigung notierte ich mir eine ganze Reihe von Punkten, die mir wichtig waren: offene Strukturen, große Fenster beziehungsweise Terrassentüren, gute Durchlüftung, großzügige Terrasse und einige andere Details, die Olivier als erfahrener Architekt wahrscheinlich ohnehin im Auge hatte. Auf jeden Fall hatte er mich überzeugt, dass ein modernes minimalistisches Design besser zu mir passt als rustikaler Holzbau.

Ich gelangte immer mehr zu der Erkenntnis, dass ein Baumhaus viel mehr ist als ein Kindheitstraum und ein Rückzugsort in den Wipfeln, und dass die Besitzer stets ein ganz besonderer Lebensweg zu einem solchen Rückzugsort geführt hat.

Natürlich war ich sehr neugierig, welchen Weg Dalia und Jess gegangen waren. Fast gleichzeitig antworteten sie mir: »Bis wir es fertig gebaut hatten, waren wir uns nicht sicher, ob wir das überhaupt schaffen würden.«

Mit meinen Zweifeln war ich immerhin nicht alleine. Diese beiden glücklichen Baumhausbesitzerinnen waren auch lange skeptisch gewesen, ob ihr Unterfangen gelingt. Dieser Gedanke stimmte mich zuversichtlich – irgendwie würde auch ich mein Traumbaumhaus hinbekommen.

Nach kurzem Überlegen fügte Jess hinzu: »Ich habe das Grundstück hier öfter besucht und träumte von einem Haus in den Wipfeln mit einer Aussicht bis zum Meer. Aber ich habe keine Minute gedacht, dass wir diesen Wow-Effekt haben würden. Erst als wir auf den Baum da drüben geklettert sind, bekam ich eine Ahnung davon, wie es werden könnte. Und dann sagte Benji, der Architekt: ›Ja, ich kann dir was bauen.‹«

»Und du hattest den gleichen Traum von einem Baumhaus?«, wollte ich von Dalia wissen.

»Oh Gott, wer hat keinen Traum von einem Baumhaus?«, lachte sie und führte mich über eine Brücke zu meinem Schlafzimmer.

Das Haus bestand aus drei verschiedenen rechteckigen Elementen, die an der Rückseite über eine Brücke und an der Front über eine fast umlaufende Terrasse miteinander verbunden waren. Dadurch hatte man überall das Gefühl, in einem kleinen Baumhaus zu sein, und dennoch sehr viel Platz.

Mein Zimmer für die Nacht kam mir vor wie ein super Luxusnest. Dalia hatte die Terrassentür geöffnet, was bedeutete, dass die Seite Richtung Meer und Dschungel komplett offen war. Verträumt schaute Dalia nach draußen: »Du kannst die Sterne sehen, wenn du hier liegst. Manchmal kann ich nicht glauben, dass das Haus mir gehört. Meine Schwester und ich sind früher bei jeder Gelegenheit Bäume hochgeklettert und haben uns dort versteckt. In den Baumwipfeln zu sitzen war unser privater Zufluchtsort. Und mit dem Haus wurde ein Traum wahr. Ich kann es immer noch kaum glauben.«

Traumhaft war eigentlich noch untertrieben. Trotzdem war ich mir nicht sicher, ob ich mit dem Blick auf die Sterne einschlafen wollte; denn das würde praktisch bedeuten, im Freien zu schlafen, so wie in einer offenen Luxusgarage im Baumwipfel. Zwar bin ich als Kind auch auf jeden Baum geklettert, habe aber bei meinen wenigen Nächten im Freien – ohne Zelt – nie ein Auge zugedrückt. Die hölzerne Falttür würde ich in der Nacht ganz sicher zuklappen.

Es gab noch einen anderen Raum, den ich ganz sicher auch nachts mal nutzen würde: das Bad. Mit einem verschmitzten Lächeln öffnete Jess die Tür und ließ mich eintreten. Noch bevor ich das moderne Design der Einrichtung bewunderte, entfuhr es mir: »Das ist ja eine Terrasse! Ganz offen! Kann man das Bad nicht schließen?«

Jess schüttelte lachend den Kopf: »Es ist wirklich komplett offen – aber trotzdem sehr privat. Der Hang hier gehört zu unserem Grundstück und ist so steil, dass wirklich niemand reinschauen kann.«

Dalia sah wohl, dass ich noch nicht so ganz überzeugt war und ergänzte: »Wenn Leute das erste Mal hier reinkommen, sind sie oftmals etwas schockiert – so wie du. Aber wenn man hier duscht, ist das ein unglaubliches Gefühl. So etwas kannst du in keinem geschlossenen Raum spüren, sondern nur draußen; und die Leute lieben es, wenn sie es erst mal erlebt haben. So wird es dir auch gehen, da bin ich ganz sicher.«

Ich war mir noch nicht so ganz sicher, vielleicht suchten

bei einem Sturm auch jede Menge Tiere Zuflucht im Bad und empfanden mich dann als Störenfried. Aber ich musste zugeben, dass dieser Kontrast zwischen modernem Luxus und wilder Natur ohne trennende Wände oder Fenster eine große Anziehungskraft besaß. Wilde Bananen, duftende Orchideen, riesige Farne und Sträucher wuchsen an dem steilen Hang, der die Wand ersetzte, und nur ein Teil des Bades war überdacht, der größte Teil war auch nach oben offen.

Dalia schien meine Gedanken lesen zu können: »Du wirst schon sehen, dir wird es gefallen, wenn du unter der Dusche stehst und über dir die Sterne funkeln. Aber vielleicht willst du lieber von unserem Wipfelpool aus die Sterne beobachten.«

»Ihr habt einen Pool hier oben?«, fragte ich verwundert. Ich hatte inzwischen ja schon einige außergewöhnliche Baumhäuser gesehen, aber noch keinen Baumhauspool. Das hielt ich für eine ziemlich großartige Idee.

Vom Outdoorbad gingen wir ein paar Stufen nach unten und erreichten den trapezförmigen Infinity Pool, der so an den Hang gebaut war, dass die Front fast in die Baumwipfel ragte und ich am liebsten gleich reingesprungen wäre.

Wipfelwellness war definitiv ein Thema für mich, aber ein Baumhauspool lag eher in ferner Zukunft. Dalia und Jess hatten das luxuriöse Nass auch erst später dazugebaut. Ihr Architekt sollte ihn heute zum ersten Mal zu sehen bekommen, was für mich ein glücklicher Zufall war, denn so konnte ich Benjamin Garcia Saxe, von dem ich schon so viel gehört hatte, direkt im Baumhaus treffen.

Während sich nur wenige Meter von unseren Köpfen entfernt ein paar Affen im Geäst um irgendeine Frucht stritten, tauchte Benjamin plötzlich wie aus dem Nichts auf und begrüßte uns alle mit einer Umarmung. Der Aufgang zur Poolterrasse, über den der Architekt gekommen war, war von oben nicht zu erkennen.

Dafür, dass Benjamin diesen Außenbereich noch nicht gesehen hatte, kannte er sich ziemlich gut aus, weshalb ich skeptisch fragte:»Der große Künstler hat sein fertiges Werk wirklich noch nicht gesehen?«

Benjamin schüttelte heftig den Kopf:»Nein, das Deck und den Pool habe ich ganz sicher noch nicht gesehen. Und das ist auch nicht mein Werk, ich habe nur das Haus entworfen. Dalia und Jess haben diesen Außenbereich ganz alleine geplant und gebaut. Ich mag es, wenn meine Kunden neue Ideen selbst in die Hand nehmen und vielleicht sogar besser verwirklichen als ich. Ich kreiere gerne ein Designsystem, in das die Menschen dann ihren eigenen Charakter einbringen können, und ich glaube, das belebt die ganze Architektur. Das wird dann nicht so steril, sondern lebendig.«

Diese Sichtweise würde ich mir für meinen eigenen Bau merken, obwohl ich nicht sicher war, ob mein Architekt sehr begeistert davon sein würde, wenn ich ständig mit meinen Ideen dazwischenpfuschte. Aber er hatte mich ja schließlich selbst hergeschickt, und so fragte ich dann auch ganz forsch:»Du weißt, dass ich auch ein Baumhaus bauen will. Meinst du, du kannst mir ein paar Tipps geben?«

Benjamin lachte.»Na klar, sonst wäre ich heute gar nicht hergekommen, Dalia hat mir ja erzählt, was du vorhast. Lass uns nach oben gehen, da kann ich dir ein paar Details besser erklären, zum Beispiel die Bambuswand auf der Rückseite des Hauses. Die Wand ist nicht geschlossen, zwischen den Stäben sind breite Lüftungsschlitze. Mit diesem Design habe ich versucht, das Klima im Haus zu verbessern und damit auch Energie zu sparen. Außerdem waren mir die Naturmaterialien wichtig, die wir überall im Haus verarbeitet haben. Vom Design sollte es aber in Richtung moderne tropische Architektur gehen. Der Entwurf sollte mehr zukunftsorientiert als nostalgisch sein. Ich hatte versucht zu begreifen, was für Menschen Jess und Dalia sind, wie sie denken und was zu ihnen passt. Nachdem ich sie richtig kennengelernt hatte, dachte ich: Das sind keine Hippies, das ist nicht ihre Persönlichkeit, die beiden sind eher modern und zukunftsorientiert.«

Gebannt lauschte ich Benjamins Worten und musste daran denken, was mir mein Architekt gesagt hatte: »Ich sehe dich nicht in einem rustikalen Holzhaus«, und war ihm sehr dankbar, dass er mich hergeschickt hatte. Doch das behielt ich für mich, denn ich wollte Benjamin nicht unterbrechen, der ganz versunken in seinen fast philosophischen Vortrag war, den er nach einer kurzen kreativen Pause fortsetzte: »Für einen Architekten ist es das Allerwichtigste, die Landschaft und den Ort, wo gebaut werden soll, wirklich zu begreifen. Jeder Platz hat seine besonderen Eigenschaften – selbst innerhalb von Costa Rica, einem wirklich sehr kleinen Land. Das Ambiente ändert sich hier auf kleinstem Raum. Kein Ort gleicht dem anderen. Sogar von einem Hügel bis zum nächsten ändert sich die Landschaft, die man dann in die Architektur einfließen lässt. Für mich ist es sehr wichtig, Demut vor dem Ort zu haben, wo ich bauen will. Jeder Bauherr und jeder Architekt sollte stets daran denken, dass es bei dem Vorhaben nicht nur um ihn geht, sondern um die Landschaft, in die er bauen will.«

Mir lief es kalt den Rücken hinunter, als ich Benjamin zuhörte. Ganz sicher kannte er jeden technischen Kniff beim Bauen, aber statt sich in solche Details zu vertiefen, philosophierte Benjamin mit mir über mein geplantes Baumhaus zwischen Himmel und Erde. Was er mir auf den Weg gab, war viel mehr wert als praktische Tipps, und zum ersten Mal war ich wirklich zuversichtlich, dass ich es schaffen würde, mein Nest in den Baumkronen zu bauen, in dem ich mich wohl- und geborgen fühlen würde.

Mit der *Casa Flotanta* ist es Benjamin perfekt gelungen, ein Haus in die Natur zu integrieren, zwischen Meer und Dschungel, am Puls der Wildnis und dennoch geschützt vor den Launen der Natur. Mehr als die Hälfte des Jahres ziehen hier täglich tropische Gewitter auf, und auch davor muss man ein Baumhaus schützen. Ich hatte vollstes Vertrauen in Benjamins Konstruktion, und selbst mit dem Bad unter freiem Himmel konnte ich mich anfreunden. Aber für die offene Wand im Schlafzimmer war ich definitiv kein Typ. Als ich die schwere Holzklapptür schloss, musste ich an Marenco denken, das viel einfacher, aber ähnlich konzipiert gewesen war.

Gut geschützt wie in einem Kokon bekam ich von dem nächtlichen Gewitter nichts mit. Als ich am nächsten Morgen auf die Terrasse trat, war wieder strahlend blauer Himmel und im wahrsten Sinne des Wortes tierisch was los: Die Dschungelbewohner schienen das Haus als Teil des Waldes akzeptiert zu haben und ließen sich bei ihren morgendlichen Aktivitäten nicht stören. Vor meinen Augen sauste ein Streifenhörnchen vorbei, das ein Brüllaffenmännchen ein paar Äste weiter genauso neugierig beobachtete wie ich. Mindestens ein Dutzend Vögel stimmte gerade ein Morgenlied an, während sich ein paar Kapuzineraffen lautstark um eine Kokosnuss stritten. Außer mir verfolgten noch ein paar Leguane kopfnickend das Affentheater. So eine Vorstellung wünschte ich mir auch für mein Baumhaus. Bis dahin war es noch ein weiter Weg, aber ich wusste jetzt, welche Richtung ich einschlagen musste.

Der Plan

Von Oliviers neuem Entwurf war ich dann auch sehr begeistert. Er hatte recht gehabt: Die moderne, elegante tropische Architektur passte besser zu mir als ein rustikales Design. Das kleine fünfeckige Baumhaus, das er konzipiert hatte, wirkte wie ein Diamant im Dschungel. Als Stütze hatte er einen einzigen dicken, runden Pfeiler geplant, der das Baumhaus wie ein Blütenstiel tragen sollte.

Nur in einem waren wir uns noch uneins: die Träger. Nach wie vor beharrte ich auf Holz für die Stützen, und das kleine Baumhaus wollte ich irgendwie in die Bäume hängen – so schön es auf dem »Stängel« auch aussah. Olivier sah mir tief in die Augen und schüttelte den Kopf: »Wir können es probieren und noch ein paar Experten zurate ziehen, aber ich glaube, das wird nichts. Soll ich die Pläne trotzdem schon mal einreichen? Eventuelle Änderungen werden dann schneller genehmigt.«

»Auf jeden Fall!«, jubelte ich.

Hätte ich bezüglich der Unterkonstruktion gleich auf Olivier gehört, wären mir viel Zeit und Geld erspart geblieben. Doch nachdem ich die tollen Mondholz-Baumhäuser in Meran gesehen hatte, war ich mir sicher, dass das bei meinem Baumhaus im Dschungel auch funktionieren würde. Zumal Roland die Bäume auch in der richtigen Mondphase geerntet hatte und das Holz dadurch noch stabiler war. Außerdem hatte sich gerade ein amerikanischer Holzbauer und Fachwerkspezialist in Nosara niedergelassen, der mit Rolands Holz bereits arbeitete. Den beauftragte ich für den Holzbauplan, das heißt für die statische Kalkulation der Balken.

Dieser Konstruktionsplan auf Grundlage von Oliviers Entwurf kostete ein Vermögen. Ich weiß selbst nicht mehr, warum ich mich darauf eingelassen habe. Irgendwie hatte ich mir eingebildet, dass mit Bäumen für das Holz und einem Grundstück für den Bau der Rest ein Kinderspiel sein würde. Doch weit gefehlt. Schon die ersten Stützbalken waren so groß und schwer, dass sie unmöglich mit einem normalen Lastwagen zu transportieren gewesen wären. Außerdem hätte ich einen Kran gebraucht, um nur eine einzelne Stütze von der Stelle zu bewegen.

Als mich die Nachricht von Roland erreichte, dass sie die direkt in der Plantage gesägten Holzbalken noch nicht einmal mit dem kleinen Traktor von der Stelle bekämen, saß ich gerade vergnügt vor meinem Computer und studierte die Pläne von Olivier. Es war ein herber Schlag für mich, zu hören, dass meine komplette Holzkonstruktion nicht funktionieren würde. Außer den Baumhäusern in Meran hatte ich mir noch eine ganze Reihe anderer Baumhäuser in Europa angeschaut, die alle auf Holzstelzen oder direkt in die Bäume gebaut worden waren, mir aber über solche Details natürlich nie Gedanken gemacht.

Kulturinsel Einsiedel

Mit meiner Recherche hatte ich beim ältesten deutschen Baumhaushotel begonnen, der Kulturinsel Einsiedel an der polnischen Grenze. Der Baumhauspionier Jürgen Bergmann hatte mich schwer beeindruckt. Noch zu DDR-Zeiten hatte sich der Holzkünstler ein Baumhaus gebaut und aus Liebeskummer dorthin verzogen. Das außergewöhnliche Einsiedlerleben sprach sich herum, und nach der Wende kamen die ersten Baumhausaufträge. 2006 folgte dann die eigene Baumhausanlage für Tagesbesucher und Übernachtungsgäste, mit Baumhaustheatershow, -museum und -spielen. Alles ziemlich verrückt und so einzigartig, dass Jürgen inzwischen für ganz Europa Baumhäuser baut.

Was mich aber am meisten beeindruckt hatte, war die Konstruktion seiner Häuser. Obwohl er sein erstes, eigenes Domizil hoch oben in die Wipfel gebaut hatte, standen alle neuen Objekte auf Stelzen, und zwar so, dass man trotzdem den Eindruck hatte, dass sie tatsächlich in die Bäume gebaut worden waren. Bergmann verwendete dafür keine klassischen Pfosten, sondern meist komplette Baumstämme, die erst auf den zweiten Blick als Stützen erkennbar waren. »So können wir ganz unabhängig vom Gelände planen und die Baumhäuser mit Küche und Bad ausstatten, außerdem müssen wir dann nicht jedes Jahr die Statik kontrollieren.«

Das war ein starkes Argument. Bei allen Baumhäusern, die ich besucht hatte, wurde mir bestätigt, dass eine jährliche Kontrolle und Nachjustierung dringend notwendig war. In der nordhessischen Baumhausanlage »Robins Nest« stieß ich auf ein weiteres Problem und eine Grundsatzfrage bei »echten« Baumhäusern: Werden sie um einen Baum herumgebaut, gibt es immer Probleme mit der Abdichtung. Peter Becker, der »Herr der Baumhäuser« von Robins Nest, zeigte mir die Schwachstelle und wie sie es mit verschiedenen Dichtungsmaterialien schließlich geschafft hatten, dass kein Regen mehr eindringen konnte. Für einen heftigen tropischen Regenschauer würde die Barriere wahrscheinlich trotzdem nicht ausreichen, was mir der Baumhausbauer Mattheo auf der Finca Bellavista bestätigt hatte.

In Robins Nest spreizten sich die Stützen für das Baumhaus wie die Speichen eines Schirms von der Buche ab und waren tief in den Baum hinein geschraubt. »Schadet das dem Baum nicht?«, hatte ich wissen wollen, was Peter mit einem eindeutigen »Nein« beantwortete, bevor er eine Erklärung hinterherschob: »Du musst dir das wie eine Schraube im Knochen vorstellen, die spürst du auch nicht. Die Alternative wären fest verschraubte Halterungen um den Baum herum, die würden den Baum regelrecht erwürgen.«

Ganz zufrieden war ich mit der Antwort nicht, denn jede Verletzung birgt auch eine Infektionsgefahr für den Baum. Besonders gemein ist das *Agrobacterium tumefaciens*, das eigenes Genmaterial in verwundete Pflanzen schleust. An den betroffenen Stellen entsteht ein Geschwür, das das Bakterium mit Nährstoffen versorgt und bei der Pflanze Krebs verursacht. In der Gentechnik wird das Bakterium benutzt, um gezielt Gene in Nutzpflanzen zu schleusen. Ich möchte nicht wissen, wie viele manipulierte Agrobakterien aus Laboren ausgebüxt sind und die Fremd-DNA fröhlich in die Umwelt spritzen.

Es gibt noch eine ganze Reihe anderer Bakterien, die verletzte Pflanzen angreifen. Wer hat nicht schon einmal verfaulte Kartoffeln oder anderes Gemüse in der Küche gehabt? Dafür sind ebenfalls Bakterien verantwortlich. Aber auch Hefen und Pilze greifen Pflanzen an; manchmal führt das sogar zu ganz erstaunlichen Ergebnissen. Der asiatische Adlerholzbaum, *Aquilaria malacensis*, wird zum Beispiel von einem Pilz angegriffen, der einen außergewöhnlichen Fermentationsprozess in Gang setzt, bei dem eine ganz besondere Essenz mit einem wundervollen Odeur entsteht: Oud. Dieses duftende Gold der Wälder ist der teuerste Parfümrohstoff der Welt und auch medizinisch bedeutsam.

Seit Urzeiten nutzen Menschen diese mikroskopisch kleinen Helfershelfer, um aus Pflanzen und auch aus Milch weitere Nahrungsmittel herzustellen. Ohne sie gäbe es kein Brot, keinen Käse, kein Bier, keinen Wein, hinzu kommen noch zahlreiche andere Lebensmittel und Aromen, wie Vanille und eben Oud. Ohne Mikroben, Hefen und Pilze könnten wir nicht existieren und die Wälder nicht wachsen, sie sind es, die Blätter und Totholz abbauen und letztendlich in Nährstoffe umwandeln. In unserem Darm leben Millionen von Bakterien, ohne die wir unsere Nahrung nicht verdauen könnten. Aber es gibt auch eine Reihe von Bakterien, die lebensgefährliche Krankheiten verursachen, und einige dringen gerne über Wunden ein. So ist es eben auch in der Pflanzenwelt, eine Verletzung birgt stets die Gefahr einer Infektion.

Doch ein gesunder, vitaler, starker Baum kann seine Wunden meist effektiv und schnell verschließen und gefährliche Bakterien in Schach halten. Die meisten Baumexperten versichern auch, dass es keine Metallverbindung gäbe, die den Bäumen schadet. Andere behaupten wieder, dass Kupfer oder Stahl die Bäume doch lädieren würde und Aluminium das Metall der Wahl für Baumschrauben sei. Die Meinungen gehen weit auseinander, und tatsächliche Forschung zum Thema gibt es kaum.

Peters Baumhausbäume sahen jedenfalls ziemlich gesund aus und trugen die Baumhäuser majestätisch wie eine Krone. Allerdings durfte diese Krone nicht zu schwer sein. Wie bei allen »echten« Baumhäusern gab es in Robins Nest keine Bäder und Küchen in den Baumhäusern, dafür aber ein Schloss um die Ecke, wo Gäste duschen und fürstlich dinieren können: das als schönstes Schloss von Hessen gekürte Schloss Berlepsch. Die fantasievolle Kombination von märchenhaftem Schloss und fabelhaften Baumhäusern ist in Deutschland einzigartig – und in Frankreich ein fast flächendeckender Trend. Frankreich ist überhaupt ein wahres Mekka für Baumhausfans. Nirgendwo auf der Welt ist die Baumhausdichte so groß wie in Frankreich, was unter anderem mit den generösen Bauvorschriften zu tun hat. Für Projekte ohne Wasser- und Strominstallationen werden dort keine besonderen Genehmigungen benötigt, während in Deutschland jedes Bundesland seine eigenen Vorschriften hat, die erheblich variieren.

Selbst für einen Parisbesuch kann man sich in ein Baumhaus unweit der französischen Hauptstadt einmieten: im Schlosspark von Graville, einem privaten Schloss in der Nähe von Fontainebleau. Dort begann meine *tour de cabane* in Frankreich. Ich übernachtete in einem zwölf Meter hohen Baumhaus in einer Eiche. Kein Wasser, kein Strom und Duschen im Schloss. Für ein paar Tage war das herrlich, und ich war sicher nicht zum letzten Mal dort, aber für mich war das nicht alltagstauglich für einen längeren Aufenthalt.

In einem anderen Schlossbaumhaus entdeckte ich künstliche Palmblätter aus recyceltem Plastik für die Bedachung. Nach einer kurzen Recherche fand ich heraus, dass es diese Palmexblätter auch in Costa Rica gibt und dachte darüber nach, ob das Material vielleicht für mein Baumhaus geeignet wäre, verwarf die Idee aber auch bald wieder. Das Südseeflair eines Palmdachs passte einfach nicht zu dem modernen Design meines Entwurfs, aber wunderbar zu den märchenhaft verwunschenen Baumhäusern in den verschiedenen Schlossgärten, die ich besuchte. Ich lag in dem Baumhaus auf einer Eiche, die schon dort gewachsen war, als das *Château de Graville* und der dazugehörige Wald noch im Besitz von Henry IV. waren.

Leben wie die Baumgöttin in Frankreich

Wie auf einem fliegenden Teppich nächtigte ich in dem Baumhaus »Tausendundeine Nacht« im Garten des *Château d'Usson* und träumte noch in zahlreichen weiteren fabelhaften Wipfeldomizilen, bis ich im Périgord endlich den Kreateur traf, der die meisten dieser zauberhaften Herbergen geschaffen hatte: Rémi Becharel, den größten Baumhauskünstler, den ich kenne, wobei er auch auf der Erde und dem Wasser ausgefallene Holzhäuser baut, nicht nur in Bäumen. Rémi hat sich nicht auf einen Stil festgelegt, sondern versucht die Seele seiner Kunden und den Charakter der Grundstücke zu ergründen. Er baut je nachdem rustikal, elegant, verspielt, romantisch oder ganz nüchtern, rund oder eckig, vier- oder mehreckig, rechteckig oder quadratisch.

Es war schwierig, überhaupt einen Termin für eine Führung durch seine geheime Werkstatt zu bekommen, und dann nur in der Ferienzeit, als die meisten Arbeiten stillstanden – aus Sicherheitsgründen. Das hatte wiederum den Nachteil, dass es unmöglich war, eine Unterkunft in Rémis Baumhaus-Hotelanlage zu bekommen. Die Häuser dort sind ganz außergewöhnlich: In der Gestalt sind sie echten Schlössern nachempfunden, mit Türmen, Erkern und Balustraden, wie man sich so ein majestätisches Gebäude eben vorstellt, nur als Baumhausschloss.

»Ich wollte in meine Anlage keine Baumhäuser bauen, wie ich sie sonst verkaufe, dann stünde mein Projekt ja in Konkurrenz zu meinen Kunden. Aber es geht dabei nicht nur um die Form, sondern um den außergewöhnlichen Luxus in den Baumhäusern«, erklärte mir Rémi seine ausgefallenen Bauten, während er mich über eine Wendeltreppe in die Krone einer uralten Eiche führte, in die er eine ausladende Terrasse gebaut hatte.

Als wir oben ankamen, reichte er mir ein Fernglas und zeigte auf einen weit entfernten Hügel: »Diese Aussichtsplattform habe ich zuerst gebaut, um einen Überblick über das Gelände zu bekommen, und dann habe ich das Schloss da drüben entdeckt.«

Nach kurzem Suchen fand ich den mittelalterlichen Prachtbau, während Rémi fortfuhr: »Hier auf dem Gelände stand einst eine identische Burg, bis sie bei einem Überfall zerstört wurde und die Menschen aus der ganzen Region anschließend auch noch den letzten Stein der Ruine vollständig abgetragen haben. Bis auf den Burggraben ist nichts mehr übrig geblieben, und da habe ich gedacht, als Reminiszenz an das einstige Schloss baue ich jetzt Baumhausschlösser an den Burggraben.«

Keine Frage, natürlich wollte ich die Baumhausschlösser sehen. Ich folgte Rémi die Eiche hinab und weiter auf einem geschwungenen Holzsteg, der in den Wald führte, und schon nach der ersten Kurve kam ein zauberhaftes Baumhausschloss zum Vorschein. Bei dem Anblick bedauerte ich noch mehr, dass ich wieder ins Dorf zurückmusste, weil hier kein Bett für mich frei war. Die Baumhausschlösser waren ein Traum und alle über Brücken mit dem Holzsteg verbunden. In großem Abstand reihten sie sich am einstigen Burggraben aneinander. Die Bauten selbst standen auf massiven Holzstützen und integrierten einen oder mehrere Bäume in die Terrasse.

Obwohl mein Plan schon feststand, und ich auch gar kein Baumschloss bauen wollte, weil es zu Costa Rica nicht passt, fotografierte ich jedes Detail und schickte es Olivier. Irgendwie wollte ich es nicht wahrhaben, dass meine tonnenschweren Stützen nicht von der Stelle zu bewegen waren, wo doch hier ganze Schlösser auf Holzstützen gebaut worden waren.

Aber vor allem von innen hätte ich mir die majestätischen Baumhäuser gerne mal angeschaut, da ich dringend das Interieur planen musste. Gerade als ich nach einer Möglichkeit fragen wollte, kam mir Rémi zuvor: »Möchtest du reingehen? Die Gäste sind schon abgereist, und die nächsten kommen erst in ein paar Stunden. Unsere ›Baumhausfeen‹ machen gerade sauber.«

Das Innenleben des Baumschlosses übertraf all meine Erwartungen. Neben der exklusiven und modernen, handgefertigten Möblierung war es vor allem das Bad, das mich begeisterte. Außer einer edlen, frei stehenden Badewanne vor einem Panoramafenster mit Blick in die Baumkronen lockte noch eine riesige Doppelregendusche zum Entspannen. Aber das war noch nicht alles: Auf der Terrasse lud ein riesiger, in das Deck eingelassener Whirlpool zum Verweilen ein – und eine Sauna zum Aufwärmen an kalten Tagen.

An dem Tag war es definitiv nicht kalt. Die Sonne schien über dem strahlend blauen Augusthimmel, und der Eichenwald, in dem die Baumschlösser thronten, warf einen angenehmen Schatten. Rémi lud mich ein, eine Weile auf der gemütlichen Terrasse Platz zu nehmen, was ich mit Begeisterung annahm.

Bei dem Komfort war es kein Wunder, dass die Baumschlösser bereits Monate zuvor ausgebucht waren. Immerhin konnte ich das Flair ein wenig auf der Terrasse genießen. Doch dabei sollte es nicht bleiben: Kaum hatten wir auf den bequemen, gut gepolsterten Loungesesseln Platz genommen, betraten die Baumhausfeen mit riesigen Tabletts voller französischer Köst-

lichkeiten die Terrasse. Rémi wollte mich ein wenig dafür ent-
schädigen, dass ich kein Baumhausschloss für die Nacht mehr
bekommen hatte, und das war ihm mehr als gelungen.

7. Kapitel

Der Traum wird wahr

Das laute Krächzen der Papageien holte mich aus dem leichten Schlaf, den die Zeitverschiebung mit sich bringt, und ich brauchte einen Moment, um zu begreifen, wo ich war. Es war nicht das vertraute Brüllen der Affen, das mich ansonsten sanft in die costa-ricanische Realität holte, sondern ein lautstark forderndes Krächzen von Aras. Doch langsam dämmerte es mir: Ich war in Nosara, in der kleinen Pension von Ruth und René. Die Aras waren lebendige Relikte aus einer Zeit, in der das Halten von Wildtieren in Costa Rica noch erlaubt gewesen war, und die jetzt unüberhörbar ihr Frühstück einforderten.

Doch ihr Krächzen war nicht das einzige Ungewohnte bei meiner Rückkehr nach Costa Rica. Ich war das erste Mal direkt vom Flughafen nach Nosara gefahren. Das heißt, eigentlich hatte ich mich mitten in der Nacht abholen lassen.

Noch immer gab es keinen Direktflug von Deutschland nach Costa Rica, die Anreise dauerte nach wie vor mehr als vierundzwanzig Stunden, und das auch nur, wenn man direkt vom Flughafen in den Dschungel von Nosara fuhr. Und das hatte ich getan, denn die Zeit drängte: Endlich war es so weit, der erste Spatenstich für mein Baumhaus stand kurz bevor. Ich hatte noch zwei Baumhausexperten dabei, denn noch immer hegte ich die Hoffnung, das kleine fünfeckige Baumhaus direkt an einem oder zwischen mehreren Bäumen zu verankern, und dafür brauchte ich erfahrene Fachleute.

Daniel und Mathias hatte ich bei meinen Recherchen kennengelernt und war ziemlich beeindruckt von ihren Holzkünsten und Baumkenntnissen. Außerdem waren sie sehr begeistert von meinem Entwurf – und das ist bei Holzkünstlern nicht selbstverständlich, die meisten wollen nur ihre eigenen Ideen umsetzen oder zumindest maßgeblich einbringen. Für das große Baumhaus, das auf jeden Fall auf Stelzen gebaut werden sollte, hatte ich auch endlich einen Bautrupp in Costa Rica gefunden, was nicht so einfach gewesen war, denn auf meinem Nachbargrundstück war mittlerweile eine Großbaustelle, und es schien, als wären sämtliche Bauarbeiter der Region in diese Baustelle eingebunden.

Langsam drang der Staub, den die ersten Autos aufgewirbelt hatten, von der Straße zu meinem kleinen Bungalow, durch die Ritzen hindurch und schließlich in meine Nase. Ich musste niesen und war nun endgültig wach. Es war mittlerweile Februar, und in der Region war seit Wochen kein Regen mehr gefallen. Sobald die ersten Autos über die Sand- und Schotterpisten rollten, wurden die Häuser in eine dicke Staubschicht gehüllt, zumindest die unteren Etagen. – Mein Bungalow stand direkt auf der Erde und ziemlich nah an der Straße.

Pünktlich um neun sollten die Bauarbeiter mit allen Geräten und Materialien auf meinem Grundstück sein. Bis dahin waren es noch mehr als drei Stunden, und ich hätte noch gut einigen Schlaf gebrauchen können. Doch die Papageien, der Jetlag und die Aufregung ließen mich nicht zur Ruhe kommen. Ich kroch aus meiner Hütte, tappte zum Haupthaus, um mir einen Kaffee zu holen, und warf einen genervten Blick auf die Voliere. Das Gekrächze der Aras gehörte nicht zu meinem bevorzugten Soundtrack der erwachenden Natur, sondern zu ein paar eingesperrten Kreaturen, die auf ihr Futter warteten. Ruth und René hatten den einst in winzigen Käfigen eingesperrten Tieren riesige Volieren gebaut und pflegten sie liebevoll. Als das Schweizer Paar 1989 nach Costa Rica kam, gab es noch keine Auffangstation, also ließ man den beiden die Vögel, die mir jetzt den Schlaf raubten.

Obwohl ich vieles an dem Schweizer Projekt skurril fand – von der alpinen Dekoration im Restaurant bis zu den Vogelvolieren –, bewunderte ich, wie die beiden damals mit Mitte fünfzig einen Neuanfang ohne Rückfahrkarte gestartet hatten, und war längst mit ihnen befreundet. Nachdem die Lagarta-Lodge jetzt eine Großbaustelle war, war schnell klar, dass die Pension der beiden Schweizer meine Unterkunft für die Bauzeit sein sollte. Ruth war überglücklich, da sie gerade alleine war, weil Réne in der Schweiz weilte.

Als ich zu ihr rüber schlurfte, um mir einen Kaffee zu holen, kam sie mir mit einem fiependen Handtuch entgegen und rief aufgeregt: »Wir müssen Chupsi füttern!«

Ich hatte keine Ahnung, wovon Ruth sprach oder was sich in dem Handtuch befand. Wir waren erst am Vortag in der Nacht angekommen, und ich hatte Ruth noch gar nicht gesehen, wusste aber, dass sie immer sehr früh aufstand und stets einen Kaffee für mich bereit hatte. »Wer ist Chupsi?«, fragte ich, nachdem ich sie mit einem Küsschen begrüßt hatte und ergänzte gähnend: »Ich glaube, ich fange auch gleich an zu fiepen, wenn ich nicht gleich einen Kaffee bekomme.«

»Bekommst du sofort, wenn du Chupsi fütterst«, erwiderte Ruth trocken, drückte mir das Päckchen in die Hand und kramte eine kleine Spritze mit Milch aus der Jackentasche. Im selben Moment sah ich das winzige Köpfchen, das sich gerade neugierig aus dem Handtuchnest gepult hatte: ein Streifenhörnchenbaby. Das niedliche Tierchen sah mich mit seinen großen Augen erwartungsvoll an. Ruth wusste, dass ich schon öfter in Tierauffangstationen geholfen hatte und mich mit der Fütterung von Tierbabys auskannte.

Gerade als ich es mir mit dem Bündel unter dem Gemeinschaftspavillon bequem gemacht hatte und Chupsi gierig die ersten Tropfen Babymilch aufsog, kam Ruth mit zwei dampfenden Tassen Kaffee zurück. Ohne dass ich danach fragte, erklärte sie: »Die letzte Regenzeit war viel zu trocken, und die Trockenzeit ist jetzt viel zu windig. Ich glaube, der Sturm hat Chupsi aus dem Nest gefegt.« Erst jetzt fiel mir auf, dass es kräftig windete und noch mehr roter Staub von der lehmigen Straßenpiste herüberwehte als sonst. »Der Staub kriecht in diesem Jahr durch alle Löcher, pass bei deinem Baumhaus auf, dass er nicht reinkommen kann. Daran haben wir bei unserem Bau gar nicht gedacht, aber es wird auch immer schlimmer«, warnte mich Ruth. Den Hinweis hielt ich zwar für übertrieben, nahm mir aber vor, die Sache mit dem Staub nicht zu vergessen.

Nachdem Chupsi und ich sattsam gefrühstückt hatten, begrüßte ich den Strand mit einem ausgiebigen Lauf und den Pazifik mit einem kurzen Tauchgang. Danach fühlte ich mich bereit für den ersten Spatenstich. Gemeinsam mit meinem Team nahm ich den kurzen Weg den Lagarta-Hügel hinauf in Angriff. Die tropische Sonne heizte schon kräftig ein, und ich war nicht nur deshalb froh, dass die meisten Bäume am

Wegesrand stehen geblieben waren, sondern auch, weil sie den Tieren noch genügend vernetzten Lebensraum boten, was mir gerade eine brüllende Affenhorde bestätigte.

Doch schon von Weitem sah ich, dass zumindest ein Baum nicht mehr dort stand, wo er hätte stehen sollen. Ein mächtiger Guanacaste-Baum, dessen Stamm wie ein Göttersitz gebogen war und mir stets den Weg gewiesen hatte, fehlte. Als wir näher kamen, sah ich, dass hier kein Mensch Hand angelegt hatte, sondern Aiolos, der Gott der Winde. Der komplette Wurzelballen stand wie ein Mahnmal etwa drei Meter senkrecht in die Höhe.

Stets hatte ich es bedauert, dass sich der Baum nicht an einem Ort befand, wo ich ein Baumhaus darauf hätte errichten können. Ich hatte meinen Rückzugsort auf dem majestätischen Knick des Baumgiganten schon förmlich vor mir gesehen. Jetzt war ich aber ziemlich froh darüber, dass er mir zum Bauen nicht zur Verfügung gestanden hatte. Als Daniel und Mathias die Baumleiche erblickten, sahen sie mich an und fragten fast synchron:»Bist du sicher, dass du das kleine Baumhaus auf einen oder mehrere Bäume bauen willst?«

Ich starrte noch immer auf den gestürzten Giganten und schüttelte den Kopf:»Nein, ihr habt doch die Pläne, die Stütze ist ja geplant und sollte heute mit dem Material kommen. Ich hatte nur gedacht, ihr schaut euch mal die Situation an, ob es nicht doch eine Möglichkeit gibt. Aber wenn ich sehe, was der Wind hier angerichtet hat … Lasst uns trotzdem mal die Bäume bei mir inspizieren.«

Pünktlich wie die Maurer erreichten wir den Gipfel des Lagarta-Hügels und waren bereit für den ersten Spatenstich. Aber von den Bauarbeitern, dem Material und meinem Architekten war weit und breit nichts zu sehen. Doch das war noch nicht alles. Fassungslos beobachtete ich, wie von Rolands einstigem Domizil und meiner zweiten Heimat die letzte Mauer fiel. Die als Renovierung angekündigten Baumaßnahmen von Lagarta waren nichts anderes als ein kompletter Abriss von allem, was Roland geschaffen hatte und was über Jahrzehnte ein Monument geworden war. An meiner Grundstücksgrenze entstand kein Garten mit Medizinalpflanzen, wie mir einst angekündigt worden war, stattdessen wuchsen die Wirtschaftsgebäude für das neue Hotel. Doch noch war das gesamte Ausmaß längst nicht sichtbar.

Immerhin hatte Roland die ersten Balken für das kleine Baumhaus schon geliefert und fein säuberlich gestapelt. Gerade als wir uns zur Lagebesprechung auf das Holz gehockt hatten, drang das Geschepper und Gedröhne von Oliviers uraltem Jeep an mein Ohr. Wenig später brachte er sein Gefährt mit quietschenden Bremsen einige Meter von uns entfernt zum Stehen.

Olivier verkündete die erste wirklich schlechte Nachricht des Tages: Wir hatten immer noch keinen Strom! Der war zwar längst angemeldet und hätte angeschlossen sein sollen, aber der Sturm hatte nicht nur Bäume entwurzelt, sondern auch eine ganze Reihe von Strommasten umgerissen. Da die ohnehin chronisch unterbesetzte Stromgesellschaft erst mal damit beschäftigt war, die Leitungen zu reparieren und die Haushalte zu versorgen, musste mein Anschluss verständlicherweise noch ein paar Tage warten.

»Wozu brauchst du denn Strom? Ich sehe weit und breit weder Bauarbeiter noch Maschinen«, witzelte Olivier, bevor er ernsthaft hinzufügte: »Die Aufräum- und Reparaturarbeiten entlang der Straße halten den ganzen Verkehr auf, aber spätestens in einer Stunde sind sie hier. Marco, der Bauleiter, hat

mich gerade angerufen. Ich mache jetzt bei der Stromgesellschaft noch mal Druck und bin auch spätestens in einer Stunde wieder hier.«

Und schon war Olivier wieder verschwunden. Ich hatte ihm
gerade noch zurufen können:»Und was machen wir, wenn es
mit dem Strom länger dauert?«

Der Architekt drehte sich beim Einsteigen in seine Klapper-
kiste um und raunte mir über die Schulter zu:»Dann musst du
die Nachbarn fragen, ob sie dir aushelfen.«

Das hatte mir gerade noch gefehlt. Ich ärgerte mich schwarz
über den Abriss meiner zweiten Heimat und sollte dort bitt-
stellerisch nach Strom fragen? Im Zweifel würde mir nichts
anderes übrig bleiben, aber zunächst hoffte ich noch auf Olivier und seine Kontakte zur Stromgesellschaft.

Uns blieb eine Stunde des Nichtstuns, aber nur theoretisch.
Bei unserer Ankunft hatte ich sie schon lautstark gehört, und
jetzt sah ich sie auch: meine geliebten Brüllaffen. Trotz des
Baulärms auf dem Nachbargrundstück hatten sie es sich in den
Wipfeln meiner Bäume bequem gemacht. Sie hockten im Geäst wie auf Logenplätzen und schienen auf die Vorstellung zu
warten.

Ich begutachtete gemeinsam mit Daniel und Mathias die
Bäume, deren Größe definitiv weit entfernt von Urwaldriesen
lag, und fragte, ob wir das Baumhaus trotzdem, zumindest
teilweise, daran befestigen konnten. Auf dem felsigen Kamm
des Hügels wuchsen generell keine riesigen Bäume und ich
hoffte, dass sie dafür wenigstens besonders stabil waren, erinnerte mich aber auch daran, dass mein costa-ricanischer
Freund Mattheo diese Frage schon bei unserem ersten Rund-
gang verneint hatte.

Das magische Spiegelbaumhaus

Doch inzwischen hatte ich in Schweden gesehen, was für gakelige, dünne Bäume riesige Baumhäuser halten können. Es war eine meiner letzten Recherchereisen vor dem Baubeginn gewesen und ein *Must* für jede Baumhausliebhaberin: Das »*Treehotel*« in Nordschweden, das inzwischen berühmteste Baumhaushotel der Welt mit völlig verrückten Designformen, die ausschließlich auf oder zwischen nordische Lapplandkiefern gebaut wurden. Kiefern, die zum Teil so dünn waren, dass sie locker mit zwei Händen umgriffen werden konnten, dienten dabei als Stützen.

Diese Baumhäuser hatten schon fast jedes Lifestyle-Magazin geziert und waren sogar vom schwedischen Königshaus besucht worden. Eines sticht besonders heraus: der Spiegelkubus, ein völlig verspiegelter, riesiger Würfel, der um eine einzige Kiefer herum gebaut ist, die ihn quasi durchbohrt. Ein anderes sieht aus wie ein UFO, das zwischen den Bäumen hängen geblieben ist, wieder ein anderes mutet an wie ein Eichhörnchennest und die anderen haben einfach nur futuristische, außergewöhnliche Formen.

Jedes Baumhaus war von einem anderen Stararchitekten entworfen worden, aber trotz der zahlreichen Berichte und Sendungen über diese außergewöhnlichen Domizile hatte ich nichts über die Konstruktion und Befestigung in den Bäumen finden können. Die Häuser schienen alle, bis auf den Spiegelkubus, im Wald zu schweben. Allein um darüber mehr in Erfahrung zu bringen, hatte ich das *Treehotel* besuchen wollen.

Aber diesmal sollte es mir nicht so gehen wie bei den Baumschlössern in Frankreich. Ich hatte bereits Monate vorher angefragt – und nicht für die Hauptsaison. Trotzdem waren sowohl der Spiegelkubus als auch das UFO ausgebucht, dafür hätte ich wohl mindestens ein Jahr im Voraus buchen müssen – das wäre dann wohl erst nach Fertigstellung meines eigenen Baumhauses gelungen. Aber das »Nest« war immerhin noch an ein paar Tagen im Herbst frei gewesen. Und das Nest passte ja auch besser nach Costa Rica als ein UFO oder Spiegelwürfel.

Angefangen hatte das ungewöhnliche Projekt mit einer kleinen Frühstückspension von Kent und Britta Lindvall und einem kleinen Baumhaus, das schon viel Anklang gefunden hatte. Es fragten deutlich mehr Besucher an, als darin wohnen konnten. Gemeinsam mit einem befreundeten Architekten war dann die Idee für ein ganz außergewöhnliches Baumhaushotel entstanden – und wurde zu einer großen Herausforderung für kreative Konstrukteure.

»Heute bekommen wir von Architekten aus aller Welt fast täglich neue Entwürfe, Zeichnungen und Konzepte mit tollen Ideen zugeschickt. Wir können und wollen daraus aber keinen Wettkampf machen, sondern laden die Architekten ein, mit denen wir gerne zusammenarbeiten würden. Manche kommen dann her und schauen sich die Gegebenheiten vor Ort an. So haben wir hier eine Menge Ideen für ein weiteres Baumhaus. Das hier zum Beispiel ist ein wirklich tolles Konzept.« Kent Lindvall hob begeistert eine Skizze hoch, die eine entfernte Ähnlichkeit mit einem überdimensionierten U-Boot-Ausguck hatte, der mit Bäumen statt einem Boot verbunden war.

»Werdet ihr das bauen?«, wollte ich neugierig wissen.

Kent schüttelte den Kopf: »Wir haben uns noch nicht entschieden.«

Am liebsten hätte ich mir die vielen wunderbaren Entwürfe kopiert und zu Hause an die Wand gehängt, fragte aber nur vorsichtig: »Du weißt ja, dass ich auch ein Baumhaus bauen will, in Costa Rica. Darf ich mir bei euch noch ein paar Ideen und Inspirationen holen?«

Kent sah mich mit großen Augen an, und zunächst dachte ich, er würde die Entwürfe und damit sein Betriebsgeheimnis empört zusammenpacken, doch ganz im Gegenteil. Mit strahlendem Lächeln erwiderte er: »Ja, das ist genau das, was normalerweise passiert, wenn Leute herkommen: Sie sehen unsere Baumhäuser und werden inspiriert für eigene Projekte – ich hoffe, wir können Menschen inspirieren.«

Bei mir ging Kents Hoffnung auf jeden Fall in Erfüllung, und ich bin sicher, bei allen anderen auch, die mit eigenen Augen sehen konnten, was diese wahnsinnigen Lappländer geschaffen hatten. Feenstaub konnte den Zauber nicht vollbracht haben, denn die Luft war so klar wie eine frisch geputzte Fensterscheibe. Aber in den nordischen Ländern herrschen ja auch die Elfen, und die können anscheinend wahre Wunder bewirken. Es sah wirklich so aus, als hätten die fantasievollen Baumhäuser keinen Kontakt zur Erde.

Kent führte mich zunächst in das erste seiner Baumhausvisionen: den schwarzen Kubus, der wie der Fliegende Holländer über uns schwebte. Erst als wir die Spitze des dahinter liegenden Hügels erreicht hatten, sah ich den ungewöhnlichen Brückenzugang auf die Dachterrasse, die wir wenige Sekunden später erreicht hatten.

Stolz erklärte mir Kent die Konstruktion: »Hier sind wir ganz oben auf dem Baumhaus, das frei zwischen den Bäumen hängt«, und hob dabei lachend die Arme, als würden wir fliegen. Etwas ernster deutete er auf ein paar Bäume, die das Baumhaus umrahmten: »Und das sind die vier Kiefern, an denen wir das Haus befestigt haben. Die halten jeweils sieben Tonnen. Wir haben Holzträger verwendet, aber die Konstruktion, die die Träger hält, ist aus Stahl, das haben wir im Ort anfertigen lassen. Die Stahlseile haben wir zum Stabilisieren gespannt, zum Schutz bei starken Winden.«

Die Drähte, die die Bäume stabilisierten, hatte ich zuvor gar nicht gesehen. Das Konstruktionssystem hat Kent inzwischen patentieren lassen. Es ist bei all seinen Baumhäusern das gleiche – obwohl die Baumhäuser selbst völlig unterschiedlich sind: Stahlmanschetten an den Bäumen halten die Träger der Baumhäuser und werden anschließend so verkleidet, dass sie nicht mehr zu sehen sind.

Von der Terrasse hatten wir einen ziemlich guten Überblick über den Wald und die anderen »fliegenden Objekte«, die in großem Abstand in dem Kiefernwald schwebten. Am nächsten war die »Libelle«, das größte Baumhaus der Anlage in einem modernen Rostlook. Ich hatte kaum glauben können, dass auch dieses ziemlich ausladende Objekt nur an den dünnen Kiefern befestigt war. Es waren zwar deutlich mehr Bäume, an denen das Haus hing, und ein paar sehr dünne Kiefern waren mit zusätzlichen Streben geschient worden, aber es gab keine ergänzenden Stützen.

Trotz der Größe wirkte das Haus innen klein und behaglich, wie man es von einem Baumhaus erwartet: modern und trotzdem kuschelig. Da es ohne Bodenkontakt frei im Wald »schwebte«, hatte es, genau wie die anderen Häuser, zwar Strom, jedoch keine Wasserinstallationen. In der modernen Dusche floss das Wasser aus einer versteckten Zisterne. Im verlängerten Gang waren Wohn- und Esszimmer untergebracht, daneben in einem Erker eine Miniküche. Die beiden Schlafzimmer schoben sich ebenfalls in rechteckigen Erkern in den

Wald hinein und hatten durch riesige Panoramafenster eine grandiose Aussicht in den Wald. Dank der verwinkelten Architektur funktionierte das Schwebekonzept auch bei diesem großen Baumhaus. Es konnte dadurch an viel mehr Kiefern befestigt werden als bei einer geradlinigen Konstruktion, und integrierte sich harmonisch in den Wald.

Ganz schön spacig wirkte dagegen Kents UFO-Baumhaus. Spannend für mich war vor allem der Zugang an der Unterseite der fliegenden Untertasse. Wie von Zauberhand öffnete sich plötzlich die Luke des UFOs. Herausgefahren kam eine elektrische Scherentreppe, die eigentlich für Dachböden konzipiert war, hier aber perfekt passte.

Ich hatte Glück, dass gerade Bettenwechsel war, und konnte mir das Raumschiff von innen anschauen. Mit viel Gepäck durfte man hier nicht anreisen, die Ausziehtreppe war höchstens fünfzig Zentimeter breit. Aber Kents Baumhäuser waren ja auch nicht für einen längeren Aufenthalt konzipiert, sondern für ein, zwei unvergessliche Nächte. Für mein eigenes Baumhaus wäre so eine Treppe vielleicht als Notausgang recht clever, dachte ich mir, als ich durch die Luke in den Bauch des UFOs stieg, das auch innen ziemlich abgefahren aussah.

Kent lachte: »Man fühlt sich wie in einem Raumschiff, das gleich abhebt, oder? Als könntest du gleich wegfliegen.«

Ich nickte und blickte durch die runde Fensterluke auf den Spiegelwürfel, auf dem unser UFO-Baumhaus zu sehen war, und hatte tatsächlich das Gefühl, gleich abzuheben, was ich so lange genoss, bis meine technische Neugier zurückkehrte: »Wie hast du die Treppe ausgefahren?«, wollte ich wissen.

Kent antwortete mir nicht, sondern lotste mich wieder aus dem Raumschiff heraus und auf den Boden zurück. Dort angekommen, führte er mich zu einem nahe gelegenen Baum, auf dem ein Kästchen montiert war, in dem ein Schlüssel steckte, und forderte mich auf, diesen umzudrehen. Ich ließ mich nicht lange bitten und folgte der Anweisung. Im gleichen Moment löste sich die Scherentreppe vom Waldboden und fuhr langsam wieder in das Raumschiff zurück. Die Leitung war so geschickt an dem Baum verlegt worden, dass ich sie zuvor gar nicht gesehen hatte.

»Deutsche Wertarbeit«, verriet mir Kent. Er hatte diese Treppen bei einem deutschen Hersteller entdeckt, der auf Dachbodentreppen spezialisiert war und diese elektrischen Scherentreppen entwickelt hatte. Ich war völlig begeistert und strahlte wie ein Honigkuchenpferd, als sich das UFO durch meine »Zauberhand« wieder verschloss.

Kurz darauf standen wir vor dem berühmten Meisterwerk der Anlage: dem Spiegelbaumhaus, das über eine Hängebrücke erreichbar war. Den Eingang konnte ich allerdings nur erahnen. Erst als wir direkt davor standen, erkannte ich die voll verspiegelte Tür als solche. »Fliegen denn da keine Vögel dagegen?«, fragte ich spontan und ohne nachzudenken.

Kent schüttelte den Kopf: »Nein, die sehen sich doch selbst im Spiegel oder haben das Gefühl, dass ein anderer Vogel auf sie zufliegt.«

Eigentlich logisch, dachte ich, als wir den Spiegelkörper durch die nun offene Tür betraten. Mitten durch den Kubus führte der ziemlich dünne Baum, der das ganze Baumhaus hielt. Aber am meisten beeindruckte mich der gigantische Blick nach draußen. »Venezianische Spiegel, Spionglas«, erklärte Kent verschmitzt, während er eine hölzerne Leiter zurechtrückte. »Und da oben ist noch eine Terrasse«, ergänzte er, während er schon die ersten Sprossen nahm.

Die Terrasse war von außen überhaupt nicht zu sehen ge-

wesen, da die Balustrade ebenfalls mit venezianischem Spiegel-
glas verkleidet war. Und aus der Mitte des Spiegeldachs spross
der Baum, der sich durch das ganze Haus bohrte. Ich konnte es
immer noch nicht glauben, dass diese einzelne, dünne Kiefer
das ganze Konstrukt hielt.

»Ja«, bestätigte Kent, »nur ein einziger Baum in der Mitte hält
das ganze Haus, das ist das architektonische Konzept. Eine
Kiefer kann viel aushalten. Wir nutzen für außen und innen die
gleichen Haltekonstruktionen, die ich dir gezeigt habe: Man-
schetten aus Stahl. Außerdem haben wir den Baum noch mit
ein paar Drahtseilen stabilisiert, das ist bei starkem Wind sehr
wichtig.«

Fasziniert blickte ich über das verspiegelte Dach auf die
weiten nordischen Wälder, die sich in der Fassade dieses ungewöhnlichen Objekts spiegelten. Ob man darin wohl in der
Nacht auch die Nordlichter sieht?

Als könnte Kent Gedanken lesen, ergänzte er: »Heute Nacht
soll es ruhig sein, und wir können hoffentlich die Nordlichter
sehen. Von dem Baumhaus hier kannst du sie vom Bett aus
durch das Panoramafenster beobachten. Du musst leider dein
Nest verlassen, um die Aurora Borealis zu sehen, es ist zu tief
im Wald drin.«

Kents Baumhäuser sind hochmodern und doch fantasievoll
wie in einer Märchenwelt, passend zur einsamen Idylle von
Lappland. Nachdem die Elfen bei sternklarer Nacht die grell-
grün leuchtenden Nordlichter über den Nachthimmel hatten
tanzen lassen, schlief ich wie im siebten Baumhaushimmel
und träumte von meinem eigenen Nest in den Urwaldwipfeln.

Der eigene Nistplatz

Zurück in Costa Rica, stand ich jetzt, wenige Wochen später mit den Baumhausexperten Mathias und Daniel genau an der Stelle, wo ich mein Nest bauen wollte, und blickte auf ein winziges Vogelnest in der laubfreien Baumkrone. Die Trockenzeit hatte schon vor einigen Wochen begonnen, und fast alle Bäume hatten ihre Blätter verloren. An meinen Frangipani-Bäumen prangten keine duftenden Blüten mehr, sondern riesige grüne Schoten, über die sich die Brüllaffen und einige andere Tiere freuten. Die beiden Baumhausbauer begutachteten skeptisch die Bäume daraufhin, ob sie vielleicht doch als Stützen tauglich waren.

Da ich ohnehin mein Baumhaus nicht um einen einzelnen Baum herumbauen wollte, wodurch ich den Stamm im Zimmer gehabt hätte, holte ich mein Tablet aus dem Rucksack und zeigte den beiden die Bilder von Schweden. Ich hatte detailliert die Halterungen, Träger und Verbindungsteile fotografiert, ebenso die Schienen, die die schwachen, dünnen Bäume stützten.

Daniel studierte eingehend das Konstruktionssystem und kam zu einer ernüchternden Analyse: »Ich glaube nicht, dass das hier funktioniert. Erstens sind wir hier nicht in Schweden, zweitens kennen wir uns mit der Statik tropischer Baumarten nicht so gut aus wie mit der der heimischen. Ich brauche dir nicht zu erzählen, dass es über vierzigtausend Baumarten in den Tropen gibt, und soweit ich weiß, ist über die Statik dieser Bäume hier wenig bekannt. Außerdem muss man bei mehreren Bäumen die Scherkräfte einkalkulieren, die bei im Wind schwankenden Bäumen entstehen. Drittens stehen die Bäume, die wir einbeziehen könnten, nicht gerade günstig zueinander für eine Verankerung deines fünfeckigen Baumhauses. Viertens glaube ich nicht, dass du einen Schlosser hier hast, der mal eben solche Halterungen bauen kann. Und fünftens hast du uns selbst erzählt, dass der Durchmesser der Bäume hier zwischen Regen- und Trockenzeit enorm schwankt, weshalb solche Metallmanschetten gar nichts taugen. So viel nachjustieren kann man wahrscheinlich gar nicht. Falls doch, müssten wir dafür zweimal im Jahr kommen, oder du findest hier jemanden, der sich damit auskennt. Ich werde trotzdem jetzt mal hochklettern, weil wir eh ein paar Sicherungsseile da oben brauchen.«

Noch bevor Daniel den Satz beendet hatte, holte er eine große Zwille aus seinem Rucksack und suchte einen geeigneten Stein dafür, damit ich bloß nicht auf die Idee käme, die Diskussion, die wir bereits in Deutschland geführt hatten, fortzusetzen. Die Argumente waren mir auch alle längst bekannt, und ich hatte inzwischen in vielen Baumhäusern auf Stelzen genächtigt, die mir mehr Baumhausgefühl gegeben hatten als einige Domizile, die tatsächlich im Baum verankert gewesen waren.

Geschickt und in Windeseile befestigte Daniel an dem Stein einen langen, dünnen Faden und beendete damit jegliche Diskussion, bevor sie überhaupt begonnen hatte. Ein fünfeckiges Baumhaus ist eine Herausforderung an sich, das hatte ich vorher gewusst und daher die beiden Holzspezialisten engagiert. Sie würden jeden einzelnen Balken sägen müssen, manche sogar mit einer Handsäge, damit die Winkel exakt passten. Anschließend musste die Plattform in Form eines Pentagramms in luftige acht Meter gehievt und auf die Stützen montiert werden, bevor die dreieckigen Holzwände installiert werden konnten.

Das magische Pentagramm

Ein rechteckiges Holzhaus kann jeder Zimmermann bauen, aber nicht ein fünfeckiges. Und wer hat schon ein magisches Pentagramm als Baumhaus? Das hatte sich mein Architekt wohl auch gedacht und dazu noch ganz besondere Wände und Dachelemente entworfen, sowie eine Holzverkleidung für den unteren Teil des Baumhauses: lauter Dreiecke. Mein Baumhaus sollte wie ein symmetrischer Edelstein die Baumkronen schmücken, gekrönt von einer weißen »Blüte« – dem fünfeckigen Markisendach. Daniel und Mathias würden genug zu tun haben, auch wenn das Holzkunstwerk letztendlich auf Stelzen zwischen den Baumkronen thronen würde. Ich verkniff mir daher jeglichen weiteren Kommentar bezüglich den Befestigungsmöglichkeiten an Bäumen.

Stattdessen beobachtete ich still und neugierig, wie Daniel den Stein mit dem Faden geschickt über einen hoch gelegenen Ast schleuderte, ohne dabei auch nur im Entferntesten das kleine Vogelnest zu gefährden, neben dem mein großes Nest einmal seinen Platz finden sollte. Das dünne Schnürchen hing nun locker über dem Ast, und Daniel zog damit ein dickes Kletterseil hoch. Die Prozedur hatte ich zwar schon häufig bei Wipfelforschern beobachtet, aber es selbst noch nie so geschickt zustande gebracht. Deshalb beobachtete ich jedes Mal fasziniert, wie ein Kletterseil auf diese Weise in die Baumkronen gelangte. So behände ich im Klettern war, so eine Niete war ich im Werfen, und der Stein mit der Schnur musste schon ziemlich gekonnt über den anvisierten Ast geschleudert werden, damit das Kletterseil anschließend hochgezogen werden konnte. Während Daniel noch konzentriert dabei war, das Kletterseil sicher zu verankern, hatte Mathias die Gurte und

Sicherungen herausgeholt und sich für den Aufstieg vorbereitet.

Die Brüllaffen staunten nicht schlecht, als Mathias in Affengeschwindigkeit den Baum hinaufkletterte und wenig später auf dem Ast hockte, über den Daniel kurz zuvor die Schnur geschossen hatte. »Scheint schon ganz stabil zu sein, für eine kleine Aussichtsplattform würde es vielleicht reichen«, rief er zu uns hinunter. Dann seilte er sich so schnell ab, dass er wie Tarzan mit einer Liane im nächsten Moment angesaust kam und vor uns stand. Gerade als ich mich angurten wollte, um selbst die Lage zu überblicken, rief Daniel: »Ich glaube, dein Bautrupp kommt.«

Begleitet von einer riesigen Staubwolke wälzte sich ein Lkw mit zwei grünen Containern auf dem Anhänger den steilen Waldweg hinauf. Inzwischen war ich mir nicht mehr so sicher, ob das mit den Containern eine so gute Idee von mir gewesen war.

Bei einer Recherchereise in Costa Rica hatte ich auch ein sehr exklusives und konsequent nachhaltiges Boutique-Hotel in Costa Rica besucht. Die Designbungalows waren modern und puristisch, aber trotzdem luxuriös aus Plantagenholz gestaltet. Die Besitzer wohnten selbst in einem schicken Container-Haus auf Stelzen. »Das war viel günstiger. Für uns hätten wir uns eine so luxuriöse Bauweise, wie wir sie für die Gäste haben, nicht leisten können, und mit gebrauchten Containern ist das hundertprozentig nachhaltig«, hatte mir Alexandra verraten und mich mit ihrem sehr stylischen Containerhaus schwer beeindruckt.

Eine meiner frühen Ideen war daher gewesen, einen großen gebrauchten Container als Korpus für mein großes Küchenbaumhaus zu verwenden und dann mit meinem Holz zu verkleiden. Es hatte sich dann aber herausgestellt, dass Container aufgrund ihres Gewichts als Baumhauskorpus ziemlich ungeeignet waren und daher der Bau keinesfalls günstiger geworden wäre.

Danach kam mir die Idee, einen recycelten, mit Holz verkleideten Container als Eingangsbereich zu nutzen, über eine Brücke mit dem Haupthaus zu verbinden und von der Dachterrasse wiederum über eine zweite Brücke eine Verbindung zu dem kleinen Schlafbaumhaus herzustellen. Dadurch konnte ich das Gefälle auf meinem Grundstück besser für die Höhe des Baumhauses nutzen, ohne eine endlos lange Brücke zu bauen. Außerdem gab der Container Sichtschutz und vor allem Platz für Surfbretter, Fahrräder, Baumaterial und was man so alles braucht und nicht in einem Baumhaus haben will. Überdies konnte der Container während der Bauphase als abschließbarer Schuppen genutzt werden, eben als Baucontainer, es stand ja außer Bäumen nichts auf meinem Grundstück. Später wollte ich ihn mit dem Abfallholz aus Rinde verkleiden. Das war der aktuelle Plan für mein Baumhausensemble, für das mein Architekt ein Design entworfen und inzwischen genehmigt bekommen hatte. Insgesamt eigentlich eine gute Idee, hatte ich gedacht. Doch jetzt luden die Arbeiter nicht einen gebrauchten, großen Container auf mein Grundstück, sondern zwei kleine, die natürlich viel teurer und aufwendiger zu einem einzigen Eingangsbereich zu verarbeiten waren. Dafür war der Transport günstiger, musste ich mir eingestehen.

»Die sind doch viel besser. Einen großen hätten wir gar nicht auf den Anhänger bekommen und selbst wenn, hätten wir einen Kran benötigt, um ihn auf- und wieder abzuladen. Die beiden kleinen können wir übereinanderstapeln und mit unseren

Hebewerkzeugen manövrieren«, entschuldigte sich Ingenieur Marco achselzuckend.

Da ich froh war, dass sich überhaupt etwas getan hatte und alle sich so viel Mühe gaben, versuchte ich erst gar nicht zu diskutieren. Ändern konnte ich eh nichts mehr. Stattdessen beobachtete ich, wie die Arbeiter mit unglaublichem Geschick die beiden Container von dem Lastwagen heruntermanövrierten, auf mein Grundstück schoben und anschließend so aufbockten, dass sie tatsächlich einigermaßen waagerecht standen. Dass die Arbeiter dafür das Holz verwendet hatten, das eigentlich für das Baumhaus vorgesehen war, entdeckte ich erst, als die Container schon standen. Während ich zu erklären versuchte, dass wir das Holz dringend und schnell zum Bauen brauchen würden, inspizierten Daniel und Mathias die Werkzeuge. Als die Arbeiter nur treuherzig mit den Schultern zuckten, war ich ziemlich sicher, dass sie mich bezüglich des Holzes zwar verstanden, aber keine andere Idee hatten, um die Container vernünftig zu stellen, sodass die Container während der Bauphase eben als Arbeitsschuppen eingesetzt wurden und das Holz jetzt nicht benutzbar war.

Wahrscheinlich gab es für den Moment auch tatsächlich keine andere Lösung. Noch während ich darüber nachdachte, kam Olivier zurück. Seinem Gesicht nach zu urteilen, hatte er keine guten Nachrichten zu verkünden. Kopfschüttelnd stieg er aus seinem klapprigen Jeep: »Die von der Stromgesellschaft haben mir die Liste gezeigt, die sie dringend abarbeiten müssen, bevor sie dir den Strom anschließen – das kann noch einige Tage dauern. Ich fürchte, du kommst nicht drum herum, deine Nachbarn zu fragen.«

Missmutig nickte ich, ging gemeinsam mit Olivier nach nebenan und versuchte, meine unerfreuliche Lage zu erklären.

Keine fünf Minuten später hatten wir Strom. Egal, welche Auseinandersetzungen es sonst gibt, im Dschungel wird zusammengehalten.

»Dann kann es ja losgehen!«, strahlte ich Daniel und Mathias an. Doch statt sich zu freuen, schüttelten die beiden erneut den Kopf. »Das sind überhaupt nicht die Maschinen, die wir angefragt haben. Mit den meisten können wir nichts anfangen, wir brauchen ganz dringend eine Stichsäge und eine Hobelmaschine.«

Marco zuckte unschuldig mit den Schultern: »Wir haben nichts anderes, ich habe alles mitgebracht.«

»Und jetzt?«, fragte ich entsetzt.

Mathias zuckte ebenfalls mit den Schultern, bevor er vorsichtig antwortete: »Baumarkt? Hast du nicht gesagt, dass es hier einen Baumarkt gibt?«

Wenig später war ich stolze Besitzerin einer elektrischen Stichsäge, einer Hobelmaschine, zahlreicher Schrauben, Nägel und sonstiger Werkzeuge. Unterdessen hatte Olivier mit Marco das Fundament für das kleine Baumhaus besprochen, und Vorarbeiter Johnny war bereits am Baggern. Den Platz hatten wir vorher gemeinsam ausgesucht. Von der teilweisen Befestigung in den Bäumen wollte Olivier ohnehin nichts wissen. Mittlerweile hatte ich mich davon auch verabschiedet und war froh, wenn es überhaupt irgendwie voranging.

Als Daniel nach dem großen, runden Stahlträger fragte, der das kleine Baumhaus stützen sollte, war die Enttäuschung allerdings groß: Irgendwie war ausgerechnet dieser Pfosten vergessen worden. Noch ernüchternder war die darauf folgende Information, dass die Lieferung einige Wochen dauern würde, da das Teil sonst wo bestellt werden musste.

Den ersten Spatenstich hatte ich mir irgendwie anders vorgestellt – auf jeden Fall mit deutlich weniger Pannen. Dass es nicht die letzten bleiben würden, ahnte ich bereits. Als Gabriela, die diverse Touren in der Region anbietet, am späten Nachmittag vorbeigeritten kam, entschied ich mich spontan, Baustelle Baustelle sein zu lassen, und suchte das Glück auf dem Rücken der Pferde. Der entspannende Ritt am Strand und vor dem gleißend orangeroten Sonnenuntergang über dem Pazifik entschädigte mich für den Frust. Ich war froh und dankbar, dass ich überhaupt so ein nettes und engagiertes Team hatte.

Der nächste Morgen fing nicht viel besser an. Noch bevor wir mit Chupsis Frühstück fertig waren, stand Roland vor der Veranda und begann ohne Begrüßung abgehetzt zu erzählen: »Du musst unbedingt kommen. Die Holzdiebe sind wieder da, und diesmal stehlen sie nicht nur Bäume, sondern brennen auch alles nieder. Wir haben die ganze Nacht mit der Feuerwehr gelöscht, auch bis zu deiner Plantage ist das Feuer gekommen, und ich glaube, sie haben auch einige Bäume geklaut.«

Als ich vor der Bescherung stand, kamen mir fast die Tränen. Eine dicke Rußschicht zog sich durch einen Teil meiner Plantage; Sträucher, Lianen und alle kleinen Pflanzen waren niedergebrannt. Zum Glück hatten wenigstens meine Bäume dem Feuer widerstanden, aber mir fiel auf, dass deutlich mehr fehlten, als wir gefällt hatten. Besonders dreist war, dass die Diebe nach wie vor mit ihren Baggern, Raupen und Lkws mitten in der Nachbarplantage waren und munter weiter Bäume fällten und stahlen. Es war ein Aufforstungsgrundstück, das Roland vor vielen Jahren einem Freund verkauft hatte, der inzwischen verstorben war, und das noch nicht auf die Erben übertragen war.

Irgendwie war es den Dieben gelungen, Papiere zu fälschen und damit eine Genehmigung zum Fällen der Bäume zu bekommen. Wir dokumentierten und filmten alles im Detail, inklusive des Fahrzeugkennzeichens, was die Ganoven nur wenig störte, da sie sich ganz offensichtlich ziemlich sicher fühlten und damit zunächst auch recht hatten. Es dauerte fast zwei Jahre, bis wir mithilfe der deutschen Botschaft, den Erben und den verschiedenen Behörden vor Ort eine Verurteilung erreichen konnten. Es war eine Gaunerkomödie wie aus einem Film, nur dass wir wenig Spaß dabei hatten. Immerhin haben wir, dank der Botschaft, den illegalen Raubbau recht schnell stoppen können.

Nachdem ich mich ein wenig von dem Schock erholt hatte, zeigte mir Roland noch die tonnenschweren Stützen, die sie an Ort und Stelle gesägt hatten und jetzt nicht vom Fleck bekamen. Jedenfalls nicht, ohne den halben Wald drum herum zu fällen, um mit einem großen Laster und Kran anzufahren, wie es die Diebe getan hatten – was ich ganz bestimmt nicht vorhatte. Zum Glück waren es nicht viele Träger, die jetzt nutzlos mitten auf meiner Plantage verstreut herumlagen. Noch während Roland umständlich erklärte, warum man daraus keine guten Bretter sägen konnte, die sich nicht verbiegen würden, kam mir eine Idee: Ich musste an die Container denken, die mithilfe des dringend benötigten Bauholzes ins Lot gebracht worden waren. Nach einem kurzen Telefonat mit Johnny, dem Vorarbeiter, hatte ich das Problem gelöst und eine Verwendung für die Stützen, die jetzt nur noch für den Abtransport aus meinem Wald in kleinere Stücke gesägt werden mussten.

Improvisationstalent am Bau ist ohnehin eine hilfreiche Voraussetzung für ein erfolgreiches Projekt, im Dschungel ist es jedoch essenziell. Bei unserem Telefonat hatte mich Johnny aber auch erbarmungslos nach dem Träger gefragt, für den er gerade das Fundament aushob. Für einen kurzen Moment hatte ich daran gedacht, doch die großen Holzstützen zu nehmen, die wir jetzt zerstückeln wollten und vor denen ich noch unglücklich stand. »Wenn Johnny mit seinem Bagger herkommt, klappt das vielleicht, mit einer größeren Maschine kommst du da nicht rein, und das kostet auch ein Vermögen«, meinte Roland aufmunternd.

Meine Rücksprache mit Olivier war allerdings ernüchternd. Die Verankerung war das größte Problem. Holz muss mit Pfostenträgern von der Feuchtigkeit entkoppelt werden, und solche raffinierten Bauteile waren in Costa Rica nicht so leicht erhältlich, schon gar nicht in der Größe. Frustriert fuhr ich noch einmal in den Baumarkt, um zu schauen, was es überhaupt gab, und entdeckte diverse Stahlträger, die aber alle nicht stark genug waren, um mein kleines Baumhäuschen zu tragen. Beim Rausgehen fiel mein Blick auf einen Coffee Table aus Glas und Bambus, genauer mit einer runden gläsernen Tischplatte und einem »Strauß« von kleinen Baumbusstäben, die die Platte trugen – und mir kam eine Idee. Ich eilte zurück in die Haushaltsabteilung und kaufte ein Päckchen Strohhalme, die ich für meine tägliche *pipa* ohnehin hatte kaufen wollen.

Das Wasser der grünen Kokosnuss war mein täglicher Energieschub. Es gibt kaum etwas Gesünderes und Heilsameres als dieses frische Kokoswasser. Es schmeckt allerdings nur so köstlich, wenn man es direkt mit dem Strohhalm aus der Nuss saugt. Ruths Gärtner schnitt mir jeden Tag eine ab und öffnete sie mit einem gezielten und gekonnten Schlag mit der Machete. Nur Strohhalme hatte Ruth nicht mehr genug.

Die Trinkhalme hatte ich nun aber nicht nur für mein tägliches Kokoswasser gekauft, sondern vor allem, um Olivier von meiner neuen Idee zu überzeugen. Als ich sein Büro betrat, hatte ich die Halme bereits ein wenig präpariert, sodass ich meine Idee besser präsentieren konnte. Fünf Strohhalme hatte ich in der Mitte so zusammengebunden, dass die Halme über Kreuz zu fünf haltenden Fingern wurden. Das Kunstwerk stellte ich strahlend auf Oliviers Schreibtisch: »Was meinst du, geht das?«

Mit kritischem Blick musterte Olivier meine Bastelei. Modelle hatte er wahrscheinlich seit Jahren nicht mehr begutachtet, mittlerweile wurden ja fast alle Objekte am Computer entworfen. Sogar meine Baumhausbauer arbeiteten mit einer Computeranimation. Und, zugegeben, so ganz professionell war mein kleines Modell auch nicht.

Nach einer Weile fragte mich Olivier: »Und was sollen das für Stützen sein?«

»Stahlstützen aus dem Baumarkt«, gab ich stolz zurück.

»Und da gibt es runde Stahlträger?«, fragte Olivier verwundert.

Nun musste ich zugeben, dass die Träger, die ich gesehen hatte, keineswegs rund waren, noch nicht einmal quadratisch im Durchmesser, sondern rechteckig. Olivier war ziemlich skeptisch, fuhr aber trotzdem mit mir in den Baumarkt, besprach sich noch mal mit dem Bauleiter und stimmte schließlich zu.

Nachdem die ersten Schwierigkeiten überwunden waren, ging es zunächst ziemlich flott. Vorarbeiter Johnny war ein Meister im Schweißen und hatte in Windeseile die Streben einbetoniert und zusammengeschweißt. Auch Mathias und Daniel waren wahre Künstler ihres Fachs und hantierten mit Hobel und Säge wie Jongleure im Zirkus. Nach einigen Tagen hatte die Plattform bereits Form angenommen, und die beiden nahmen die Wände in Angriff, das heißt die dreieckigen Rahmen für die Wände. Wir wollten zumindest das Skelett des Baumhauses probeweise am Boden zusammensetzen und sichergehen, dass alles passte, bevor wir die schwere Plattform auf die Stützen hievten.

Das war ohnehin ein weiteres Problem, das ich noch nicht gelöst hatte. »Wir bauen die Plattform noch mal auseinander und dann oben zusammen. Einzeln bekommen wir die Balken ganz einfach nach oben. Ich nummeriere alle Hölzer durch, dann geht das auch ganz schnell und es kann nichts schiefgehen. So machen wir das meistens«, erklärte Mathias, und ich war froh, dass sich ein Problem mal ganz schnell in Luft aufgelöst hatte.

Dann kam Johnny strahlend an: »Ich habe eine bessere Idee. Wir können uns morgen früh um neun für ganz wenig Geld den Kran von der Nachbarbaustelle für eine Stunde ausleihen und die Plattform dann im Ganzen auf die Stützen heben.«

Gleich mehrere spontane Lösungen auf einmal zu haben, das gab es in den letzten Tagen selten. Obwohl Mathias und Daniel noch skeptisch waren, entschieden wir uns gemeinsam für diese Lösung, vor allem, weil Johnny so stolz darauf war. Wenn der Kran nicht pünktlich da sein würde, dann hatten wir immer noch einen Plan B. Doch es sollte anders kommen.

Sicherheitshalber hatten wir uns am nächsten Morgen schon um acht auf den Weg gemacht, denn wir wollten auf keinen Fall, dass die Arbeiter ohne uns anfingen. Als wir das Grundstück erreichten, war von einem Kran weit und breit keine Spur zu sehen, aber Johnny war schon in voller Aktion. Irgendwie hatte er mit seinen Kollegen die Plattform an der Schaufel seines kleinen Baggers festgebunden, und so versuchte er, das schwere Holzgestell hochzuheben. Johnny saß in der Führerkabine, einer seiner Arbeiter stand ungesichert auf dem Baggerarm und hielt die Plattform fest, zwei weitere Kollegen waren auf die Stützen geklettert und versuchten, das Teil von oben zu greifen und auf die Träger zu heben.

Wir trauten unseren Augen nicht, als wir das abenteuerliche Unterfangen sahen, aber für einen Stopp war es zu spät. Das Gestell war schon mehr als zur Hälfte oben, und Johnny war nicht bereit, seinen neuen Plan aufzugeben. Was mit dem Kran war, habe ich nie erfahren – ich habe auch nie einen bei den Nachbarn gesehen. So kam es, wie es kommen musste: Die Plattform verhakte sich in den Metallstreben, Holz splitterte, und schließlich rauschte das ganze Gestell herunter.

Eine Woche Arbeit und eine Menge Holz waren dahin, Johnny gab sich kleinlaut, Mathias und Daniel waren ziemlich wütend. Ich war einfach nur frustriert und verabschiedete mich für einen langen Strandlauf, um Kräfte für einen Neustart am Nachmittag zu sammeln. Daniel und Mathias wollten den Schaden begutachten, die Balken durchnummerieren und mit der Reparatur beziehungsweise dem Zurechtsägen der Ersatzträger beginnen, soweit noch genug Holz vorhanden war.

Als ich Ruths Pension erreichte, um mich für den Strandlauf umzuziehen, saß sie tränenüberströmt auf der Terrasse. Zuerst dachte ich, mit unserem kleinen Streifenhörnchen sei etwas passiert, aber dann sah ich es quietschlebendig in einem kleinen Karton neben ihr herumwuseln.

Ruth stammelte »René«. Es dauerte eine Weile, bis ich herausgefunden hatte, dass René völlig unvermittelt in Basel zusammengebrochen war und im Koma lag. Meine Sorgen kamen mir plötzlich lächerlich und klein vor. Ich versuchte, Ruth so gut es ging zu trösten und war demütig dankbar, dass auf meiner Baustelle niemand zu Schaden gekommen war.

Nach einer wenig erholsamen Mittagspause kehrte ich dorthin zurück und sah schon von Weitem, dass mir Daniel aufgeregt entgegeneilte. Ich fürchtete, dass wir nicht genug Holz hätten und Roland erst Nachschub bringen müsste, bevor wir weiterarbeiten konnten. Doch das war nicht der Fall. »Du musst unbedingt mit den Leuten da sprechen, sonst können wir gar nichts mehr machen«, rief mir Daniel abgehetzt zu.

Erst jetzt sah ich, dass oberhalb meines Grundstücks ein Wagen gehalten hatte und ein paar Männer mit Johnny diskutierten. Es stellte sich heraus, dass ich schon nach wenigen Tagen die Baubehörde am Hals hatte. Ich machte mir aber keine Sorgen, da ich die Pläne und Genehmigungen ordnungsgemäß im Container verstaut hatte. Dachte ich zumindest.

Mit der riesigen Papierrolle unter dem Arm schritt ich jedenfalls zuversichtlich zu den Beamten und präsentierte stolz die Pläne. Als das Stirnrunzeln bei den Männern aber nicht verschwand, fragte ich vorsichtig nach, ob es ein Problem gebe. Ja, gab es. Auf den Plänen fehlte der Genehmigungsstempel, und mir wurde unmissverständlich mitgeteilt, dass das einen Baustopp bedeute, wenn es nicht irgendwo noch andere Papiere mit dem Stempel gab.

Ich wusste eigentlich ganz genau, dass Olivier die Genehmigung bekommen hatte, sonst hätte ich auch nicht den Wasseranschluss und den Strom auf meinem Grundstück genehmigt bekommen. Panisch versuchte ich immer wieder erfolglos, meinen Architekten anzurufen, bis mir einfiel, dass er in San José auf irgendeiner Tagung war. Bedauernd schüttelten die

Beamten die Köpfe und forderten bereits Johnny und seinen Trupp zum Abzug auf, als mir einfiel, dass ich auch die Nummer von Oliviers Assistenten Alex hatte.

Nach allem, was in der ersten Woche passiert war, weiß ich nicht, ob ich die Kraft – und Mittel – gehabt hätte, weiterzubauen, oder besser gesagt von vorne anzufangen, wenn wir wirklich hätten abbrechen müssen. Ein Baustopp kann sich über Wochen hinziehen, und mein ganzes Team wäre dann in alle Winde zerstreut und mit neuen Dingen beschäftigt gewesen. Aber Alex hatte am Telefon gleich verstanden, um was es ging, und mit einem Griff die richtigen Papiere gefunden. Die Beamten kannten Oliviers Büro, und nachdem sie kurz mit Alex gesprochen hatten, wünschten sie uns noch einen schönen Tag und viel Erfolg beim Bau, bevor sie Richtung Architekturbüro verschwanden und zum Glück nie wieder auftauchten.

Danach lief alles einigermaßen reibungslos, zumindest bis das Skelett des kleinen Baumhauses fertig war. Als ich das erste Mal auf meiner Plattform zwischen den wogenden Baumkronen stand und sogar das Meer sehen konnte, war ich so glücklich, dass ich am liebsten gleich oben geblieben wäre.

Ich sah schon alles fertig vor mir. Das Gerippe meines Dschungeljuwels fügte sich organisch, wie ein riesiges Vogelnest, in die wogenden Baumkronen und musste nur noch geschlossen werden.

Doch dann fehlte das Material, um die Wände zu schließen. Roland hatte sich eine Nut- und Federmaschine von seinem Nachbarn geliehen, um die Bretter aus meinem Holz entsprechend vorzubereiten. Doch die Maschine funktionierte nicht richtig, und wir mussten die Bretter zu einem Schreiner im Ort bringen. So kamen immer wieder ungeahnte Schwierigkeiten hinzu, und der Bau zog sich zäh und oft frustrierend in die Länge.

Blütendach

Der grollende Donner in der Ferne gab unmissverständlich zu verstehen, dass die Trockenzeit zu Ende war. Wenig später erleuchteten zuckende Blitze den von schwarzen Wolken verhangenen Himmel. Die Affen, die sich gerade noch neugierig von Ast zu Ast um mein inzwischen fast fertiges Baumhaus geschwungen hatten, verzogen sich klammheimlich tiefer in den Dschungel.

Als die ersten dicken Regentropfen auf die Baumhausterrasse klatschten, kam Vorarbeiter Johnny mit einem dicken weißen Paket auf der Schulter die Baumhaustreppe hinaufgeeilt. Als er die obere Terrasse erreichte, ließ er das Paket ächzend auf die Holzplanken gleiten und fragte atemlos: »Sollen wir es jetzt noch installieren?«

Skeptisch blickte ich zum weinenden Himmel. Die Frage war nicht leicht zu beantworten. Es hatte Wochen gedauert, bis wir überhaupt jemanden gefunden hatten, der aus dem weißen Markisenstoff ein fünfeckiges Dach hatte nähen können, das sich dann auch zuverlässig über das Baumhaus spannen ließ. Als es jetzt endlich fertig war, hatte sich die Trockenzeit längst verabschiedet, und jeder Regen nagte an der Holzkonstruktion. Entsprechend dringend war es, die schützende Markise über mein hölzernes Dschungeljuwel aufzuziehen. Auf der anderen Seite war der Tag bereits ziemlich vorangeschritten, und die einzelnen Tropfen drohten einem heftigen Tropengewitter zu weichen, was die ohnehin schon gefährliche Arbeit erheblich erschweren, wenn nicht gar unmöglich machen würde.

Ein heller Streifen am Horizont, von dem aus uns die Sonne kurz zuzwinkerte, nahm uns schließlich die Entscheidung ab, und wir begannen, mit Hochdruck zu arbeiten. Als wir die

schützende Hülle mit wenigen Griffen auf der Terrasse ausgebreitet hatten, schien es sich der Himmel allerdings wieder
anders überlegt zu haben und öffnete alle Schleusen. Der Regen prasselte kurz darauf so heftig, dass ich das Unternehmen
abbrechen wollte Doch Johnny war jetzt nicht mehr zu bremsen – sehr zum Verdruss seiner Arbeiter.

Triefend nass zogen wir die notwendigen Stahlseile durch
die vorbereiteten Stofftunnel, bevor Johnny mit seinem Team
auf das Baumhausdach kletterte. Mit vereinten Kräften schoben und zogen wir die riesige Plane bei strömendem Regen
über den Dachfirst. Endlich, nach einigem Hin- und Herziehen,
entfaltete sich die Markise wie eine riesige Frangipani-Blüte
schützend über dem Holzdach. Langsam ließ auch der Regen
wieder nach, sodass die Arbeiter die endgültigen Befestigun-
gen an den Enden der Dachbalken in Ruhe und mit entsprechender Sorgfalt durchführen konnten. Wenig später tauchte
die abendliche orangerote Sonne unter den Wolken ganz tief
am Horizont auf und brachte meine neue Dschungelblüte zum
Glitzern und Strahlen. Wir hatten es geschafft! Das kleine
Baumhaus war fertig – fast. Noch waren keine Fenster drin,
weil wir das Markisendach zuvor hatten aufziehen müssen und
der Glaser sich bei den ungewöhnlichen dreieckigen Fenster-
scheiben ohnehin vermessen hatte und wir noch auf die neuen
Gläser warteten. Aber das Bett war gebaut, das Dach jetzt dicht
und ich ließ es mir nicht nehmen, mein Dschungeljuwel ein-
zuweihen. Immerhin hatte Johnny noch schnell Fliegengitter
in die dreieckigen Rahmen getackert und ich ein Moskitonetz
über mein Bett gehängt.

Genau wie meine allererste Nacht im Dschungel von Costa
Rica, die ich dreißig Jahre zuvor, nur wenige Meter von meinem jetzigen Baumhaus entfernt, verbracht hatte, wurde es

eine kurze, unruhige und aufregende Nacht, die ich sicher nie vergessen werde. Und genau wie damals trennte mich auch jetzt nur ein Fliegengitter vom Dschungel, was mich aber keinesfalls mehr störte.

Aufgeregt war ich jetzt aus anderen Gründen: Ich konnte es noch immer nicht glauben, dass mein Traum endlich wahr geworden war, dass das Holz, das mich umgab, von den Bäumen stammte, die ich einst gepflanzt hatte und dieses Nest jetzt mein Eigen war.

Ich war schon lange wach, bevor das inzwischen so vertraute Gebrüll der Affen in meine Ohren drang, aber ich hielt die Augen noch eine Weile geschlossen und genoss das Konzert. Als ich sie schließlich öffnete, konnte ich durch die Baumkronen hindurch bis zum Ozean blicken. Über dem Meer kräuselte sich ein unschuldiges rosarotes Wolkenband, das das Unwetter am Tag zuvor wie einen bösen Traum erscheinen ließ.

Beglückt sog ich den feucht-blumigen, leicht erdig-modrigen Geruch des morgendlichen Dschungels ein und fühlte mich zu Hause. Als ich erneut durch eines meiner dreieckigen Fenster blickte, glaubte ich allerdings zunächst zu träumen: Direkt davor hatte sich still und heimlich ein Brülläffchen geschlichen, hockte auf einem der Äste, die sich um mein Baumhaus schmiegen, und frühstückte genüsslich Jobofrüchte, die jetzt überreichlich orange und prall an den Zweigen hingen. Ab und zu schielte der Affe zu mir hinüber, als habe er Angst, dass ich Ansprüche auf das Revier erheben würde.

Als ich weder brüllte noch durch sonstiges Gebaren vermeintliche Ansprüche zum Ausdruck brachte, futterte er einfach entspannt weiter und beachtete mich nicht mehr. Kein Gebrüll, kein Gepinkel, kein Gezeter. Meine Nachbarn schienen mich akzeptiert zu haben. Wenig später machten noch ein

Leguan, ein Nasenbär, ein Streifenhörnchen (Chupsi?), ein Kolibri, ein Specht und einige weitere Vögel und Schmetterlinge ihre Aufwartung und schienen mich als neue Mitbewohnerin des Dschungeldachs begrüßen zu wollen – ebenso die Frangipani-Blüten, die ihren betörenden floralen Duft zu mir hinüberschickten. Genau wie die Jobo-Bäume schienen ihre Äste mein Baumhaus liebevoll umarmen zu wollen.

Als die Sonne schließlich vollends über den Horizont gekrochen war und gleißend heiß den Tag begrüßte, hatten sich meine neuen Nachbarn wieder verzogen, und mir dämmerte langsam, dass ich noch einiges zu tun hatte, bis ich mein Wipfelglück richtig genießen konnte.

Es sollten sogar noch viele weitere Monate voller Arbeit vergehen, bis ich richtig in mein Baumhaus einziehen konnte. Küche, Bad und vieles mehr waren noch immer nicht fertig, und die Probleme schienen kein Ende zu nehmen: Das Dach über dem Haupthaus war nicht dicht und die erste Regenzeit so stark wie seit Jahrzehnten nicht mehr. An den Wänden lief das Wasser herunter, und die Markise krachte wie eine Wasserbombe auf die Terrasse. In der darauffolgenden Trockenzeit war dagegen das Wasser so knapp, dass der Wasserdruck in den Leitungen nicht ausreichte, um im Baumhausbad duschen zu können. Ich brauchte ein neues Dach, eine größere Pumpe und einen Wassertank. Nach und nach lösten wir die Probleme, auch wenn es Tage gab, an denen ich dachte, dass mein Baumhaus niemals richtig fertig werden würde.

Aber jedes Mal, wenn ich in meinem Nest erwachte und die Brüllaffen vergnügt vor meinem Fenster in den Ästen toben sah, wusste ich, dass sich die Mühe gelohnt und ich den richtigen Weg eingeschlagen hatte.

Doch mit dem Baumhaus ist meine Mission noch nicht zu Ende. Die Arbeit für Natur und Umwelt geht weiter. Einige neue Bäume habe ich bereits auf der Plantage gepflanzt, aber es sollen noch viele weitere folgen. Darüber hinaus plane ich, um das Baumhaus herum Obst, Gemüse, Gewürze und Blütenpflanzen für mich und meine tierischen Nachbarn anzubauen, außerdem will ich Naturschutz- und Tierstationen im Ort tatkräftig unterstützen. Nachhaltig zu bauen ist eine, nachhaltig zu leben eine andere Sache. Geld und digitale Welt sind nicht alles, was der Mensch für das Leben und die Zukunft braucht.

Epilog

Mittlerweile hat mein Baumhaus den schlimmsten Hurrikan, den die Region in den letzten hundert Jahren erlebte, unbeschadet überstanden, ebenso ein heftiges Erdbeben – und ich bin inzwischen froh, dass es auf stabilen Stützen steht. Die vielen kleinen Pannen und Katastrophen, die es noch beim Bau und auch nach der Fertigstellung gab, würden ein weiteres Buch füllen. Jede Bauherrin weiß, dass auch bei einem Bau in Deutschland nie alles glatt läuft, selbst wenn man jeden Tag auf der Baustelle ist. Im Ausland ist es noch schwieriger, erst recht bei einem so ambitionierten, wenn auch kleinen Projekt, bei dem stets der Naturschutz im Vordergrund steht.

Bei allen Baumhäusern, die ich besucht habe, die nur an oder in Bäumen befestigt waren, hatte ich unterschreiben müssen, dass sie bei Stürmen zu verlassen sind. Für ein Baumhaus, in dem man Wochen oder Monate verbringen möchte, ist das keine gute Voraussetzung. Außerdem hätte ich auf Küche und Bad verzichten müssen, wenn ich Bäume als Stützen genutzt hätte und nicht Stelzen. Irgendwann werde ich vielleicht noch einmal direkt in den Wipfeln bauen, aber jetzt bin ich froh und dankbar für dieses wundervolle, inspirative

Haus zwischen duftenden Kronen, das mir so viel Energie und Freude bringt.

Als ich die Eingangscontainer mit dem Splint- und Rindenholz verkleiden ließ, hielten das viele für eine Spinnerei, genau wie die Brücke von dort zum großen Baumhaus und natürlich auch das fünfeckige Haus, das über eine weitere Brücke, die zur Dachterrasse des großen rechteckigen Baumhauses führt, zu erreichen ist. Heute vergeht kaum ein Tag, an dem nicht jemand bewundernd stehen bleibt und Fotos von meinem Domizil macht. Bauherrinnen und -herren, Architektinnen und Architekten, Naturschützende und Reisende aus aller Herren Länder haben meine ungewöhnliche Konstruktion in den Baumkronen bereits bestaunt, fotografiert und sich oft auch für eigene Pläne inspirieren lassen. Mein Wipfelnest liegt nicht so einsam und nur von Dschungel umgeben wie ursprünglich geplant. Die Region ist längst nicht mehr so unberührt, wie es einst auf dem Hügel war, als ich mit der Planung begonnen habe. Die Welt um mich herum hat sich eben auch verändert, aber die Magie ist geblieben.

Das vertraute Gebrüll der Affen, untermalt von dem Orchester der Vogelstimmen, die ihre Lieder scheinbar nach dem Takt der raschelnden Äste anstimmten, drang behutsam in mein Ohr. Ich musste diesmal nicht lange überlegen, wo ich war, obwohl ich erst am Morgen zuvor mein Zuhause in Deutschland verlassen hatte, um an meinen Sehnsuchtsort in den Wipfeln der Dschungelbäume zurückzukehren. Genau zwei Jahre nach dem ersten Spatenstich konnte ich mein Baumhaus das erste Mal in vollen Zügen genießen. Mit Begeisterung beobachtete ich, wie sich riesige Schwärmerraupen, *Pseudosphinx tetrio*, genüsslich über einige Frangipani-Blätter, die in mein Baumhaus ragten, hermachten, und Webervögel vis-à-vis ihre Nester bauten – wie sich Kolibris an Hibiskus-, Frangipani- und sonstigen Blüten gütlich taten, Nasenbären in meinem Baumhaus Mittagsschlaf hielten und Leguane Insekten auflauerten. Einmal durfte ich sogar einen Kolibri, der sich verflogen und den Kopf gestoßen hatte, retten. In der einen Hand hielt ich das arme Geschöpf, und mit der anderen träufelte ich ihm so lange Zuckerwasser ein, bis er wieder bei Kräften war und sich wie ein winziger smaragdgrüner Hubschrauber aus meiner Hand erhob und davonflog. Eine Weile blieb er noch auf einem Ast sitzen und schien mir dankbar zuzublinzeln, bevor er surrend im Dschungel entschwand.

Es gibt viele berührende Ereignisse, die man nur in einem Baumhaus erfahren kann – auch wenn es auf Stelzen steht. Einige davon durfte ich bereits erleben, und ich freue mich auf noch viele weitere Wipfelabenteuer.

Das neue Hotel in meiner Nachbarschaft ist inzwischen auch fertig, und nichts erinnert mehr an mein einstiges Zuhause bei Roland. Dafür habe ich jetzt mein eigenes Nest. Die Welt dreht sich schließlich weiter – auch im Dschungel. Neben zahlreichen neuen Gebäuden in der Umgebung hat sich in den letzten Jahren auch sonst so einiges geändert: Der Strand von Nosara ist nicht mehr einsam, sondern ein kleiner Touristenort für Surfer, Yoga- und Naturliebhaber geworden. Fast alle Hotels und Pensionen der ersten Generation haben schon einmal den Besitzer gewechselt, und viele kleine neue Herbergen sind hinzugekommen.

Ruth ist inzwischen nach Europa zurückgekehrt, René hatte sich nicht mehr erholt. Unser Streifenhörnchen Chupsi hat hoffentlich selbst ein Nest in die Wipfel gebaut. Als es stark genug und selbstständig war, haben wir es in die Freiheit entlassen, und vielleicht ist es Chupsi, der mich immer mal wieder in meinem Baumhaus besucht.

Und, wie sollte es anders sein: Sergio (für mich der zweite Richard Gere) arbeitet von Costa Rica aus für Hollywood. Daniel und Mathias haben ein weiteres Baumhaus an der Nordsee gebaut. Olivier entwirft neben normalen Häusern inzwischen mit Begeisterung neue Baumhäuser. Edsar lässt seine Zauberhände für weitere Skulpturen und Baumhäuser über den Beton gleiten. Encar braucht immer noch jede Unterstützung, die sie bekommen kann, um die vielen Tierkinder aufzupäppeln. Allan überlegt, ob er noch ein Flugzeugbaumhaus bauen soll, während Erica und Mattheo schon längst wieder einige Baumhäuser errichtet haben. Die Station *Rara Avis* liegt nach wie vor einsam und romantisch am Wasserfall, der großartige Amos kann sein Paradies allerdings nur noch vom Himmel aus betrachten. Das Forschungsinstitut CATIE existiert ebenfalls noch und hat inzwischen, wie ein paar weitere Universitäten in Costa Rica, einen Schwerpunkt auf ökologische Landwirtschaft gelegt.

Und Roland denkt gar nicht an Rente, sondern pflanzt immer noch Bäume und lebt bescheiden auf seiner Finca, dabei könnte er verkaufen und einen luxuriösen Lebensabend genießen. Doch Roland lebt nach der Weissagung der Cree und hat mit Sicherheit mehr für das Klima der Welt getan als die ganzen PR-Maschinen, die erfolgreich Geld einsammeln, beraten und für Konferenzen durch die Welt fliegen. Niemand weiß diesbezüglich genau, wo und wie viele Bäume eigentlich von den Spenden gepflanzt werden oder was sonst mit dem Geld »für den guten Zweck« passiert.

Auch für mich gibt es noch viel zu tun. Es heißt, ein einzelner Schmetterling kann mit einem Flügelschlag eine winzige Veränderung auslösen, die immer größer wird und sich schließlich zu einem Tsunami auswächst. Mein »magisches«, fünfeckiges Baumhaus aus den Bäumen, die ich einst pflanzte, ist mein Flügelschlag für den Naturschutz, für das Klima und damit für die Menschen. Denn der Wald kann ohne den Menschen leben, aber der Mensch nicht ohne den Wald.

Projekte und Empfehlungen

Baumhaus- und sonstige Projekte, die im Buch vorkommen, und persönliche Empfehlungen zum Thema:

Costa Rica

Nosara:

Ganz in der Nähe von meinem Baumhaus würde ich Villa Mango http://www.villamangocr.com/ empfehlen. Die Pension wird liebevoll von Agnes und Jo geführt. Und wer aktiv helfen will: Costas Verdes ist eine Stiftung vor Ort, die mit meiner Duftpflanze Frangipani abgeholztes Küstenland bepflanzt und immer Unterstützung benötigt: https://costasverdes.org/. Als Shuttle vom Flughafen (Liberia/Nosara) http://gypsycabnosara.com/ buchen und für den »Überflug« Miss Sky https://www.missskycanopytour.com/ nehmen!

Manuel Antonio

Mehr über das Flugzeugbaumhaus siehe: https://costaverde.com/accommodations/727-fuselage-home/

Peninsula Osa

Die ursprüngliche Marenco-Lodge gibt es nicht mehr, Sergios Bruder hat daneben die Punta-Marenco-Lodge eröffnet: https://www.lodge-puntamarenco.com/

Finca Bellavista

Ein Baumhausdorf nahe Golfito: https://www.fincabellavista.com/

Monteverde Kinderregenwald

http://www.kinderregenwald.de/projekte/ewige-wald-der-kinder/

Selva Bananito Lodge bei Limón

Jürgen Steins wunderbares »Dschungeltheater« auf den Spuren der Wildkatze: http://www.selvabananito.com/home/

Puerto Viejo, Karibikküste, Baumhauslodge

Edsars Leguanzucht und Baumhaus: https://www.costaricatreehouse.com/

Puerto Viejo, Karibikküste, Tierstation

Encars wundervolle Auffangstation: http://www.jaguarrescue.foundation/

Horquetas, Rara Avis

Unverändert, aber leider ohne Amos: http://www.rara-avis.com/content/

Der Dschungelaufzug

Hat nichts mit dem Abenteuer zu tun, das ich erlebt habe, wurde aber ebenfalls von Donald Perry entwickelt: http://www.rainforestadventure.com/costa-rica-atlantic/aerial-tram/

San José

Das Hotel Irazu gibt es immer noch, es gehört heute aber zu Best Western: http://www.bestwesterncostarica.com/. Sehr zentral und im typischen kolonialen Baustil das Grano de Oro: http://www.hotelgranodeoro.com/. Es gibt inzwischen sehr viele Hotels in der Hauptstadt in allen Preiskategorien.

Rundreise

Rainer Stoll und sein Team von Travel to Nature organisieren gerne eine Tour auf meinen Spuren und führen noch zu anderen Highlights des Landes: https://www.travel-to-nature.de/

Tropenwaldschutz

Tropica Verde, der Verein, den ich 1989 mit einigen Mitstreitenden gegründet habe, engagiert sich für den Dschungel von Costa Rica: http://www.tropica-verde.de/

Deutschland

Kulturinsel Einsiedel

https://www.kulturinsel.com/

Oase Weil

Ganz neues Baumhaushotel, ebenfalls von Jürgen Bergmanns Team errichtet: http://oase-weil.de/

Schloss Berlepsch und Robins Nest

http://www.robins-nest.de/

Ziplinepark Ochsenkopf im Fichtelgebirge

http://www.ziplinepark.info/ziplinepark-ochsenkopf.htm
Wer das Abenteuer Seilrutschen/Zipline ausprobieren möchte, muss heute nicht mehr nach Costa Rica fliegen. Seit einigen Jahren gibt es dieses Abenteuer auch in Deutschland. Der erste, längste und höchste Ziplinepark wurde im Fichtelgebirge am Ochsenkopf gebaut. Die Plattformen sind bis zu fünfzehn Meter hoch in die Fichten am Hang gebaut, und die circa fünfzehn Seilrutschen sind abenteuerlich. Anschließend gibt es zur Erholung ganz in der Nähe heiße Quellen: http://www.siebenquell.com/

Außerdem möchte ich noch auf die modernen Baumhäuser in Deutschland hinweisen, die fast alle vom Architekten Andreas Wenning entworfen wurden: http://www.baumraum.de/, beispielsweise Insas Baumgeflüster http://www.baumgefluester.de/. Wer nur mal in ein Baumhaus reinschauen will, kann in der Weber-Ausstellung eins besuchen: https://www.worldofliving.de/erlebniswelten/baumhaus/ Inzwischen gibt es in ganz Deutschland tolle Baumhaushotels, Wipfelpfade und Seilrutschen. Mathias und Daniel vermieten mittlerweile auch ein Baumhaus am Strand der Nordseeküste: http://www.baumhaus-cuxhaven.de/

Frankreich

Das absolute Baumhausparadies, in dem ich übernachtet habe: http://www.chateaudegraville.com/ und http://www.sur-un-arbre-perche.com/nos-cabanes/cabanes-couple/la-cabane-des-enigmes/ Rémi Becharels http://www.nidperche.com/ konnte ich leider nur besuchen. Aber in einer seiner Baumhauskugeln habe ich dann doch noch übernachten können: http://www.location-en-dordogne.com/

Österreich

Leogang

Mondholz-Hotel Forsthofalm: https://www.forsthofalm.com/de
Mondholz-Häuser: https://www.thoma.at/

Goldegg

Der Mondholz-Baumeister: Thoma-Forschungszentrum: https://www.thoma.at/mondholz/

Italien

Meran

Hotel Irma mit einem Baumhaus: https://www.hotel-irma.com/
Und das San Luis mit vielen Mondholz-Baumhäusern: https://www.sanluis-hotel.com/

Schweden

Lappland

Das berühmteste Baumhaushotel der Welt mit UFO-Baumhaus und Spiegelkubus: http://www.treehotel.se/en/

USA

Texas

http://www.cypressvalleycanopytours.com/lofthaven/

Indonesien

Bali

Auf Julia Roberts' Spuren bin ich dann auch noch nach Bali gepilgert und habe ein paar tolle Inspirationen für Wipfelwellness mit Frangipani gefunden, vor allem in Uluwatu: https://www.alilahotels.com/uluwatu

Bildnachweis

1. © lna Knobloch (Blick auf den Pazifik und Nationalpark Manuel Antonio)
2. © lna Knobloch (Der Tukan ist das Symboltier für den Regenwald der Neuen Welt und inoffizielles Wappentier von Costa Rica.)
3. © Stephan Werner (Der große Ameisenbär auf Nahrungssuche im Trockenwald, einer meiner Nachbarn im Baumhaus.)
4. © Ana Lucia Rodriguez (Die Forscherin Aida Bustamante erzählt mir das Schicksal der Tapire in ihrer Auffangstation.)
5. © Ana Lucia Rodriguez (Bei meiner ersten Dschungelexpedition in Costa Rica, 1987).
6. © Tom Gläser (Im Dschungelaufzug, 1987.)
7. © lna Knobloch. (Der Parfümbaum Frangipani wächst wild neben meinem Baumhaus.)
8. © Ana Lucia Rodriguez (Immer wieder habe ich im Jaguar-Rescue-Center geholfen Faultierbabys aufzupäppeln (gibt es dort mehr als Jaguare).)
9. © Ana Lucia Rodriguez (Auf einer anderen Auffangstation helfe ich bei der Kletteraffenpflege.)
10. © Ana Lucia Rodriguez (Waschbären gehören zu den häufigen Dschungelbewohnern, verwaiste Babys landen häufig in Auffangstationen.)
11. © Stephan Werner (Kapuzineraffen kommen in allen Waldtypen von Costa Rica vor.)

12. © Stephan Werner (Auch im Trockenwald gibt es Urwaldriesen wie diesen Weißgummibaum)

13. © lna Knobloch (Der perfekt kegelförmige Vulkan Arenal im Nordwesten von Costa Rica liegt auf dem Weg zu meinem Baumhaus.)

14. © lna Knobloch, (Noch gibt es traumhafte, einsame Strände in Costa Rica, ganz in der Nähe meines Baumhauses.)

15. © lna Knobloch (Zu den Bewohnern des Dschungeldachs und damit zu meinen Nachbarn im Baumhaus gehören auch Leguane.)

16. © lna Knobloch (Die Brüllaffen besuchen mich, zu meiner großen Freude, fast täglich.)

17. © lna Knobloch (Vom Sonnenuntergang kann ich mich nicht sattsehen, am Strand oder auf meiner Baumhausterrasse.)

18. © lna Knobloch (Der Schildkrötenstrand am Fuße meines Baumhauses)

19. © lna Knobloch (Hinter meinem Baumhaus liegt ein Mangrovensumpf, in dem sich Seidenreiher besonders wohl fühlen.)

20. © lna Knobloch (Architektonisch überraschend und inspirierend: die Baumhäuser des Architekten Andreas Wenning aus Bremen.)

21. © lna Knobloch (Ziemlich genial sind auch die Baumhauskugeln in Frankreich von Remi Becherei)

22. © lna Knobloch (Auch sonst ist Frankreich ein wahres Baumhausmekka, mit Südseeflair am Chateau d'Usson.)

23. © lna Knobloch (Die berühmtesten und ausgefallensten Baumhäuser der Welt habe ich in Schweden gefunden, zum Beispiel der Spiegelkubus.)

24. © lna Knobloch (Das UFO-Baumhaus gehört ebenfalls zu den Baumhäusern von Kent und Britta Lindvall.)

25. © lna Knobloch (Ziemlich beeindruckend fand ich das Flugzeugbaumhaus mitten im Dschungel von Manuel Antonio.)

26. © lna Knobloch (Die Baumhäuser in Texas von Will Seilharz sind von der Natur inspiriert.)

27. © Oliver von der Weid (Architekt Olivier von der Weid hat für mich den Plan für mein Baumhaus entworfen.)

28. © Stephan Werner (Nach fast drei Jahrzehnten Hege und Pflege ist der erste meiner Bäume gefallen, ein gigantischer CO2-Speicher.)

29. © lna Knobloch (Mein Baumhaus nimmt endlich Gestalt an.)

Dank

D as Buch wäre ohne meinen verrückten Baumhausbau natürlich nicht möglich gewesen. Über einen langen Zeitraum hinweg waren daran sehr viele beteiligt, die ich nicht alle nennen kann, aber meinem Architekten Olivier, meinen Baumhausspezialisten Daniel und Mathias, und vor allem Roland, mit dem ich gemeinsam vor Jahrzehnten die Bäume gepflanzt habe und der mir auch jetzt noch stets zur Seite steht, möchte ich von ganzem Herzen danken. Ohne meinen wunderbaren ZDF/ARTE-Redakteur Olaf Grunert wären die Baumhausrecherchen und wäre natürlich die Filmreihe über den Bau nicht möglich gewesen. Für den internationalen Vertrieb der Reihe ermöglichte Alexandra Böhm von Autentic weitere Recherchen und Dreharbeiten, die ohne meinen superengagierten Kameramann Andreas Kroemer nicht realisierbar gewesen wären.

Vor allem möchte ich mich bei meiner Familie bedanken: bei meinem Onkel Walter, der mich einst mit dem Costa-Rica-Virus infiziert und mit Roland bekannt gemacht hat; bei meinen Kindern Timo und Ben, die so viel Geduld mit mir hatten und mich so oft begleitet haben; aber ganz besonders bei meinem Lebensgefährten Stephan, der mich bei der Verwirklichung meines Traums die ganze Zeit unterstützt hat und bei »Not am Bau« auch mal spontan in den Flieger gestiegen ist, wenn ich mal wieder an den Schreibtisch, Schneideraum oder ans Filmset gefesselt war.

Doch kein Buch entsteht allein aus der Feder einer Schriftstellerin. Dahinter stehen fast immer eine engagierte Lektorin und meist auch ein Agent, und ich hätte mir keine bessere Lektorin als Alexandra Krishnabhakdi von Ullstein vorstellen können und Petra Holzmann mit ihren wunderbaren Anregungen. Von Anfang an waren beide begeistert von der Idee und dem Konzept und standen mir stets weise zur Seite. Und zuvor hatte mich mein wunderbarer Agent Lars Schultze-Kossack immer wieder motiviert, das Abenteuer endlich zu Papier zu bringen.

Ganz besonders gilt mein Dank natürlich dem wunderbaren Land und den Menschen dort, die mir meine Abenteuer ermöglicht und mich immer wieder motiviert und unterstützt haben, vor allem dem Botschafter a. D. José Joaquín Chaverri.

Pura vida!
Muchísimas gracias, Costa Rica!

Gesa Neitzel

Frühstück mit Elefanten

Als Rangerin in Afrika

Klappenbroschur.
Auch als E-Book erhältlich.
www.ullstein-extra.de

Safari Diaries

Alles hinschmeißen, nach Afrika gehen und sich zur Rangerin ausbilden lassen – ist das nun unglaublich mutig oder die Schnapsidee von jemandem, der vor dem Leben davonläuft?

Noch während Gesa darüber grübelt, landet sie kopfüber in ihrem afrikanischen Abenteuer. Sie lernt alles über Elefanten und Gelbschnabeltokos, lernt Spurenlesen und Sternenkunde und muss sich nicht nur einigen Prüfungen, sondern auch ihren Ängsten stellen. Sie erzählt von atemberaubenden Begegnungen mit Löwen, vom Barfußlaufen durch die Savanne, von langen Nächten unterm Sternenhimmel – und von einem Leben, das endlich richtig beginnt.

ullstein extra